5G增强技术丛书

5G非授权频谱接入技术

徐汉青 袁弋非 林伟 张丽◎著

5G NR-U Technology

U0126035

人民邮电出版社

北　京

图书在版编目（CIP）数据

5G非授权频谱接入技术 / 徐汉青等著. -- 北京：
人民邮电出版社，2023.6（2023.12重印）
（5G增强技术丛书）
ISBN 978-7-115-61179-6

Ⅰ．①5… Ⅱ．①徐… Ⅲ．①第五代移动通信系统—
频谱—无线接入技术—研究 Ⅳ．①TN929.538

中国国家版本馆CIP数据核字(2023)第028608号

内 容 提 要

本书主要介绍了基于 5G NR 的非授权频谱（NR-U）接入技术。非授权频谱作为授权频谱的有效补充，不需要取得授权许可，即可在满足规则与要求的情况下使用，能够有效地提升系统容量、增强覆盖及拓展 5G 的使用场景和潜在用例。本书对 5G Rel-16 NR-U 和 5G Rel-17 NR-U 进行了全面且系统的论述，主要涉及波形增强、基础参数和帧结构设计、非授权频谱信道接入、物理信道与参考信号、物理层过程、用户面及控制面设计等。

本书适合从事移动通信研究的科研人员和工程技术人员阅读，也适合高等院校工科类专业的师生阅读。

◆ 著　　　　徐汉青　袁弋非　林　伟　张　丽
　　责任编辑　王海月
　　责任印制　马振武
◆ 人民邮电出版社出版发行　　北京市丰台区成寿寺路 11 号
　　邮编　100164　　电子邮件　315@ptpress.com.cn
　　网址　https://www.ptpress.com.cn
　　北京虎彩文化传播有限公司印刷
◆ 开本：787×1092　1/16
　　印张：18.75　　　　　　　　2023 年 6 月第 1 版
　　字数：363 千字　　　　　　2023 年 12 月北京第 2 次印刷

定价：129.80 元

读者服务热线：(010)81055493　印装质量热线：(010)81055316
反盗版热线：(010)81055315
广告经营许可证：京东市监广登字 20170147 号

无线电频谱资源是国家重要的战略性资源。无线电频谱资源的科学配置和合理使用，对社会经济的发展和人民生活的改善具有巨大的推动力。然而，近几十年来，随着无线通信技术的飞速发展，可用授权频谱资源日益枯竭，已经不足以实现新一代移动通信技术 5G 万物互联的愿景。在这种情况下，非授权频谱资源的开发、利用和技术创新成为进一步挖掘 5G 巨大潜力的关键。

无线通信采用非授权频谱技术可以获得更多频谱资源、提升增强型移动宽带传输能力以及利于构建面向垂直行业的专有物联网络。实际上，3GPP 在蜂窝网络引入非授权频谱接入技术之前，非授权频谱技术已经经历了多年的发展，并已广泛商用普及。最典型的应用非授权频谱技术的设备为无线局域网（WLAN）设备，如蓝牙（Bluetooth）、无线保真（Wi-Fi）技术等。3GPP 最早在 4G LTE 蜂窝网络标准中引入授权辅助接入（LAA），即 LTE 网络用于非授权频段的技术，首次使得蜂窝网络能够使用充裕的非授权频谱资源，丰富了其可用频谱。5G NR 中的非授权频谱接入技术被命名为 NR-U，可以支持独立组网。截止到 2022 年，5G NR 已完成多个非授权频谱标准化项目，NR-U 应用场景从支持移动宽带业务传输扩展至低时延高可靠业务传输，NR-U 可应用的非授权频段从低频段（5GHz 和 6GHz 非授权频段）扩展至高频毫米波频段（60GHz 非授权频段）。相比于已商用的 WLAN 技术，5G NR-U 技术在干扰抑制、自动重传、移动性管理及无缝组网等方面具有明显的性能优势。因此，非授权频谱将会是 5G 乃至 6G 重要的候选频谱类型。

3GPP 的 Rel-16 NR 与 Rel-17 NR 标准制定已分别于 2020 年 7 月和 2022 年 6 月完成，本书全面涵盖了 3GPP 两个协议版本中所有已标准化的非授权频谱接入技术，有助于广大读者及时、充分了解国际上最新的非授权频谱研究和标准化情况。

本书由来自中兴通讯和中国移动长期活跃在无线通信技术研究和标准化最前沿的优秀科研和技术专家撰写，重点阐述了低频段和高频毫米波频段的非授权频谱接入技术。本书内容翔实、深入浅出，将技术研究与标准化有机结合，适合从事无线通信技术研究和产品开发的技术人员以及高等院校通信相关专业的师生阅读。

南京邮电大学教授

朱洪波

2023 年 2 月

现代移动通信技术已经历经了 5 代的发展，目前正处于蓬勃发展的第五代移动通信技术（5G）时代。授权频谱一直是蜂窝移动通信的主流，可以满足广域覆盖、高频谱效率和提供高可靠性的服务要求，可以说，授权频谱是无线移动服务的基石。然而，授权频谱不仅使用费用高昂，而且频谱资源日益紧缺，尤其低频段几乎被划分殆尽。要想实现 5G 乃至未来 6G 智联万物的通信需求，仅靠单一、稀缺且昂贵的授权频谱难度越来越大。因此，将蜂窝网络的技术和服务从授权频谱延伸到非授权频谱成为必然的选择。

5G 在研究伊始就提出了需要设计授权频谱和非授权频谱统一架构的研究目标。5G 第二版国际标准（Rel-16）为 5G NR 首次引入了非授权频谱（NR-U）接入特性。Rel-16 NR-U 工作在 5GHz 和 6GHz 非授权频段，除在非授权频谱信道接入方面有独特设计之外，在初始接入、上下行信道与信号、HARQ（混合自动重传请求）与调度、配置授权和宽带操作等方面，与 Rel-15 NR 相比均得到了较大程度的增强。5G 第三版国际标准（Rel-17）将非授权频谱接入特性进一步拓展到 FR2-2（52.6～71GHz）中的非授权频段，并在 Rel-17 IIoT/URLLC 等课题中同步开展对非授权频谱技术的研究。此外，在 2022 年上半年启动研究的 5G 第四版国际标准（Rel-18）中，直连链路通信、定位、无人机（UAV）等课题立项内容中均包括研究非授权频谱下的增强。综上，非授权频谱接入技术由起初的一个独立课题，已经逐步延伸到众多相关的垂直行业课题中。这也说明了 3GPP（第三代合作伙伴计划）越来越重视非授权频谱接入技术的研究和标准化。

基于 5G NR 的非授权频谱接入技术不仅有助于实现 5G 万物互联的愿景、拓展 5G 的使用场景和潜在用例，而且能够促进 5G 进一步的发展。另外，与最新的 5G 技术相结合，也使得非授权频谱接入技术得到了质的提升，能够更好地满足增强型移动宽带（eMBB）、低时延高可靠通信（URLLC）、大连接物联网（mMTC）等不同场景的应用需求。5G NR-U 为运营商使用非授权频谱开展业务提供了新的可能，并将在未来继续完善和增强，支持更高的非授权频段，以及应用于更多场景和垂直行业，潜力巨大。

鉴于众多无线通信从业者和研究人员研究蜂窝网络非授权频谱接入技术的迫切需求，本书对 5G 非授权频谱接入技术进行了全面的介绍。从最基本的非授权频谱接入技术基础知识出发，本书深入浅出地介绍了蜂窝网络与非蜂窝网络中非授权频谱接入技术的演进、5G NR-U 信道化及各个工作频段的使用规范、典型部署场景、波形增强、基础参数与帧结构设计等。在此基础上，本书对工作在 5GHz 和 6GHz 非授权频段的 Rel-16 NR-U 关键技术、工作在 60GHz 非授权频段的 Rel-17 NR-U 关键技术，以及 Rel-17 URLLC-U 关键技术进行了详细而充分的阐述。本书首先由基础的技术原理出发，分析非授权频谱接入技术各个阶段存在的问题，然后详细阐述其解决思路、候选方案及工程实现考虑，最后落实到最终的 3GPP 国际标准协议上，以期为读者提供全面且完整的研究参考。

中兴通讯的徐汉青和中国移动的袁弋非负责全书组织架构的构建和统稿，本书具体章节撰写分工如下。第 1、2 章由徐汉青撰写，第 3 章由林伟、徐汉青撰写，第 4 章由徐汉青（4.1 节 ~ 4.7 节、4.9 节）、张丽（4.8 节）撰写，第 5 章由徐汉青（5.1.1 节 ~ 5.1.3 节、5.2.1 节 ~ 5.2.3 节、5.3.1 节、5.4 节 ~ 5.8 节）、林伟（5.1.4 节、5.3.2 节）、李梦真（5.2.4 节）撰写，第 6 章由林伟（6.1 节 ~ 6.3 节）和徐汉青（6.4 节、6.5 节）撰写，第 7 章由张丽撰写。袁弋非还参与了部分章节的修订工作。

在撰写本书期间，田力、赵亚军、杨玲、栗子阳、刘娟、谢赛锦、李新彩、宗迪等技术专家为本书的撰写提供了很多宝贵意见，在此表示感谢。此外，还要感谢胡留军、王欣晖、李儒岳、张楠、徐俊、薛飞、刘睿祺、牛丽、高媛、Eswar Kalyan Vutukuri、蒋创新、田开波、Sergio Parolari、高音、韩祥辉、任敏、张晨晨、周雯、张园园、曹伟、郑爽、王宝春等同事的支持。本书的撰写占用了作者大量的业余时间，在此特别感谢家人的理解与支持。最后衷心感谢人民邮电出版社的鼎力支持和编辑们的高效工作，使本书能够尽早与读者见面。

希望本书能够成为研究非授权频谱接入技术或 5G-Advanced/6G 技术的专业技术人员、科研院所研究人员和高等院校相关专业师生的参考书。截至本书成书之时，5G NR-U 的一些技术方案仍在不断讨论和完善的过程中。由于作者水平有限，加之时间仓促，本书观点及行文难免有不妥和疏漏之处，敬请广大读者批评指正！

作者

目录

第1章

5G NR及非授权频谱
接入概述

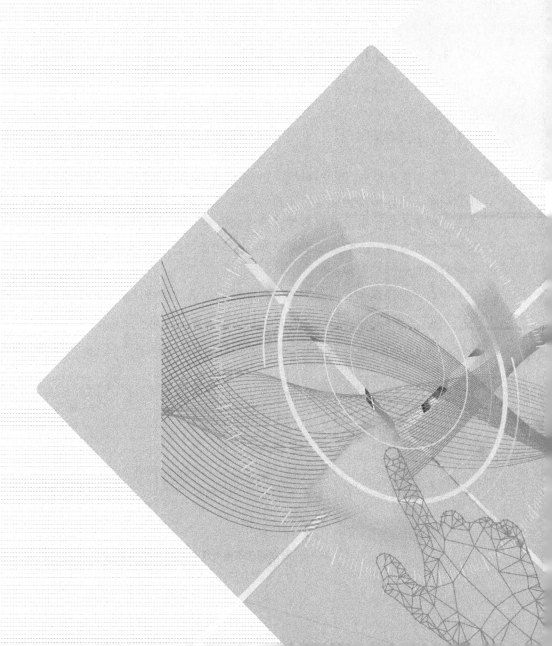

从1896年马可尼首次尝试发送无线电开始,无线通信历经了100多年极其波澜壮阔的伟大发展。蜂窝移动无线通信系统从最开始的只有少数人可以使用,演进成为全世界几十亿人口每天都在使用的全球移动通信系统。移动无线通信系统已经在多个方面深刻地改变了人们的日常生活,但人们对更快捷、更高效通信的追求从未停止。为了应对未来爆炸性的数据流量增长、超大规模的设备连接、不断涌现的各类新场景和新业务,第五代移动通信技术(5G)应运而生。

要了解当今复杂的5G系统、依托于5G的非授权频谱接入技术,首先要知道5G从何演进而来,它有哪些主要应用场景和必须具备的关键能力,进而厘清5G的标准化脉络。基于此背景,本章对包括5G在内的蜂窝网络非授权频谱接入技术的演进过程进行了介绍,并给出了一些非蜂窝网络中非授权频谱应用的现有案例。

(·ı·) 1.1 蜂窝移动通信的演进

1.1.1 从1G到4G

在过去几十年里,现代移动通信技术经过四代的发展,目前已经迈入了5G时代[1,2]。在此期间,授权频谱始终是蜂窝移动通信所使用的主要频谱类型,在保证系统容量、满足广域覆盖和提供可靠服务等方面发挥着不可替代的作用。非授权频谱作为授权频谱的有效补充在4G LTE时期被引入蜂窝移动通信技术中,通过提高容量、补盲补弱、增强数据连通性来发挥作用。

在本书的开篇,我们先简要回顾前四代移动通信技术的发展历史,以更好地展望5G和6G的未来趋势。图1-1展示了前四代移动通信技术的演进脉络。

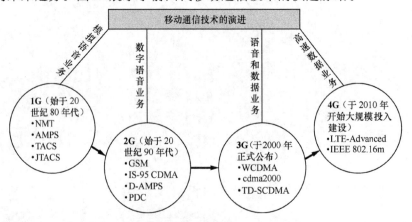

图1-1 移动通信技术的演进(从1G到4G)

第一代移动通信技术（1G）起始于20世纪80年代，主要采用的是模拟调制技术与频分多址（FDMA）技术。1G主要制式包括北欧（欧洲北部地区）的移动电话系统（NMT）、美国的高级移动电话系统（AMPS）、英国的全球接入通信系统（TACS）和日本的全接入通信系统（JTACS）等。在各种1G系统中，美国AMPS制式的1G系统在全球的应用最为广泛。同时，也有几十个国家和地区采用了英国TACS制式的1G系统，譬如中国采用的就是英国TACS制式。这两个移动通信系统是世界上较具影响力的1G系统。

1G基于模拟传输技术，只支持语音业务，其特点是业务量小、质量差、安全性差、没有加密和速度慢。从上面五花八门的制式中我们不难看出，1G标准并不统一，并且工作频段不同，因此它不能在全球漫游。最能代表1G时代特征的是美国摩托罗拉公司在20世纪90年代推出并风靡全球的大哥大，即移动手提式电话。不过因为价格非常昂贵，它并没有得到大规模普及和应用。

第二代移动通信技术（2G）起源于20世纪90年代初期，主要采用数字的时分多址（TDMA）和码分多址（CDMA）技术。2G数字无线标准主要有欧洲的全球移动通信系统（GSM）、美国高通公司推出的IS-95 CDMA、日本提出的个人数字蜂窝（PDC）技术等。欧洲和中国主要采用GSM制式，美国和韩国主要采用CDMA，而PDC仅在日本应用。为了满足数据业务的发展需要，2G在演进后期还升级为2.5G，也就是基于GSM的通用分组无线服务（GPRS）和基于CDMA的IS-95B技术，大大提高了数据传送能力。

2G的主要业务是语音，还可支持短信、无线应用协议（WAP）上网等功能，其主要特性是提供数字化的话音业务及低速数据业务。由于带宽有限，它仍不能提供高速数据传输业务。2G抗干扰、抗衰落能力不强，系统容量不足。2G标准仍不统一，只能在同一制式覆盖区域内漫游，无法进行全球漫游。然而与1G相比，它克服了模拟移动通信系统的弱点，语音质量、保密性能得到很大提高，并可进行省内、省际自动漫游。2G完成了从模拟技术向数字技术的转变。自20世纪90年代以来，以数字技术为主体的2G系统（尤其是GSM制式）得到了极大程度的发展和普及。由于2G终端价格及通信费用大幅度下降，它能够被中低收入者所接受，因此在短短的10年内，全球用户数就超过了10亿。

第三代移动通信技术（3G）的概念最初由国际电信联盟（ITU）于1985年提出，后被更名为IMT-2000（国际移动通信2000）。1997年开始征集RTT（无线电波传输技术）候选技术，进入实质标准化制定阶段。经过系列评估和标准融合，ITU一共确定了全球三大3G标准，分别是宽带码分多址（WCDMA）、码分多址2000（cdma2000）、时分同步码分多址（TD-SCDMA）。WCDMA由欧洲和日本提出，其核心网基于演进的GSM/GPRS网络技术，空中接口采用直扩的宽带CDMA。WCDMA是3G最具竞争力的技术之一。cdma2000由北美提出，其核心网采用演进的IS-95 CDMA核心网，能与已有的IS-95 CDMA后向兼容。TD-SCDMA由中国主推，采用了智能天线和上行同步技术，适合高密度低速接入、小范围覆盖、不对称数据传输。在中国，中国移动采用TD-SCDMA制式，中国电信采用cdma2000制式，中国联通采用WCDMA制式。

　　3G能够支持语音和多媒体数据通信，它可以提供前两代通信技术不能提供的各种宽带信息业务，例如高速数据、图像、音乐和视频流等多种多媒体形式，也能提供包括网页浏览、电话会议和电子商务在内的服务。3G还可实现全球漫游，使得任何时间、任何地点、任何人之间的交流成为可能。

　　移动数据、移动计算及移动多媒体业务的进一步发展需要性能更佳的新一代移动通信技术。LTE（长期演进技术）是3G的演进，它改进并增强了3G的空中接入技术，并采用OFDM（正交频分复用）作为接入技术和多址方案的基础。但从严格意义上来讲，尽管LTE被宣传为4G无线标准，但它只是3.9G，其实并未被3GPP认可为ITU所描述的下一代无线通信标准IMT-Advanced，因此实际上其还未达到4G的标准。只有升级版的LTE-Advanced才满足ITU对4G的要求。ITU在2012年无线电通信全会全体会议上，正式审议通过将LTE-Advanced和WirelessMAN-Advanced（IEEE 802.16m）技术规范确立为IMT-Advanced（即通常所说的4G）国际标准。WirelessMAN-Advanced是WiMAX（全球微波互联接入）的增强。相对于WirelessMAN-Advanced，LTE-Advanced是更成功、应用也更广泛的4G制式，它包括FDD（频分双工）和TDD（时分双工）两种模式，将FDD模式用于成对频谱，而将TDD模式用于非成对频谱。

　　LTE支持分组交换的结构，其主要性能指标包括支持1.25～20MHz的信道带宽，并且在20MHz的频谱带宽下能够提供上行50Mbit/s与下行100Mbit/s的峰值速率，相对于3G网络大大提高了小区的容量。同时大大降低网络时延：用户面时延（单向）低于5ms，控制面从睡眠状态到激活状态的迁移时间低于50ms，从驻留状态到激活状态的迁移时间低于100ms。LTE-Advanced系统是在LTE系统设计基础上进行的平滑演进，使得LTE与LTE-Advanced能够相互兼容。LTE-Advanced通过引入载波聚合等技术增强了4G频谱的灵活性，进一步扩展了多天线传输方案，引入了对中继的支持，并且提供了对异构网络部署下小区协调方面的改进。LTE-Advanced可以支持下行1Gbit/s、上行500Mbit/s的峰值速率。可以说，LTE和LTE-Advanced是5G理论研究、技术开发和标准化的重要基础。

　　另外，也就是在4G LTE-Advanced时期，非授权频谱接入技术被3GPP引入蜂窝网络通信系统。3GPP在4G Rel-13授权辅助接入（LAA）研究项目[3]中首次引入了蜂窝网络非授权频谱接入的概念。自引入非授权频谱通信特性以来，3GPP在非授权频谱接入技术研究方面取得了重大进展，包括制定了包含Rel-13非授权频谱下行发送（LTE LAA）、Rel-14非授权频谱上行发送（LTE eLAA）和Rel-15非授权频谱自主上行发送（AUL）等多个特性的协议版本。

1.1.2　5G应时而生

自引入1G以来，大约每10年更新一代移动通信技术。但是之前的移动通信技术还会继续自己的演进道路，继续增加新的功能。4G开启了无线互联网的新时代，4G智能手机在世界范围内的广泛普及，为人们的生活带来了巨大的影响和变化，满足了人们在2010—2020年这10年间的移动互联需求。为了满足未来信息社会进一步发展的需要，满足2021年及未来这10年内新场景和新业务的通信需求，5G的出现不仅有其必然性，同样也是水到渠成。

在2021年及未来10年内，5G将渗透到社会的各个领域中，构建以用户为中心的信息生态系统；5G将使信息突破时空限制，提供极佳的交互体验，为用户带来身临其境的信息盛宴；5G将拉近万物的距离，通过无缝融合的方式，便捷地实现人与万物的智能互联。5G将为用户提供光纤般的接入速率，"零"时延的使用体验，千亿设备的连接能力，超高流量密度、超高连接数密度和超高移动性等多场景的一致性服务，业务及用户感知的智能优化，同时将为网络带来超百倍的能效提升和超百倍的比特成本降低，最终实现"信息随心至，万物触手及"的5G总体愿景[4]，如图1-2所示。

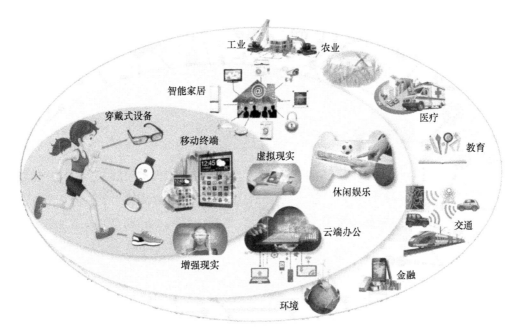

图1-2　"信息随心至，万物触手及"的5G愿景示意图

移动互联网和物联网（IoT）是未来移动通信发展的两大主要驱动力，将为5G提供广阔的发展前景[4]。移动互联网颠覆了传统移动通信业务模式，为用户提供前所未有的使用体验，深刻影响着人们工作生活的方方面面。面向未来，移动互联网将推动

人类社会信息交互方式的进一步升级，为用户提供增强现实（AR）、虚拟现实（VR）、超高清（3D）视频、移动云等更加身临其境的极致业务体验。移动互联网的进一步发展将带来未来移动流量超千倍增长，推动移动通信技术和产业的新一轮变革。物联网扩展了移动通信的服务范围，从人与人之间的通信延伸到物与物、人与物之间的智能互联，使移动通信技术渗透至更加广阔的行业和领域中。面向未来，移动医疗、车联网（V2X）、智能家居、工业控制、环境监测等将会推动物联网应用爆发式增长，数以千亿的设备将接入网络，实现真正的"万物互联"，并缔造出规模空前的新兴产业，为移动通信带来无限生机。同时，海量的设备连接和多样化的物联网业务也会为移动通信带来新的技术挑战。

可以预期，5G系统将支撑未来10年信息社会的无线通信需求，成为有史以来最庞大、最复杂的通信网络，并将在多方面深刻影响社会发展及人类生活[5]：与水和电一样，移动通信也将成为人类社会的基本需求；成为推动社会经济、文化和日常生活在内的社会结构变革的驱动力；将会极大程度地扩展人类的活动范围。当然，上述5G愿景还需要通信领域的技术人员与其他相关行业人员一起努力，经过一定的时间逐步实现，包括标准的不断完善、工程的逐步落地及商业应用模式的突破等。

(((•))) 1.2 5G NR系统要求及标准化

1.2.1 5G的应用场景

5G需要比4G支持更多的应用场景和案例。ITU-R M.2083《IMT愿景-2020年及之后 IMT未来发展的框架和总体目标》建议书（以下简称"建议书"）[6]中定义了3种5G应用场景，包括增强型移动宽带（eMBB）、大连接物联网（mMTC）和超可靠低时延通信（URLLC）。

1. eMBB

移动宽带（MBB）主要处理的是以人为中心的应用场景，涉及用户对多媒体内容、服务和数据的访问。3G系统和4G系统的主要驱动力来源于移动宽带，对于5G来说，移动宽带仍是最重要的使用场景。然而，由于对移动宽带的要求将持续增长，移动宽带技术需要进一步增强。eMBB在现有移动宽带应用的基础上提出了新的要求——继续提高性能、不断致力于实现无缝用户体验。该应用场景涵盖一系列使用案例，包括热点覆盖和广域覆盖。就热点覆盖而言，用户密度大的区域需要极强的通信能力和极高的通信速率，但对移动性的要求低。就广域覆盖而言，最好要有无缝连接和连接高移动性的介质，用户数据速率也要远高于现有用户数据速率。不过广域覆盖对数据速率的要求一般低于热点覆盖对数据速率的要求。

2. mMTC

mMTC的应用场景主要以机器为中心，主要针对大规模物联网业务，其主要特点是连接设备数量庞大，一般要达到每平方千米容纳百万以上的设备连接。这些设备通常传输数据量小并且对时延不敏感。存在的挑战是设备成本需要降低，电池续航时间需要大幅延长，以能够支持数年的使用。

3. URLLC

URLLC业务对时延、可靠性和传输速率等性能要求十分严格，其主要应用于工业制造或生产流程的无线控制、远程医疗手术、智能电网配电自动化、物流运输安全等场景。URLLC在交通安全和控制方面，譬如无人驾驶领域也具有很大的应用潜力。在无人驾驶技术中，URLLC的低时延特性和高可靠特性均会得到很好的体现。

图1-3展示了上述三大主要5G应用场景和一些相关的使用案例。其他应用场景和使用案例目前虽无法预见，但也会随着5G的标准化、演进和商用不断涌现。对于未来5G及B5G通信系统而言，它们要想适应因各类新的需要而产生的全新场景，所具备的灵活性及适应性将不可或缺。

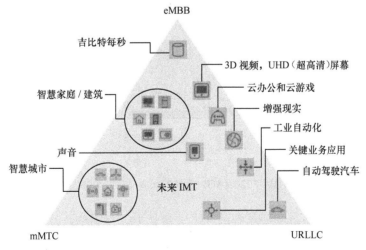

图1-3　三大主要5G应用场景和使用案例

在5G已经发布的前3个正式版本中（Rel-15、Rel-16、Rel-17），Rel-15版本重点对eMBB进行了标准化，Rel-16、Rel-17版本除了对eMBB进行继续增强和优化外，还对URLLC和mMTC进行了研究和标准化，例如成立IIoT/URLLC、轻量级RedCap终端等工作项目。而在5G已经立项的第4个版本Rel-18（在2022—2024年研究与制定）中，上述3种5G应用场景均有相关课题被立项研究，在未来会继续演进和增强。

无论对于哪一种场景，在5G NR已经完成的3个协议版本中，授权频谱都是最主要的使用频谱类型。而非授权频谱作为授权频谱的一种重要补充，最初在5G NR低频（5GHz与6GHz非授权频段）被独立立项，后来在高频（52.6～71GHz）与授权频谱被联合立项研究，目前已经延伸到IIoT/URLLC、直连链路通信、车联网、定位、无人机等多个课题，涉及的应用场景和使用案例越来越多。

1.2.2　5G关键能力指标

5G及其后续演进需要能够提供更强的无线通信能力。ITU-R在建议书中[6]给出了IMT-2020（5G）系统需要具备的八大关键能力及相应指标，并且与IMT-Advanced（4G）系统进行了对比，如图1-4所示。

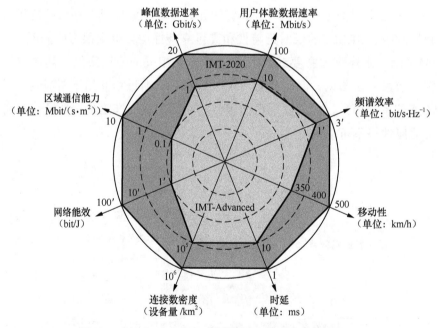

图1-4　IMT-2020（5G）系统需要具备的八大关键能力

IMT-2020（5G）系统需要具备的八大关键能力及指标的具体内容如下。

（1）峰值数据速率。峰值数据速率是指单个用户/单台设备在理想条件下能够达到的最大数据速率（单位：Gbit/s）。5G中eMBB的峰值数据速率需要达到10Gbit/s。在某些条件和场景下，5G支持高达20Gbit/s的峰值数据速率。由于在低频段没有较大的可用带宽，较高的峰值数据速率一般更容易在高频段实现。

（2）用户体验数据速率。用户体验数据速率是指移动用户/设备在覆盖区域内随处可获取的可用数据速率（单位：Mbit/s或Gbit/s）。对于广域覆盖场景，例如城市和郊区等，用户体验数据速率需要能够达到100Mbit/s以上。而在室内或热点环境中，用户体验数据速率应达到更高的1Gbit/s。

（3）频谱效率。频谱效率是指每个小区单位频谱资源的平均数据吞吐量（单位：bit/s·Hz^{-1}）。由图1-4可以看出，尽管4G的频谱效率已经很高，5G仍期望能够支持达到4G 3倍的频谱效率。5G实现的频谱效率增幅在不同场景中存在差异，在部分场景中频谱效率增长得更快。

（4）移动性。移动性是指移动用户/设备在不同小区间移动时，能够满足界定的服务质量（QoS）和无缝转换能达到的最大移动速率（单位：km/h）。考虑到高铁场景，5G期望在可接受的QoS条件下能够支持500km/h的移动速度。

（5）时延。时延是指无线网络对从信源开始传送数据包到接收端正确接收数据包经过的时间（单位：ms）。5G能够支持最大1ms的空口时延，用于支持低时延业务的传输。时延对URLLC而言是一个极其重要的关键能力指标。

（6）连接数密度。连接数密度是指每单位面积内连接设备和/或可访问设备的总数（单位：设备量/km^2）。5G能够支持每平方千米百万设备连接的密度。该能力指标主要与mMTC的应用场景相关。

（7）网络能效。网络能效包括以下两个方面。

① 网络能耗。网络能耗是指无线接入网（RAN）使用单位能量发送/接收的信息比特数目（单位：bit/J）。

② 终端能耗。终端能耗是终端中通信模块使用单位能量能够发送/接收的信息比特数量（单位：bit/J）。

5G RAN的能耗不应高于当今部署的IMT网络能耗，同时还应提供各类增强性能。

（8）区域通信能力。区域通信能力是指服务于单位面积内总的通信吞吐量（单位：Mbit/（s·m^2））。5G期望能够达到每平方米10Mbit/s的吞吐量。它不仅取决于上面定义的频谱效率和可用带宽，还依赖于5G网络设备部署的密集程度。

虽然在某种程度上，上述关键能力及指标对大部分应用场景、使用案例而言均十分重要，但某些关键能力在不同应用场景、使用案例中的重要性还是存在很大的差异。图1-5给出了5G各关键能力在eMBB、URLLC及mMTC这三类应用场景中的重要程度，分"高""中""低"3个等级进行说明。

在eMBB场景中，峰值数据速率、用户体验数据速率、区域通信能力、移动性、网络能效和频谱效率都很重要。但是，移动性和用户体验数据速率并非同时在该场景中的所有使用案例中同等重要。例如，与广域覆盖使用案例相比，热点覆盖需要的是更高的用户体验数据速率，而对移动性要求则相对较低。

低时延对URLLC场景而言是极其重要的特性。此外，URLLC场景中的交通运输与安全等使用案例同样需要支持较高且可靠的移动性，但是并不要求较高的峰值数据速率和用户体验数据速率等特性。

在mMTC场景中，为了支持生活中无处不在的巨量设备，譬如在智能家居/智慧城市/环境监测/森林防火等多方面，高连接密度（每平方千米连接百万以上设备）及较低的能耗（尤其是终端能耗）是支持5G网络运行不可或缺的特性。但是，该场景对传输速率、移动性及频谱效率等特性的要求相对较低。

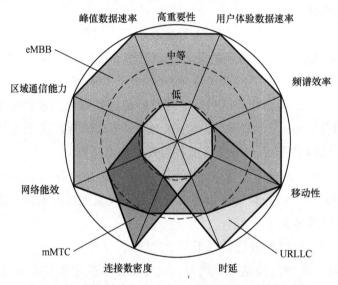

图1-5　5G各关键能力在不同应用场景中的重要性示意图

1.2.3　5G标准化与发展趋势

5G相关标准主要由ITU-R和3GPP协同制定和发布。ITU-R是ITU分属的无线电通信部门，它的职责是确保卫星业务等所有无线通信业务合理、平等、有效及经济地使用无线频谱，不受频率范围限制地开展研究。它是专门负责制定无线电通信相关国际标准的组织。ITU-R自身不制定详细的技术规范，它通过和各个区域性或国际性标准化组织（例如3GPP）合作制定满足IMT技术要求的标准。3GPP由来自北美、欧洲和亚洲的7个标准化组织在1998年联合成立，成员分别包括欧洲的ETSI、美国的ATIS、日本的TTC和ARIB、韩国的TTA、印度的TSDSI和中国的CCSA。3GPP制定的标准规范以Release-X作为版本进行管理，平均一到两年会完成一个大版本的制定。

ITU在2015年9月发布了ITU-R M.2083《IMT愿景-2020年及之后 IMT未来发展的框架和总体目标》建议书[6]，该建议书论述了潜在用户和应用发展趋势、流量增长、技术发展趋势和频谱作用，并且界定了2020年及之后IMT的未来发展框架和总体目标。

2015年10月，ITU-R正式确定了5G的法定名称是"IMT-2020"。ITU-R还根据该建议书和之前其他的研究成果继续为IMT-2020系统定义需求、设计评估方法，这项工作于2017年年中完成。在2017年10月举行了关于IMT-2020的研讨会之后，IMT-2020正式开始接收候选建议。各国和国际组织可以向ITU提交候选技术。ITU-R在2018年开始对候选技术进行评估。2020年7月，ITU-R国际移动通信工作组（WP5D）在第35次会议上确定3GPP系标准成为被ITU认可的5G标准。2021年2月，ITU正式发布了5G NR国际标准《IMT-2020空口的详细规范》。

3GPP在2016年3月RAN#71次全会开启了5G NR的标准化工作。从上述时间点开始到2017年年初，3GPP依托于5G NR Rel-14研究项目（SI），主要开展5G系统框架和关键技术的研究。2017年年初，3GPP新成立了5G NR工作项目（WI），在该工作项目下继续开展5G第1阶段标准化的研究工作，于2017年年底完成了Rel-15非独立组网（NSA）的标准化工作，于2018年年中完成了Rel-15独立组网（SA）的标准化工作。2019年3月完成支持LTE-NR及NR-NR双连接的标准化工作。至此，3GPP完成了5G第1阶段的主要工作，并发布了5G Rel-15标准。5G Rel-15只针对eMBB场景进行了标准化，构建了NR的系统框架，并且规范了一些基本关键技术，包括波形、信道编码、信道与信号、功率控制、接入和传输过程等。

5G第2阶段的主要工作，即Rel-16的标准化从2018年中后期开始，它是5G NR的第1个演进版本。2019年年底RAN1工作基本完成，随后3GPP发布了5G Rel-16标准。5G Rel-16标准除了在NR引入非授权频谱接入（位于FR1频段）特性外，还支持URLLC场景，并且涵盖了MIMO增强、节能、两步RACH、车联网、大气波导干扰/跨链路干扰管理、接入回传一体化（IAB）和定位等特性。2020年7月，3GPP宣布5G标准的第二版规范Rel-16冻结。

5G第3阶段包括Rel-17及之后演进版本，目前已将支持的频段从52.6GHz以下拓展到52.6～71GHz，该频段不仅包括授权频谱，还包括非授权频谱，可利用的频谱资源更多、带宽更大。Rel-17是对5G NR的进一步演进，除了进一步增强eMBB场景（如MIMO、节能、接入回传一体化等）外，还对URLLC、IIoT及其他垂直行业进行了标准化，包括高频非授权频谱通信、IIoT/URLLC、非地面网络（NTN）、定位增强、多播广播、车联网/直连链路及轻量级RedCap终端。3GPP原计划从2020年年初第一次工作组（WG）会议开始在RAN1讨论Rel-17相关议题[7,8]，但是由于疫情影响，3GPP取消了面对面的线下会议，改成通过邮件和电话讨论的线上电子会议，并且对Rel-17的讨论进行了延期。2021年12月，3GPP在RAN1的Rel-17标准化工作基本完成，2022年6月3GPP冻结了5G标准的第三版规范Rel-17（ASN.1）。从2022年下半年开始，3GPP各个子组逐步恢复线下会议。

图1-6展示了ITU和3GPP关于5G研究和标准化的主要历程。

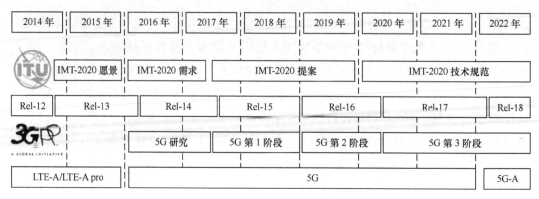

图1-6　5G研究和标准化的主要历程

3GPP在2021年4月27日的第46次PCG（项目合作组）在线会议上正式将5G演进的名称确定为5G-Advanced（5G-A）。5G-A将大幅提升eMBB性能，普及扩展现实（XR）等沉浸式新业务，满足行业大规模数字化，并最终实现万物智联的5G愿景。5G-A将为5G面向2025年后的发展定义新的目标和新的能力，通过全面演进和增强，使5G产生更大的社会价值和经济价值。

5G-A从5G标准的第3个演进版本Rel-18开始。Rel-18众多课题在2021年12月的RAN#94次全会上立项成功[9]，除了在MIMO、节能、定位、覆盖增强、直连链路通信、非地面网络和轻量级RedCap终端等方向继续演进和增强外，还会将5G标准化进一步延伸到人工智能/机器学习、全双工、扩展现实（包括虚拟现实、增强现实和混合现实）、无人机、智能中继等课题中。Rel-18标准化从2022年第二季度开始，预计将持续18个月。Rel-18初步研究计划如图1-7所示[10]。

我们可以基于5G NR已经完成的前3个版本（Rel-15、Rel-16、Rel-17）来展望未来5G-A和6G标准化的发展趋势。

首先，从3G、4G到5G，3GPP对MIMO技术的研究和标准化几乎从未中断。基于超大规模MIMO天线技术仍将是未来5G-A和6G标准化的重点之一，3GPP仍将不断深耕；除此之外，3GPP对IIoT和垂直行业的标准化会更加关注，包括窄带物联、车联网、机器类通信及URLLC相关业务等；作为传统蜂窝网络的补充，非地面网络、无人机、海洋通信、智能中继/智能反射表面将进一步丰富未来网络的异构性，充分实现无缝覆盖和深度覆盖；通信和感知的一体化、人工智能（AI）与无线通信的深度融合将在业务和技术两个层面驱使3GPP标准由5G向6G演进；另外，面向5G-A和6G，3GPP标准化的目标频段会越来越高，从Rel-15、Rel-16最高支持52.6GHz，到Rel-17最高支持71GHz。可以预料，未来5G-A和6G支持的频段势必要高于71GHz，甚至超过100GHz，乃至触及太赫兹和可见光频段；同时，在更高频段采用非授权频谱或共享频谱接入仍将是蜂窝网络的重要接入方式之一；由于5G支持的频段越来越高，3GPP对于高频段的移动性、覆盖和功耗等也会越来越关注，这些方面也将是3GPP未来标准化的重点方向。

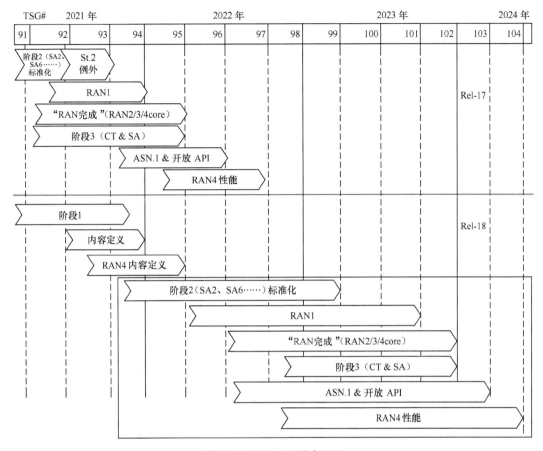

图1-7 5G Rel-18研究计划

((·)) 1.3 蜂窝网络非授权频谱接入技术

对于现有蜂窝网络通信系统来说，其使用的授权频谱主要通过拍卖或行政手段分配，并由取得频谱使用权的运营商和/或某些特定接入技术所独占。换句话说，授权频谱的使用具有排他特性。同时，为了提供高质量的通信服务，运营商通常会进行大规模的网络投资来规划和部署工作在授权频谱上的高可靠通信网络设备。投入如此巨大的资本的主要原因是运营商希望蜂窝网络通过授权频谱对保证无缝覆盖、确保蜂窝网络的高可靠性、实现高频谱效率起关键性的作用。授权频谱是无线通信的基石，3G WCDMA/cdma2000/TD-SCDMA、4G LTE及5G NR等多代通信设备通常都工作在授权频谱上。

非授权频谱是国家或地区开放给民众免费使用的频谱资源，只要符合占用带宽、信道占用时间、发射功率等监管要求，并确保使用非授权频谱的设备之间能够友好、公平共存，任一运营商、企业或用户都可以免费使用。我们最熟悉的使用非授权频谱通信的就是Wi-Fi（可参考第1.4.1节），Wi-Fi使用的最主要频段包括2.4GHz、5GHz和60GHz频段。

与授权频谱相比，由于非授权频谱的免费和共享特性，非授权频谱很难达到上述与授权频谱相类似的网络性能。然而，授权频谱不仅使用费用高昂，而且频谱资源紧缺，尤其在低频段已经几乎被划分殆尽。如果能够有效利用非授权频谱，将其作为授权频谱网络部署的补充，可以很好地缓解运营商和用户当前的流量焦虑，未来会为运营商、上下游行业/企业和用户带来极大的价值。

1.3.1　LTE非授权频谱接入技术

随着LTE网络的快速部署和移动互联网的迅猛发展，数据业务迎来了大爆发，视频业务成为流量的主要类型，移动宽带数据流量连年呈指数级增长。为了保证用户体验，需进一步提升数据传输速率。增加频谱带宽是提升数据传输速率最根本也是最有效的方式。

然而，如上所述，作为运营商最重要的资产，授权频谱资源往往非常紧缺。虽然3GPP在LTE-A Rel-10版本中就已经支持将5个20MHz的LTE载波聚合到100MHz、在LTE-A pro Rel-13版本中可支持多达32个LTE载波的聚合，但是同一个运营商很难将几个10MHz或20MHz的LTE载波进行聚合。由于授权频谱资源的短缺，运营商自然而然地把目光投向了非授权频谱。在非授权频谱上部署LTE网络，可以使运营商在几乎不付出任何频谱资源成本的情况下增加新的可用频谱。

此外，从3G WCDMA/cdma2000/TD-SCDMA到4G LTE/LTE-A，基于3GPP国际通信标准的无线通信技术在全球得到了迅速普及和应用，这一方面反映了人们对无线宽带数据通信的需求在持续增长，另一方面也说明了3GPP是一个极其成功的国际通信标准化组织，其制定的系列无线标准能够很好地顺应无线通信发展的需求。

鉴于运营商、设备商、用户及关联行业对蜂窝网络使用非授权频谱通信的强烈需求和意愿，将3GPP在授权频谱无线通信上的研究成果延伸到非授权频谱，是一件水到渠成的事情。相对于Wi-Fi、蓝牙等其他非授权频谱通信设备，基于3GPP LTE技术的非授权频谱接入在初始接入、移动性管理、干扰消除、多址接入、授权与非授权共存、兼容性及运营管理等多方面具有天然的优势，并且它能够共享3GPP现有的成熟生态。然而，LTE非授权（LTE-U）频谱概念刚一提出就遭到了IEEE等组织的质疑。原因是在非授权频段上，依托于IEEE 802.11系列标准的Wi-Fi是现有最主流也是普及的通信技术，LTE-U的出现势必会和Wi-Fi展开正面竞争，不仅会对使用Wi-Fi的设备的通信产生潜在干扰（虽然可以通过中立的信道接入机制来规避），还会影响到Wi-Fi巨大的商业价值。

2014年9月，3GPP在授权辅助接入（LAA）研究项目[3]中首次引入了基于蜂窝网络接入非授权频谱的概念。在2015年成立的Rel-13 LTE LAA工作项目[11]中确定，LTE LAA以载波聚合技术为基础，由授权载波辅助非授权载波接入，以实现对LTE网络数据业务承载的补充（如图1-8所示），并且引入了LBT（先听后说）等机制，以实现与其他无线技术（例如Wi-Fi）之间的公平、友好共存。Rel-13 LAA系统基于LTE技术，采用子帧级的TTI（传输时间间隔）粒度进行精细调度，并且具备混合自动重传请求功能，因此在频谱效率和数据传输性能方面优于Wi-Fi系统。此外，Rel-13 LAA系统在干扰抑制、功率控制、移动性管理及无缝组网等方面的性能也优于Wi-Fi。

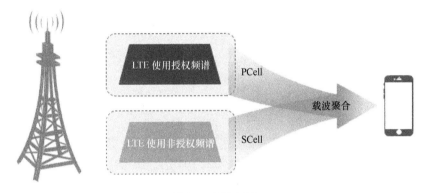

图1-8　LTE LAA

Rel-13 LTE LAA工作项目率先进行了LAA下行数据传输（辅小区下行为非授权载波）的标准化。2016年，Rel-14 LTE 增强的LAA（eLAA）工作项目[12]对LAA上行数据传输（辅小区上行为非授权载波）进行了研究和标准化。2017年，Rel-15进一步增强的LAA（FeLAA）工作项目[13]又对LAA物理层技术进行了更深层次的增强，引入自主上行发送（AUL）特性，以进一步提升非授权频谱资源的利用率，并降低发送时延。

LAA/eLAA/FeLAA（以下统称为LAA）操作下的非授权载波帧结构类型属于帧结构类型3，它不同于传统的帧结构类型1（FDD）和帧结构类型2（TDD），因为它没有绝对静态固定的上下行子帧位置，非授权载波上的任何子帧既可能被用于下行数据传输，又可能被用于上行数据传输。

1.3.2　NR非授权频谱接入技术

随着物联网和移动互联网的迅速发展，未来10年（2021—2030年）无线通信技术将渗透到更加宽广的领域和行业中，譬如智能家居、车联网、远程医疗、工业控制、智慧城市/智慧农村等。这需要通信网络能够提供非常高的容量及数据传输速率，以满足用户对交互性和响应的期望。此外，随着移动通信业务量的不断增长，用户对高数据传输速率和无缝移动性的要求越来越高，授权频谱资源短缺问题日益凸显，因此，在5G蜂窝网络中引入非授权频谱特性的必要性不断提高。

对于5G蜂窝网络运营商来说，非授权频谱可以作为授权频谱的有效补充，以帮助解决特定场景中的流量爆炸问题。如图1-9所示，5G非授权频谱的典型应用场景包括密集城区、回传/前传、室内热点、智能交通系统（ITS）/车联网、工厂自动化/IIoT、火车站/机场/体育场馆等人流稠密的热点地区。

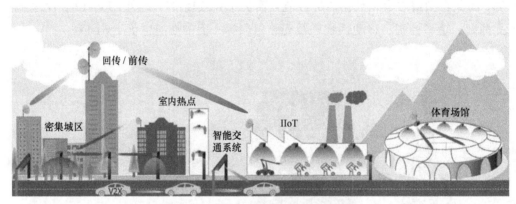

图1-9　5G非授权频谱的典型应用场景

目前蜂窝网络已经从4G LTE进入下一个演进阶段，即基于5G NR的新一代移动通信网络。因此，需要将这些5G NR最新的研究成果融入LTE LAA非授权频谱特性的演进中。5G蜂窝通信系统中的非授权频谱接入技术被称为"基于NR的非授权频谱接入（NR-U）"。

2017年3月，5G Rel-16 NR-U研究项目正式成立[14]。但是，为了在2017年年底率先完成NR NSA版本的冻结，NR特性中不重要或无须按时完成的议题、新成立的一些NR研究项目/工作项目都延后研究。因此，直到2018年2月RAN1第92次会议，3GPP才开始正式讨论Rel-16 NR-U SI相关内容。2018年12月，5G Rel-16 NR-U工作项目正式成立[15]，开启5G Rel-16 NR-U的标准化工作。2020年7月3日，3GPP宣布5G标准的第二版规范Rel-16冻结。相应的，Rel-16位于低频段（5～7GHz）非授权频谱接入技术的研究和标准制定工作也已完成。在后续的工作组会议上，3GPP主要讨论Rel-16 NR-U的一些不完善之处。

从2020年5月开始，3GPP开始进入Rel-17高频段（52.6～71GHz，其中包括授权频段和非授权频段）技术的研究和标准制定工作中[16,17]，并且在IIoT/URLLC等课题[18]中同步开展对非授权频谱接入技术的研究（主要研究内容包括UE发起的信道占用）。2020年12月，Rel-17 NR高频段（52.6～71GHz）研究项目完成，并根据研究项目达成的结论修改了原工作项目[17]计划研究的内容，新的工作项目研究内容在12月RAN第90-e次全会上被批准[19]。2021年12月，Rel-17 NR高频段（52.6～71GHz）工作项目在RAN1的标准化工作完成，整个Rel-17标准在2022年6月被冻结。此外，在2022年启动研究的Rel-18中，直连链路通信、定位、无人机等课题均包括研究非授权频谱接入下的增强。

蜂窝网络非授权频谱接入技术演进史如图1-10所示，共包括5个阶段，跨越了两代移动通信技术。

图1-10　蜂窝网络非授权频谱接入技术演进史

5G NR-U（Rel-16 NR-U、Rel-17 NR-U）沿用了4G LTE LAA的部分设计思路，同样引入了LBT（先听后说）机制来保证NR-U设备与同系统设备、异系统设备之间的公平共存。与4G LTE LAA相比，5G NR-U所使用的非授权频段的载波带宽可以更宽，对于Rel-16 NR，其除能使用与4G LTE LAA相同的20MHz带宽以外，还可以使用40MHz、60MHz及80MHz带宽。对于Rel-17 NR-U，其可以使用100MHz、400MHz、800MHz、1600MHz甚至2000MHz带宽。与小带宽的载波相比，当需要达到Gbit/s级别数据传输速率时，5G NR-U会降低gNB或UE侧的实现复杂度，它也可以支持更大规模的连接和更多的用户数。此外，5G NR-U与4G LTE LAA相比，支持更多的场景，不仅包括载波聚合，还包括双连接及独立组网等场景，这使得非授权频段的网络部署可以不再依赖于授权频段。

需要说明的是，Rel-16 NR-U工作在sub-7GHz频段，该频段隶属于Rel-15 NR定义的FR1（频率范围1）频段（410MHz～7.125GHz），因此Rel-16 NR-U可以基于Rel-15 NR现有的成熟协议进行设计。而Rel-17 NR高频工作项目针对的是52.6～71GHz频段，该频段既不属于FR1频段，又不属于FR2-1频段（24.25～52.6GHz），是3GPP标准化尚未涉及的一个全新频段，并且在该频段中既包含授权频段，又包含非授权频段。因此，在Rel-17 NR高频工作项目中，授权频段和非授权频段的设计是同步考虑的。从标准化的复杂性角度出发，两者尽量寻求能够公用的设计。

基于5G NR的非授权频谱接入作为授权频谱接入的有力补充，能够进一步丰富5G的使用场景和潜在用例，更好地满足eMBB、URLLC、mMTC等不同场景和业务的应用需求，从而有助于实现5G万物互联的通信需求，促进5G更快速的发展。5G NR-U为运营商降低运营成本、增强覆盖、提高系统容量及使用非授权频谱开展新业务提供了新的可能。3GPP将在5G演进版本中继续完善和增强5G NR-U，支持更高的非授权频段、更宽的频带及应用于更多场景，5G NR-U的发展前景非常广阔。

(··) 1.4 非蜂窝网络非授权频谱通信技术

早在2014年3GPP在蜂窝网络中引入非授权频谱接入技术之前，已经有相当多的无线技术应用在非授权频谱上，主要包括无线保真（Wi-Fi）技术、蓝牙（Bluetooth）、紫蜂（ZigBee）协议及远距离无线电（LoRa）等。

其中，Wi-Fi和蓝牙是应用最广泛、影响力最大的两种应用在非授权频谱上的无线技术，几乎所有的智能手机、平板/笔记本计算机及其他智能设备都支持这两种无线技术。近些年随着移动互联网和物联网的快速发展，ZigBee和LoRa也呈现蓬勃发展之势。

1.4.1 无线保真（Wi-Fi）技术

无线保真（Wi-Fi）技术是一种允许将电子设备连接到一个无线局域网（WLAN）上的技术，Wi-Fi使用的频段主要包括2.4GHz、5GHz及60GHz等非授权频段。将电子设备连接到WLAN通常有密码保护（加锁）和开放（不加锁）两种方式。Wi-Fi是一个无线网络通信技术的品牌，由Wi-Fi联盟所持有。Wi-Fi联盟建立了一套用于验证IEEE 802.11系列产品兼容性的测试程序，被称为Wi-Fi认证，通过认证的产品可以使用Wi-Fi认证表示。由于Wi-Fi取得了巨大成功，因此Wi-Fi几乎成为WLAN的代名词。

1997年6月，IEEE推出了第一代WLAN标准——IEEE 802.11-1997，该标准定义了物理层（PHY）和媒体访问控制（MAC）层。其中，物理层定义了两种工作在2.4GHz ISM（Industrial Scientific Medical）频段上的无线射频方式和一种红外传输方式。无线射频方式包括直接序列扩频技术（DSSS）和跳频扩频技术（FHSS）。IEEE 802.11-1997将数据传输速率设计为2Mbit/s。IEEE在1999年又推出了改进后的IEEE 802.11-1999。

但是，与当时以太网的100Mbit/s的数据传输速率相比，2Mbit/s的数据传输速率显得有些过小，于是IEEE于1999年又推出了两个补充标准——IEEE 802.11a和IEEE 802.11b。前者工作在5GHz的ISM频段，并且采用了OFDM技术，物理层数据传输速率可达54Mbit/s。后者仍然工作在2.4GHz的ISM频段，但在IEEE 802.11基础上增加了两种更高的数据传输速率（5.5Mbit/s和11Mbit/s）。在2001年，IEEE又提出了能够兼容IEEE 802.11b的增强版本IEEE 802.11g（其在2003年成为正式标准），IEEE 802.11g借用了IEEE 802.11a的研究成果，在2.4GHz频段也采用了OFDM技术。IEEE 802.11g暂时满足了人们对数据传输速率的要求，对WLAN的发展起到了很大的推动作用。

从2002年开始，IEEE 802.11n任务组开始研究一种更快速的WLAN技术，目标是在扣除前导码等开销之后，还能达到100Mbit/s以上的数据传输速率。IEEE 802.11n任务组共收到6份提案，最终讨论的焦点集中在其中2份，分别由TGnSync与Wwise两个阵营所提出。在之后的多次投票中，这两个阵营的提案的得票数一直相持不下。直到2009年9月，TGnSync与Wwise提交了统一的新的IEEE 802.11n草案，草案通过后，IEEE 802.11n标准终于正式获批。IEEE 802.11n采用了OFDM和MIMO技术，工作频段包括2.4GHz和5GHz。从研究伊始到成为正式标准，IEEE 802.11n的数据传输速率在这7年内也从最初设计的100Mbit/s提高到了600Mbit/s。

通信技术的发展永无止境，2008年年底，IEEE 802.11成立新的任务组，将研究任务分为两部分，第一部分是IEEE 802.11ac，工作在5GHz频段，用于中短距离通信，定位为IEEE 802.11n的继任者。IEEE 802.11ac扩展了IEEE 802.11n的空中接口，采用更大的信道带宽和更多的MIMO空间流（最多可支持8流），支持下行MU-MIMO，并且引入更高阶的调制方式——256QAM。第二部分是IEEE 802.11ad，工作在60GHz频段，可使用2.16GHz的信道带宽。IEEE 802.11ad的市场定位与UWB（超宽带）类似，主要面向家庭娱乐设备。IEEE 802.11ac与IEEE 802.11ad均已发布，已成为正式标准。

目前IEEE正在研究和制定IEEE 802.11ac的增强版本IEEE 802.11ax（工作在2.4GHz/5GHz频段，又称Wi-Fi6）、IEEE 802.11ad的增强版本IEEE 802.11ay（工作在60GHz频段），它们可以提供更高的数据传输速率。IEEE 802.11ax使用OFDMA调制，同时支持下行和上行MU-MIMO，将调制方式从256QAM升级到了1024QAM。IEEE 802.11ay通过信道聚合支持高达8.64GHz的信道带宽，支持SU-MIMO和下行MU-MIMO。近些年来，高通、博通、Marvell及英特尔等芯片厂家早已发布多款基于IEEE 802.11ax和IEEE 802.11ay的商用芯片，Wi-Fi6正在加速普及。

基于IEEE 802.11协议的Wi-Fi总体上由有线和无线两部分组成，无线侧作为接入，使用IEEE 802.11协议；有线侧骨干网络作为上行，一般使用以太网协议。接入点（AP）完成IEEE 802.11和以太网两种协议间的转换。

Wi-Fi由工作站、分布式系统、无线媒介、AP 4个部件组成[20]，如图1-11所示。

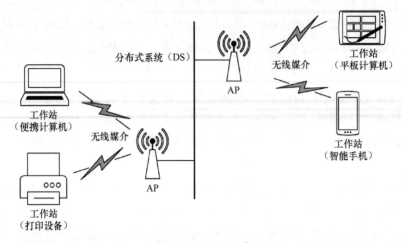

图1-11　Wi-Fi组成

工作站：支持IEEE 802.11的终端设备。例如安装了WLAN网卡的笔记本计算机或支持WLAN的手机等。

AP：为工作站提供基于IEEE 802.11的无线接入服务，同时将独特的IEEE 802.11 MAC帧格式转换为其他类型有线网络的帧，相当于完成无线和有线之间的桥接。帧的转换类型取决于AP所连接的有线网络，一般为以太网。

无线媒介：IEEE 802.11标准定义了两类物理层，即射频物理层（2.4GHz、5GHz和60GHz）与红外线物理层。目前广泛使用的是射频物理层，红外线物理层事实上已经被放弃。

分布式系统：即将各个接入点连接起来的骨干网络，通常是以太网。

相对于蓝牙及红外灯，Wi-Fi覆盖范围较广，它的覆盖半径可达100m，不仅可以覆盖办公室内的区域，还可以覆盖整栋大楼。此外，Wi-Fi技术的无线数据传输速率非常快，IEEE 802.11b标准定义的数据传输速率可以达到54Mbit/s，在之后推出的IEEE 802.11n标准中，无线数据传输速率达到了600Mbit/s。IEEE 802.11ac/ad能够提供Gbit/s级别的数据传输速率，而在IEEE 802.11ac/ad的增强版本IEEE 802.11ax/ay中，最高数据传输速率能达到10Gbit/s，并且Wi-Fi的部署及应用便捷，只要在车站、机场、购物中心或图书馆等人员较密集的地方设置无线热点，热点所发射出的无线电波就可以到达距离AP数十米的地方，只要用户将支持Wi-Fi的手机或笔记本计算机等智能终端放到该区域内，就可以接入互联网。

由于5G NR和4G LTE的非授权频谱接入所工作的频段与Wi-Fi相同，都包括5GHz和60GHz这两个频段，因此Wi-Fi设备是蜂窝网络非授权频谱接入所需要考虑的最主要的异系统设备类型。

1.4.2　蓝牙（Bluetooth）

蓝牙是一种支持设备短距离通信（一般在20m之内）的无线技术，它可实现移动设备、固定设备和其他构建个域网的设备之间的短距离数据交换。蓝牙使用2.4~2.485GHz的ISM频段的特高频无线电波进行通信。ISM频段是全球范围内无须取得执照（但并非无任何管制）、位于2.4GHz波段的可用于工业、科学和医疗通信领域的短距离无线电频段。

蓝牙技术最初由电信设备商爱立信（Ericsson）于1994年创制，并由爱立信、诺基亚（Nokia）、东芝（Toshiba）、国际商业机器公司（IBM）和英特尔（Intel）5家公司于1998年5月联合推出的一种无线通信新技术。蓝牙最初作为RS232数据线的替代方案。它可连接多个设备，解决了数据同步的难题。

蓝牙使用跳频技术，将传输的数据分隔成多个数据包，通过79个指定的蓝牙信道分别进行传输。从2.402GHz开始，每1MHz划分一个信道，一直至2.480GHz。每个信道的频宽均为1MHz。蓝牙4.0使用2MHz的信道间距，可容纳40个信道。蓝牙具有适配跳频（AFH）的抗干扰功能。通常每秒可跳1600次。

蓝牙是基于数据包有着主、从架构的协议。一个主设备最多可和同一微微网中的7个从设备通信。所有设备共享主设备的时钟。分组交换是基于主设备定义的以312.5μs为间隔运行的基础时钟。两个时钟周期构成一个625μs的槽，两个时隙构成一个1250μs的时隙对。在单槽封包的较简单的情况下，主设备在双数槽发送信息，在单数槽接收信息；而从设备在这种情况下正好相反，封包容量可长达1、3、5个时隙。

蓝牙是一种无线网络传输技术，可以用来取代红外传输。与红外传输相比，蓝牙无须收发设备对准就能够传输数据，传输距离在0~20m（红外传输的传输距离在几米之内），在信号放大器的帮助下，通信距离甚至可达100m。蓝牙非常适合耗电量低的数码设备（例如手机、笔记本计算机等）相互分享数据。

1.4.3　紫蜂（ZigBee）协议

ZigBee是基于IEEE 802.15.4标准的低功耗局域网协议。根据国际标准规定，ZigBee技术是一种短距离、低功耗的无线通信技术。ZigBee来源于蜜蜂（bee）的8字舞，由于蜜蜂是靠由飞翔和"嗡嗡（zig）"地抖动翅膀构成的"舞蹈"来与同伴传递花粉所在方位的信息，也就是说蜜蜂依靠这样的方式构成了群体中的通信网络。ZigBee技术的特点是距离近、复杂度低、自组织、功耗低、数据传输速率低，主要适合用于自动控制和远程控制领域，可以嵌入各种设备。ZigBee从下到上分别为物理层、媒体访问控制层、传输层（TL）、网络层（NWK）、应用层（APL）等。其中物理层和媒体访问控制层遵循IEEE 802.15.4标准的规定。

ZigBee网络可工作在2.4GHz（全球）、868MHz（欧洲）和915MHz（北美）这3个频段上，分别具有最高250kbit/s、20kbit/s和40kbit/s的数据传输速率，它的传输距离在10～75m，但可以继续增加。

ZigBee的网络结构如图1-12所示。ZigBee是一个由多达65000个无线数据传输模块组成的无线数据传输网络平台，在整个网络范围内，每一个ZigBee无线数据传输模块之间均可以相互通信，每个网络节点间的距离可以从标准的75m无限扩展。

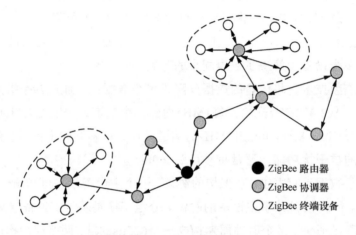

图1-12　ZigBee的网络架构

简而言之，ZigBee是一种距离短、成本低、功耗低及数据传输速率低的无线自组织网络通信技术。近些年随着物联网、大数据、云计算产业的快速发展，ZigBee支持设备行业也获得了良好的发展机遇，其在智能家居、工业控制、医疗、农业控制、交通运输等领域的应用规模快速扩大。

1.4.4　远距离无线电（LoRa）

通信网络中使用的无线技术有很多种，网络运营者或使用者可通过这些技术组成局域网（LAN）或广域网（WAN）。其中，组成局域网的无线技术主要包括Wi-Fi、蓝牙、ZigBee等；组成广域网的无线技术主要包括3G UMTS/4G LTE/5G NR等。然而，在低功耗广域网（LPWAN）产生之前，在远距离通信和低功耗之间似乎只能选择其一。在采用LPWAN技术之后，设计人员可做到两者都兼顾，最大限度地实现更远距离通信与更低功耗，同时还可节省额外的中继器成本。

LoRa是一种LPWAN通信技术，是由美国Semtech公司采用和推广的一种基于扩频技术的超远距离无线传输技术。它考虑了以往关于远距离传输与低功耗不能兼顾的折衷方式，为用户提供一种简单的能实现远距离传输、长电池寿命及大容量的系统。

LoRa主要在全球非授权频段运行，包括 433MHz、868MHz及915 MHz等频段，其网络构架由终端节点、网关、网络服务器和应用服务器4部分组成，应用数据可双向传输。LoRa采用Aloha方法进行通信，只有在节点有数据发送时，才会向网络同步数据。LoRa的覆盖范围很广，在城镇的覆盖范围可达到5km，在郊区的覆盖范围可达到15km。LoRa的数据传输速率较低，最高的数据传输速率只有37.5kbit/s。可见LoRa是一种低功耗、低成本、远距离传输及低速率的局域网无线标准。

当连接到非蜂窝网络的LoRa WAN时，采用LoRa的设备能够传输大范围的物联网应用数据。蜂窝网络和Wi-Fi往往需要大带宽或高功率，因而导致了其服务范围受限，没法深入覆盖到室内环境。而LoRa网络填充了这两个技术的技术空白，能灵活部署到乡村、室内环境，而且在智能家居、智能农业等方面也有很好的应用。

(((·))) 参考文献

[1] Dahlman E, Parkvall S, Skold J. 5G NR: the Next Generation Wireless Technology. Academic Press, 2018.

[2] Zaidi A, Athley F, Medbo J, et al. 5G Physical Layer: Principles, Models and Technology Components, 2018.

[3] 3GPP RP-141646. Study on Licensed-Assisted Access Using LTE. Ericsson, Qualcomm, etc. 3GPP TSG RAN#65, Edinburgh, Scotland, September 9-12, 2014.

[4] IMT-2020 (5G)推进组. 5G愿景与需求白皮书. 2014-05.

[5] 赵亚军，郁光辉，徐汉青. 6G移动通信网络:愿景,挑战与关键技术[J]. 中国科学：信息科学，2019(8):25.

[6] ITU. IMT Vision-Framework and Overall Objectives of the Future Development of IMT for 2020 and Beyond: Recommendation ITU-R M. 2083[R]. 2015-09.

[7] 3GPP RP-193216. Release 17 Package for RAN. 3GPP TSG RAN #86, 2019-12.

[8] 3GPP RP-200493. 3GPP Release Timelines. 3GPP TSG RAN #87e, 2020-03.

[9] 3GPP RP-213469. Summary for RAN Rel-18 Package, 2021-12.

[10] 3GPP RP-212604. 3GPP Work Plan Review at Plenary #93e, 2021-09.

[11] 3GPP RP-151045. New Work Item on Licensed-Assisted Access to Unlicensed Spectrum, Ericsson, Huawei, Qualcomm, Alcatel-Lucent, 3GPP TSG RAN Meeting # 68, Malmo, Sweden, June 15 - 18, 2015.

[12] 3GPP RP-152272.New Work Item on Enhanced LAA for LTE. Ericsson, Huawei. RAN#70, Dec. 7-10, 2015.

[13] 3GPP RP-170848. New Work Item on Enhancements to LTE Operation in Unlicensed Spectrum. Nokia, Ericsson, Intel, Qualcomm. RAN#75, March 6-9, 2017.

[14] 3GPP RP-170828. New SID on NR-based Access to Unlicensed Spectrum. Qualcomm, 3GPP TSG RAN Meeting #75, Dubrovnik, Croatia, March 6-9, 2017.

[15] 3GPP RP-182878. New WID on NR-Based Access to Unlicensed Spectrum. Qualcomm, 3GPP TSG RAN Meeting #82, Sorrento, Italy, December. 10-13, 2018.

[16] 3GPP RP-193259. New SID: Study on Supporting NR from 52.6GHz to 71GHz. Intel, 3GPP TSG RAN #86, Sitges, Spain, December 9-12, 2019.

[17] 3GPP RP-193229. New WID on Extending Current NR Operation to 71GHz. Qualcomm, 3GPP TSG RAN #86, Sitges, Spain, December 9-12, 2019.

[18] 3GPP RP-193233. New WID on Enhanced Industrial Internet of Things (IoT) and URLLC Support.Nokia, Nokia Shanghai Bell, 3GPP TSG RAN #86, Sitges, Spain, December 9-12, 2019.

[19] 3GPP RP-202925. Revised WID: Extending Current NR Operation to 71GHz, CMCC, 3GPP TSG RAN Meeting #90-e, Electronic Meeting, December 7-11, 2020.

[20] 林立，周国军，等. 网络之路-WLAN专题，H3C测试中心，2010年第2季度，总第十三期.

第2章

5G NR-U设计基础及基本参数

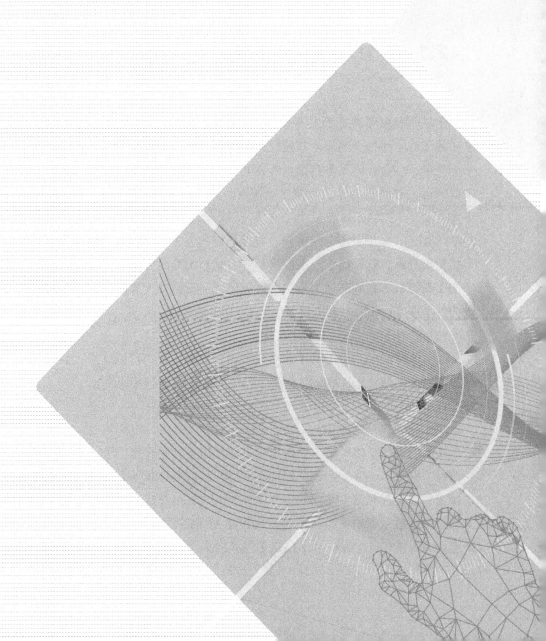

有效利用无线频谱是现代移动通信技术发展的重要驱动力。尽管5G NR的频谱效率是4G LTE频谱效率的3倍以上，但随着增强现实、虚拟现实及高清视频等业务数据流量的不断增长，仅靠昂贵并且越来越短缺的授权频谱资源很难满足未来5G智联万物的通信需求。因此3GPP将非授权频谱作为可选的解决方案，积极研究5G技术在非授权频谱上应用的可能性。5G NR-U的工作频段位于FR1中的5GHz和6GHz非授权频段（Rel-16 NR-U）、FR2-2中的60GHz非授权频段（Rel-17 NR-U）。

本章将从5G NR-U的工作频段出发，介绍各个工作频段在一些主要国家和地区的使用规则与使用要求。此外，本章还对5G NR-U通信系统的多种部署场景、波形、基础参数及帧结构等新设计进行重点介绍。

(((·))) 2.1　工作频段及信道带宽

全球非授权频谱资源主要分布在2.4GHz、5GHz、6GHz和60GHz等频段，不同国家和地区对上述各个频段中非授权频谱的划分有一定差异。

其中，2.4GHz频段是各国共有的可用于短距离无线通信的ISM频段，该频段无须取得许可，在满足特定监管要求的情况下可直接使用。Wi-Fi、蓝牙、ZigBee和微波炉均可工作在2.4GHz频段上。然而，该频段只有83.5MHz可用频谱带宽（2.4～2.4835GHz），频谱资源非常拥挤，已经部署的设备类型繁杂，信号抢占及彼此之间的干扰情况严重，就好比在一条很窄且没有规划的马路上，有行人、自行车、马车和汽车同时在行进，每种交通工具的通行速度都会受到很大影响。因此，5G NR-U目前完成的两个版本（Rel-16、Rel-17）都没有考虑2.4GHz频段，主要针对的目标频段为5GHz、6GHz、60GHz。

在具体探讨5G NR-U的工作频段和带宽之前，我们可以先来了解一下5G NR关于频段的划分和定义。NR Rel-15定义了5G NR运行的两个频段[1]。

FR1：410MHz～7.125GHz；

FR2：24.25～52.6GHz。

未来的高数据传输速率通信迫切需要使用更大的带宽，2021年，NR Rel-17启动了一个针对52.6～71GHz频段的工作项目（项目名称：NR_ext_to_71GHz，该频段包括授权频谱和非授权频谱）[2]。52.6～71GHz频段与Rel-15定义的FR2相邻，频谱特性相近、大部分关键技术相同或类似，因此3GPP RAN最终决定对原FR2进行扩展，新FR2的频率范围为24.25～71GHz。Rel-15定义的原FR2（24.25～52.6GHz）被重新定义为新FR2

的子频段FR2-1；52.6～71GHz被定义为新FR2的另一个子频段FR2-2。如表2-1所示。

表2-1 5G NR Rel-17的频段划分及定义

频段名称		相应的频率范围
FR1		410MHz～7.125GHz
FR2	FR2-1	24.25～52.6GHz
	FR2-2	52.6～71GHz

2.1.1 Rel-16 NR-U工作频段、信道带宽

Rel-16 NR-U工作项目确定的目标频段为sub-7GHz频段[3]，包括5GHz和6GHz两个非授权频段。Rel-16标准最终确定NR-U系统的工作频段主要还是沿用4G LTE LAA的工作频段B46，在5G NR中该频段编号为n46。同时，3GPP也新增了NR-U位于6GHz这一非授权频段的频谱，该频段编号为n96，具体频段信息如表2-2所示。这两个频段都位于FR1之内。

表2-2 Rel-16 NR-U工作频段

NR-U频段	上行频段（BS接收+UE发送）	下行频段（BS发送+UE接收）
	$F_{UL\_low}～F_{UL\_high}$	$F_{DL\_low}～F_{DL\_high}$
n46	5.15～5.925GHz	5.15～5.925GHz
n96	5.925～7.125GHz	5.925～7.125GHz

注：5.35～5.47GHz不可用于NR-U系统部署；

5.925～5.945GHz NR-U不能使用，主要是为了保护ITS band n47

需要注意的是，对于n46频段中的5.855～5.925GHz的频率范围，目前部分国家已用作智能交通运输系统频段，即车联网等，但是在全球范围内并没有达成广泛共识，因此在3GPP RAN4讨论后还是将该频段资源定义为可供5G NR-U系统使用的频段资源。但是，RAN4另行定义了n47频段（5.855～5.925GHz），并备注该频段是用于车联网业务的非授权频段。

除n46频段外，3GPP将n96频段也列为NR-U频谱，因此NR-U未来同样可以工作在6GHz频段。目前美国联邦通信委员会（FCC），以及欧洲电子通信委员会（ECC）等都在制定在6GHz频段中用于非授权频谱接入技术的频谱范围。其中，FCC建议使用如下4个频段。

（1）U-NII-5：5.925～6.425GHz。

（2）U-NII-6：6.425～6.525GHz。

（3）U-NII-7：6.525～6.875GHz。

（4）U-NII-8：6.875～7.125GHz。

2020年4月，FCC宣布释放6GHz频段（5.925～7.125GHz）上的1200MHz带宽的频谱，作为非授权频谱。在低频段释放如此大的带宽将为新一代Wi-Fi标准（Wi-Fi 6E）的发展铺平道路，并将在物联网的发展中发挥重要作用。韩国已经在2020年10月开放了1200MHz供Wi-Fi 6E使用。

ECC目前只考虑将5.925～6.425GHz这500MHz带宽用于非授权频谱接入技术。英国通信传播管理局（Ofcom）在2020年7月宣布在6GHz频段开放500MHz的非授权频谱（5.925～6.425GHz）给Wi-Fi 6E使用。

由于在同频工作的竞争产品Wi-Fi已可支持40MHz、80MHz载波带宽，另外在ETSI标准中亦可支持60MHz载波带宽，因此很多公司建议3GPP在sub-7GHz频段的信道化可以参考Wi-Fi[4~8]。Rel-16 NR-U系统相对4G LTE LAA系统而言，除了继承原先LAA系统的20MHz和10MHz载波带宽外，又新增了多种可支持的载波带宽，如上述40MHz、60MHz和80MHz载波带宽。需要注意的是，Rel-16 NR-U使用10MHz载波带宽的前提条件是要保证此时不存在Wi-Fi设备，并且小区只能是SCell，而不能是PCell或PSCell。

在进行载波频点设置的时候，设置Rel-16 NR-U 20MHz、40MHz、80MHz的载波频点位置需要考虑与Wi-Fi载波频点位置对齐，以保证较好地利用频谱资源并防止载波带外泄露影响其他RAT。对于60MHz载波带宽，则需要考虑与80MHz载波带宽进行下信道边沿对齐或者上信道边沿对齐。

2.1.2　Rel-17 NR-U工作频段、信道带宽

Rel-17 NR-U操作的非授权频段位于FR2-2（52.6～71GHz）内。FR2-2既包括授权频段，又包括非授权频段，因此Rel-17 NR-U的标准化内容实际上属于Rel-17 FR2-2工作项目（NR_ext_to_71GHz）中的一个技术特性。

2018—2019年，在Rel-17 FR2-2研究项目和工作项目启动之前，即在Rel-16期间，3GPP TSG RAN对52.6GHz以上频段的NR进行了初步研究，将相应的研究成果写入了3GPP TR 38.807技术报告中。从这项研究中可以直观地看出52.6～71GHz这一频段在世界各地的规范和使用情况。

1. ITU第1区域、第2区域和第3区域内各国和地区60GHz频段频谱许可情况

为划分无线电频率，ITU制定的《无线电规则》将世界划分为3个区域。表2-3总

结了在ITU第1区域、第2区域和第3区域内各国和地区频率在52.6～71GHz的数据通信（包括移动和固定业务，但不包括雷达遥测）的当前频谱许可情况[9]。表2-3中的符号"U"代表非授权频谱。每个频段的授权类型由各国家和地区自行决定。2019年世界无线电通信大会（WRC-19）将66～71GHz频段也划归IMT附加频段，以促进5G进一步发展。

表2-3　52.6～71GHz频段各国频谱许可情况

区域	国家/地区	频率（GHz）										
		52.6~54.25	54.25~55.78	55.78~56.9	56.9~57	57~58.2	58.2~59	59~59.3	59.3~64	64~65	65~66	66~71
ITU第1区域	欧洲国家							U (Mobile)				
	以色列											
	南非						U (Mobile)			U (Mobile)		
ITU第2区域	美国							U (Mobile)				
	加拿大						U (Mobile)					
	巴西						U (Mobile)					
	墨西哥						U (Mobile)					
ITU第3区域	中国							U (Mobile)				
	日本						U (Mobile)					
	韩国						U (Mobile)					
	印度											
	新加坡						U (Mobile)					
	澳大利亚						U (Mobile)					

2. IEEE 802.11ad/ay 60GHz非授权频段信道化设计

在60GHz非授权频段，IEEE 802.11ad/ay支持的基本信道带宽（最小信道带宽）为2.16GHz。IEEE 802.11ay信道化方案如图2-1所示[10]。

从图2-1可以看出，除了基本信道带宽2.16GHz外，IEEE 802.11ay还支持通过2个、3个或4个连续的基本信道带宽进行聚合，从而支持更大的信道带宽$K \times 2.16$GHz（$K = 2$，3，4）。根据图2-1可以计算出在57～71GHz频段中每一个2.16GHz基本信道带宽所处的频率范围，如表2-4所示。

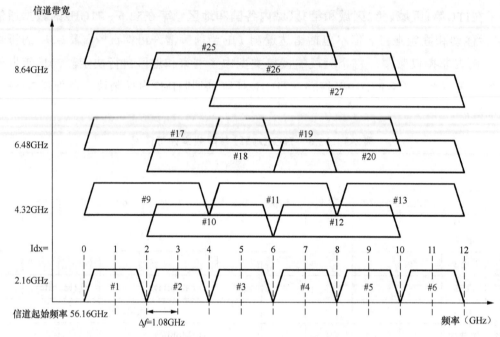

图2-1　IEEE 802.11ay信道化方案

表2-4　IEEE 802.11ay信道带宽为2.16GHz的信道化设计

信道化设计	Channel#1	Channel#2	Channel#3	Channel#4	Channel#5	Channel#6
中心频率（GHz）	58.32	60.48	62.64	64.8	66.96	69.12
频率范围（GHz）	57.24～59.4	59.4～61.56	61.56～63.72	63.72～65.88	65.88～68.04	68.04～70.2

3. Rel-17 NR-U信道化设计

我们在前面提到在5GHz非授权频段，Rel-16 NR-U采用了与Wi-Fi基本一致的信道带宽，信道化设计也考虑了与Wi-Fi的信道化进行对齐。对于工作于FR2-2非授权频段的Rel-17 NR-U，3GPP RAN1/RAN4也曾讨论过至少在FR2-2非授权频段内支持2.16GHz的基本信道带宽，并与IEEE 802.11ad/ay保持信道化对齐。该方案对应图2-2中的Option 1-1[11]。

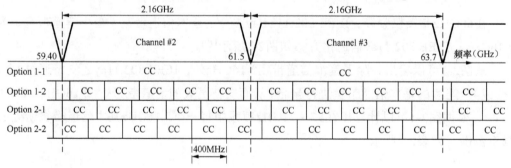

注：CC表示成员载波

图2-2　Rel-17 FR2-2非授权频段的信道化候选方案

文献[11]给出的Rel-17 FR2-2非授权频段的信道化的几种候选方案如下。

（1）Option 1：至少在非授权频段内（如57～71GHz），Rel-17 FR2-2的信道化应与IEEE 802.11ad/ay的信道化对齐。

①　Option 1-1：Rel-17 FR2-2支持2.16GHz的基本信道带宽。

②　Option 1-2：不用支持2.16GHz的基本信道带宽，但在IEEE 802.11ad/ay的每个2.16GHz的基本信道带宽中，Rel-17 FR2-2划分出X个400MHz、Y个800MHz或Z个1600MHz的信道带宽，其中$X=0,\cdots,5$；$Y=0,1,2$；$Z=0$或1。例如将Rel-17 FR2-2划分出5个400MHz的信道带宽。

（2）Option 2：在非授权频段内（如57～71GHz），Rel-17 FR2-2的信道化也不需要与IEEE 802.11ad/ay的信道化对齐。

①　Option 2-1：支持通过载波聚合等方法而不是通过信道化方法来实现名义信道带宽（又可被称为标称信道带宽）——2.16GHz。

②　Option 2-2：不需要支持2.16GHz的名义信道带宽，在信道化、名义信道带宽等方面，不需要考虑来自Wi-Fi的因素。

Rel-16 NR-U与Wi-Fi要在5GHz非授权频段进行信道化对齐的原因之一是在ETSI EN 301 893标准的频谱使用规范中已经明确规定了信道化和LBT的基本要求（可参考2.2.1节），ETSI EN 301 893标准的频谱使用规范中的基本信道带宽为20MHz，LBT能量检测阈值也是基于20MHz来定义的。然而在60GHz非授权频段，还没有任何频谱使用规范（包括ETSI EN 302 567）对该频段的信道化进行规范，并且由于60GHz频段的Rel-17 NR-U会使用更窄的高定向波束，它和5GHz频段的传输特性差异较大，能够有效避免同RAT或不同RAT设备之间的干扰，因此，Rel-17 NR-U可不与Wi-Fi进行信道化对齐。

此外，由于IEEE 802.11ad/ay的基本信道带宽2.16GHz过大，不够灵活，如果FR2-2非授权频谱采用IEEE 802.11ad/ay的信道带宽和信道化设计，与3GPP在FR2-1的信道化设计相比，差异较大（FR2-1的信道带宽分别为50MHz、100MHz、200MHz、400MHz）。另外，从表2-3可以看出，不同的国家和地区划分60GHz频段的非授权频谱差异很大，美国的非授权频谱所占频段最大（57～71GHz），一共占14GHz带宽，而中国目前只定义了5GHz（59～64GHz）的带宽作为非授权频谱来用。如果FR2-2非授权频谱按照IEEE 802.11ad/ay的信道化进行设计，在一些国家和地区会造成大量频谱资源被浪费，譬如在中国。如图2-3所示，中国分配的5GHz非授权频谱最多划分出2个2.16GHz基本信道（IEEE 802.11ad/ay中的Channel#2和Channel#3），左右两侧各有400MHz和280MHz的带宽未被使用，即总共浪费了680MHz带宽的非授权频谱。如果允许使用更小的信道带宽（如400MHz），频谱浪费问题将得到很大程度的缓解，对资源的利用也会更加灵活。

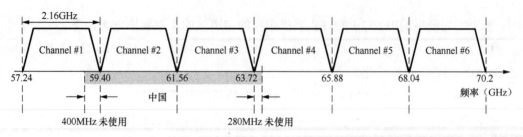

图2-3 中国60GHz非授权频段采用IEEE 802.11ad/ay的信道化（Option 1-1）

虽然截至2022年5月底，3GPP RAN4尚没有完全确定FR2-2非授权频段的信道化方案，但是已明确不支持将2.16GHz作为Rel-17 FR2-2非授权频段的基本信道带宽。上述Option 1-1方案已被3GPP放弃。

目前3GPP为Rel-17 NR-U新定义了一个位于FR2-2中的非授权频段，该频段编号为n263，起止频率分别为57GHz和71GHz，具体频段信息如表2-5所示。

表2-5 Rel-17 NR-U工作频段

NR-U频段	上行频段（BS接收+UE发送）	下行频段（BS发送+UE接收）
	$F_{UL\_low} \sim F_{UL\_high}$	$F_{DL\_low} \sim F_{DL\_high}$
n263	57～71GHz	57～71GHz

对于FR2-2支持的每一种子载波间隔，3GPP已经明确支持的最小带宽和最大带宽如表2-6所示，这些最小带宽和最大带宽同样适用于Rel-17 NR-U。

表2-6 FR2-2（Rel-17 NR-U）支持的子载波间隔、最小带宽和最大带宽

子载波间隔（kHz）	最小带宽（MHz）	最大带宽（MHz）
120	100	400
480	400	1600
960	400	2000

((•)) 2.2 非授权频谱的使用规则

为保证同系统/异系统设备之间能够公平共存，非授权频谱中的基本竞争机制采用LBT方式。LBT的基本思想是设备在数据发送之前必须先侦听信道的占用情况[该过程可以被称为空闲信道评估（CCA）]，只有当信道空闲时（侦听结果低于阈值）才能使用该信道，并且需要在最大占用时长（MCOT）结束后释放信道。如果侦听结果显示信道被占用，那么设备只能继续侦听，而不能强行发送信号。由于非授权频段具有免许可和共享特性，许多国家或地区（例如日本等）支持将LBT技术作为非授权频谱使

用的必选技术，而中国和美国等则没有强制要求使用LBT。

除了采用LBT外，非授权频谱还有一些其他的使用规则或监管要求，譬如占用信道带宽、标称信道带宽（又被称为名义信道带宽）、最大占用时长、能量检测阈值、发射功率限制等。这些规则或要求在不同的国家和地区并不总是相同的。3GPP在标准化Rel-16 NR-U和Rel-17 NR-U的过程中始终秉持遵循这些国家和地区的规则与要求的基本原则，并确保与已有设备在同频段上友好共存。

2.2.1　5GHz频段频谱使用规则

3GPP在5G标准制定初期就明确5G设计需要同时兼顾授权频谱和非授权频谱的需求，并在5G NR的第二个标准版本Rel-16中支持了非授权频谱特性NR-U。Rel-16 NR-U的目标工作频段为5GHz和6GHz非授权频段。其中，5GHz非授权频段已有WLAN（Wi-Fi）设备规模部署，因此，Rel-16 NR-U需要遵守该频段的规则，保证与该频段上已有的WLAN设备友好共存。

在众多国家和地区的频谱使用规范中，ETSI制定的针对5GHz频段的ETSI EN 301 893频谱使用规范中的监管要求[12]较为全面和翔实。ETSI EN 301 893频谱使用规范主要规定了包括RLAN（Radio Local Access Network）设备在内的5GHz频段无线接入系统（WAS）的技术特性和测量方法，并且也规定了在与其他设备共享非授权频谱时所需要遵循的接入要求。从2018年6月开始，不符合该标准的产品将不再允许在欧洲地区销售。Rel-16 NR-U主要参考ETSI EN 301 893频谱使用规范中的使用规则和监管要求，同时兼顾中国、美国及日本等一些国家和地区的特定规则与要求。

需要注意的是，相对于5GHz非授权频段，各个国家和地区的6GHz非授权频段的使用规则尚不明确，频谱规范仍处于制定过程中，因此，3GPP虽然将6GHz非授权频段纳入了Rel-16 NR-U的目标频段中，但参考的仍然是5GHz非授权频段的使用规范。

下面将对规范中的使用规则与要求进行介绍。

1. 适用频段

ETSI EN 301 893频谱使用规范适用的频段如表2-7所示。与表2-2进行对比可以看出，Rel-16 NR-U定义的n46频段包含了ETSI EN 301 893频谱使用规范中的两个频段，并且都排除了5350～5470MHz频段。

表2-7　ETSI EN 301 893频谱使用规范适用的频段

频段	频率范围
频段1（发送/接收）	5150～5350MHz
频段2（发送/接收）	5470～5725MHz

2. 标称中心频点

RLAN设备通常可以工作在一个或多个固定的频点。当检测到干扰，或为了避免对其他设备造成干扰，或为了符合频谱规划时，设备被允许改变标称中心频点。

我们可以将标称中心频点（Nominal Centre Frequency）定义为操作信道（Operating Channel）的中心频点。按照20MHz的标称信道带宽（NCB）进行划分，上述5GHz非授权频段的标称中心频点（f_c）可以由式（2-1）给出。

$$f_c = 5160 + g \times 20 \qquad\qquad (2\text{-}1)$$

其中，$0 \leqslant g \leqslant 9$ 或 $16 \leqslant g \leqslant 27$，$g$为整数。

标称中心频点允许的最大频率偏移为 ±200kHz。厂商可以决定如何使用频率偏移和设备使用的实际中心频点。任意一个信道的实际中心频点应该保证在 $f_c \pm 20 \times 10^{-7}$ 范围内。

设备可以在多个操作信道上同时发送信号，每个操作信道的标称信道带宽均为20MHz。

3. 标称信道带宽和占用信道带宽

标称信道带宽是指分配给一个信道的包括两侧保护带宽在内的带宽。标称信道带宽亦可被称为名义信道带宽。占用信道带宽（OCB）是指包含99%信号功率的带宽。

当设备同时在多个相邻的信道上发送信号时，这些信号可以被视作在一个更大的实际标称信道带宽上发送的信号整体。在这种情况下，这个更大的实际标称信道带宽是单一标称信道带宽的n倍，n等于相邻信道的数目。当设备同时在多个不相邻的信道上发送信号时，每一个信道均需要单独考虑功率包络。

在ETSI EN 301 893频谱使用规范中，每个操作信道的标称信道带宽均被定义为20MHz。一种特殊情况是设备可以按照最小的5MHz的标称信道带宽进行操作，但是这些标称信道带宽仍然需要遵循上述限定的标称中心频点（按照20MHz信道栅格）。

占用信道带宽必须为标称信道带宽的80%~100%。对于智能天线系统存在多条发射链路的情况，每一条发射链路均需要满足上述要求。占用信道带宽的大小可以随时间和负载的变化而改变。

在一个信道占用时间（COT）中，设备占用信道带宽可以短暂地小于标称信道带宽的80%，但是不得小于2MHz。

4. 射频输出功率、功率频谱密度和发射功率控制

（1）射频输出功率（RF Output Power）：是指在一次突发传输（Burst Transmission）中平均的EIRP（等效全向辐射功率）。

（2）功率密度（Power Density）：是一种在一次突发传输中平均的EIRP。这里的功率密度可以等效为通常意义上的功率频谱密度（PSD）。

（3）发射功率控制（TPC）：用来确保总功率的降低系数至少为3dB。

TPC要求工作于5GHz频段的WLAN设备具备功率控制能力，能够通过降低发射功率来减少对雷达设备的干扰。ETSI EN 301 893频谱使用规范和工业和信息化部要求TPC的功率控制范围至少可以达到6dB[12, 14]。

ETSI EN 301 893频谱使用规范对RLAN设备的最大射频输出功率和最大功率频谱密度也进行了相应规定，如表2-8所示[12]。

表2-8 ETSI EN 301 893频谱使用规范中的最大射频输出功率和最大功率频谱密度规定

频率范围（MHz）	最大射频输出功率（dBm）		最大功率频谱密度（dBm/MHz）	
	有TPC	无TPC	有TPC	无TPC
5150～5350	23	20/23[1]	10	7/10[2]
5470～5725	30[3]	27[3]	17[3]	14[3]

注1：5150～5250MHz频段的最大射频输出功率为23dBm，其他频段的最大射频输出功率为20dBm；
注2：5150～5250MHz频段的最大功率频谱密度为10dBm/MHz，其他频段的最大功率频谱密度为7dBm/MHz；
注3：没有雷达检测功能的从设备应符合频率范围5250～5350MHz的限制。

上述功率方面的限制需要将系统作为一个整体，并且适用于任何可能的配置。整体天线/专用天线的天线增益、智能天线系统中的附加增益（波束成型）都需要考虑进去。

需要注意的是，对于非雷达工作频率区5150～5250MHz，不要求设备具备TPC功能，可以以相对较高的功率发送信号，最大射频输出功率为23dBm，最大功率频谱密度为10dBm/MHz。

对于雷达工作频率区5250～5350MHz及5470～5725MHz，当设备具备TPC功能时，最大射频输出功率阈值相对较高；当设备不具备TPC功能时，则需要最大射频输出功率阈值降低3dB。

工业和信息化部无线电管理局规定[14, 15]：对于频率区5150～5350MHz，最大射频输出功率为23dBm，最大功率频谱密度为10dBm/MHz；对于频率区5250～5350MHz，当设备不具备TPC功能时，则需要将上述最大射频输出功率降低3dB；对于频率区5725～5850MHz，最大射频输出功率为33dBm，最大功率频谱密度为19dBm/MHz。

5. 动态频率选择

RLAN可以采用动态频率选择（DFS）功能来进行以下操作。

（1）检测来自雷达系统的干扰（雷达检测），并避免与这些系统共道操作。

（2）提供负载均衡功能。

ETSI EN 301 893频谱使用规范把RLAN设备分为主设备和从设备。主设备应具备雷达脉冲检测功能，也就是必须具备主动探测工作频率上是否有雷达信号占用，并主动选择另一个未被雷达信号占用的频率进行工作的能力，例如WLAN AP。从设备分为两种：一种是最大射频输出功率小于200mW（23dBm）的设备，不要求具备雷达脉冲检测功能；另一种是最大射频输出功率大于或等于200mW（23dBm）的设备，要求具备雷达脉冲检测功能，例如WLAN无线网卡等。

在ETSI EN 301 893频谱使用规范中，DFS的应用频率范围与TPC相同，都为5250～5350MHz和5470～5725MHz。中国只规定在5250～5350MHz频段的无线电发射设备应采用TPC和DFS干扰抑制技术，且不得设置关闭DFS的功能选项，在5725～5850MHz频段并没有相应要求[14,15]。

6. 信道接入机制

ETSI EN 301 893频谱使用规范中定义了两种基于不同信道接入机制的设备类型：基于帧的设备（FBE）和基于负载的设备（LBE）。

（1）基于帧的设备（FBE）

FBE应支持通过LBT机制来检测信道上是否存在其他设备正在传输信号。FBE的发送/接收都具有周期性的定时特征。它的周期被定义为固定帧周期（FFP），设备所支持的固定帧周期应由制造商声明，范围在1～10ms；单个观察时隙（Observation Slot）的持续时长不应小于9μs。需要注意的是，工业和信息化部无线电管理局规定，采用FBE方式传输信号前空闲信道的评估时间应不小于16μs[16]。

FBE可以是发起设备或响应设备，也可以既是发起设备又是响应设备。如果将FBE作为发起设备，则只能从FFP的起端开始发送信号，如图2-4所示。设备可以改变它的FFP，但不得超过每200ms一次。FFP可以被分为两部分，第一部分为信道占用时间，信道占用时间不得超过FFP的95%；第二部分为空闲时间（Idle Period），空闲时间需要大于或等于信道占用时间的5%，最小值为100μs。

FBE能量检测阈值（TL）与最大发射功率（P_H）成反比，P_H单位为dBm。假设接收天线增益为0dBi，ETSI EN 301 893频谱使用规范中能量检测阈值如式（2-2）。

$$如果P_H \leq 13dBm，则TL=-75dBm/MHz；$$

$$如果13dBm<P_H<23dBm，则TL=-85+(23-P_H)；\qquad（2-2）$$

$$如果P_H \geq 23dBm，则TL=-85dBm/MHz$$

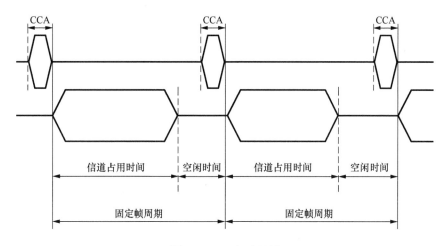

图2-4　FBE定时示例

（2）基于负载的设备

与FBE相同，LBE也应支持通过LBT机制来检测信道上是否存在其他设备正在传输信号。LBE可以是发起设备，也可以是响应设备，或者既是发起设备又是响应设备。

与FBE不同的是，LBE没有周期性的定时特征，它的接入时机主要由负载到达时间决定。LBE的主要思想：当设备有业务到达时，触发LBT过程，LBE的LBT过程可以被分为优先期和回退期（早期版本称之为ECCA）两个阶段。如果在优先期内检测到信道状态为忙，则继续生成一个新的优先期；如果在优先期内检测到信道状态为空闲，则进入回退期。设备会根据信道接入优先级确定回退窗大小，并选择一个小于回退窗的随机数q，在q次检测到信道空闲后才可占用信道（此时$q=0$）。

对于LBE，每个传输均隶属于一个信道占用时间，每个信道占用时间包括发起设备的一个或多个传输、响应设备的零个或多个传输。如果一次信道占用包括多个传输，则在这些传输之间可能会存在间隔。信道占用时间是在一次信道占用中包括所有传输、小于或等于25μs的间隔在内的总时长。信道占用时间不能超过规定的最大信道占用时间（MCOT）。在ETSI EN 301 893频谱使用规范中，每种信道接入优先级对应的最大信道占用时间不同，有2ms、4ms、6ms、8ms、10ms。在一次信道占用中，从第一次传输的开始到最后一次传输的结束所占用的总时长不应超过20ms。在日本，最大信道占用时间为4ms。

如果设备检测到的能量大于LBE能量检测阈值，则认为该信道正被占用；反之，则认为该信道空闲。在ETSI EN 301 893频谱使用规范中，LBE能量检测阈值取决于设备类型，存在以下两个选项。

选项1：如果设备工作在5GHz频段并符合IEEE 802.11™-2016第17条、第19条、第21条，或这些条款的任何组合，则LBE能量检测阈值与最大发射功率P_H无关，如式（2-3）（假设接收天线增益为0dBi）。

$$TL = -75\text{dBm/MHz} \qquad\qquad (2\text{-}3)$$

选项2：对于除选项1外的其他情况，LBE能量检测阈值与P_H成反比。能量检测阈值公式与式（2-2）相同，在此不再赘述。

无论对于FBE还是LBE，工业和信息化部只限定了能量检测阈值不大于–75dBm/MHz，并没有其他要求[16]。

FBE LBT过程实现简单，信道检测时隙和占用期均较为固定。相比于FBE，LBE LBT过程较为复杂，信道检测时隙具有较高的随机性，但该机制更加灵活，可根据设备的负载情况调节信道占用概率。因此，FBE与LBE这两种机制各有优势，可适用于不同的应用场景。

另外，无论是FBE还是LBE，都支持短控制信令发送（SCST）方式，但是需要满足特定的要求。SCST是指设备在发送管理和控制帧之前不需要感知信道繁忙状态，即不需要执行LBT的一种发送方式。使用该方式需要满足的要求包括在观察周期50ms内以SCST方式发送帧的次数需要小于或等于50，总时长要小于2.5ms。

中国对使用SCST方式的要求与上述ETSI的要求相同[16]，而要求在非授权载波中支持LBT机制的日本并不支持SCST这种特殊方式。

2.2.2　60GHz频段频谱使用规则

3GPP Rel-17 NR-U标准化主要参考的频谱使用规范是ETSI EN 302 567[13]。60GHz非授权频段还遵循其他一些使用规范，然而这些规范尚不完善或未正式发布。ETSI EN 302 567频谱使用规范规定了在60GHz频段室内或室外以Gbit/s级别的速率传输信号的无线电设备的技术特性和测量方法。这些无线电设备通常会使用非常大的带宽进行通信，并利用窄定向波束和高增益天线来实现高度的频谱复用。在3GPP Rel-17 NR-U的标准化过程中，该规范也在不断进行更新和版本升级。

目前60GHz频段的WLAN设备的普及程度尚不及2.4GHz/5GHz频段，仍然处于较低水平。此外，Rel-17 NR-U在该频段一般会使用窄波束，具有高定向性，在一定程度上有助于缓解干扰和信道拥塞。因此，对于60GHz非授权频段的Rel-17 NR-U标准制定，地区频谱规则和自身的性能优化是主要考虑因素，WLAN标准不再是主要因素。

ETSI EN 302 567频谱使用规范中的很多术语的定义与ETSI EN 301 893频谱使用规范相同，这里不再赘述。另外，对于这两个频谱使用规范中名称不同、但含义相同的术语，本小节进行了统一处理。

ETSI EN 302 567频谱使用规范适用的频段如表2-9所示。该频段与美国许可的非授权频段的频率范围一致，包含了表2-3所列的所有国家或地区的非授权频段。

表2-9　ETSI EN 302 567频谱使用规范所适用的频段

传输行为	频率范围
发送/接收	57～71GHz

ETSI EN 302 567频谱使用规范规定设备需要支持一种占用信道带宽大于或等于标称信道带宽的70%的发送模式。ETSI EN 302 567频谱使用规范限定的最大功率频谱密度为23dBm/MHz，最大发射功率为40dBm。

在传输信号之前，发送设备在工作信道上执行CCA检测，如果发现信道被占用，则不得在该信道上传输信号。如果CCA检测确定信道不再被占用，并且传输已被推迟数个时隙（由CCA检测过程确定），则它可以继续在该信道上传输信号。发送设备使用能量检测进行CCA检测。如果在一个5μs的时隙里，发送设备检测到的能量大于能量检测阈值，则认为该信道被占用。

当观察到工作信道至少有8μs未被占用时，才会有传输时延。传输时延应至少持续n个时隙长度，n为0到最大值中产生的一个随机数。最大值不小于3。

信道占用时间应小于5ms，之后设备需要重新执行一个新的CCA检测。

CCA检测的能量检测阈值如式（2-4）。

$$TL = -80+10\times\lg(BW)+10\times\lg(P_{\max}/P_{\text{out}}) \qquad （2-4）$$

其中，BW为信道带宽，单位为MHz；P_{out}为射频输出功率；$P_{\max}$为最大发射功率，P_{out}和$P_{\max}$的单位都为W。

ETSI EN 302 567频谱使用规范在60GHz频段同样也支持SCST方式，使用该方式需要满足的要求包括在一个观察周期100ms内，以SCST方式发送信令的总时长要小于10ms。

需要注意的是，SCST的规则与ETSI EN 301 893频谱使用规范在5GHz频段定义的SCST方式的规则有所不同，主要体现在：观察周期长度不同；60GHz频段没有发送短控制信令次数的限制；允许以SCST方式发送信令的总时长不同，总时长在观察周期内的比例也不同。

表2-10总结了ETSI EN 301 893 V2.1.1（5GHz频段）与ETSI EN 302 567 V2.2.1（60GHz频段）频谱使用规范的异同。

表2-10　ETSI关于5GHz频段和60GHz频段频谱使用规范的比较

规则要求	5GHz频段 （ETSI EN 301 893 V2.1.1）	60GHz频段 （ETSI EN 302 567 V2.2.1）
适用频段	Band 1：5150～5350MHz Band 2：5470～5725MHz	57～71GHz
标称信道带宽	单个信道的标称信道带宽为20MHz 例外：标称信道带宽最小为5MHz，但仍需要保持与20MHz相同的中心频点	无定义

规则要求	5GHz频段 （ETSI EN 301 893 V2.1.1）	60GHz频段 （ETSI EN 302 567 V2.2.1）
信道化	20MHz标称信道带宽的中心频点计算如下式 $f_c = 5160+g \times 20$ 其中，$0 \leqslant g \leqslant 9$ 或 $16 \leqslant g \leqslant 27$，且$g$为整数	无定义
最大功率频谱密度 （dBm/MHz）	Band 1：10（有TPC），7/10（无TPC） Band 2：17（有TPC），14（无TPC）	23
最大射频输出功率 （dBm）	Band 1：23（有TPC），20/23（无TPC） Band 2：30（有TPC），27（无TPC）	40
占用信道带宽	标称信道带宽的80%～100% 例外：在一个信道占用中，占用信道带宽可以短暂地低于标称信道带宽的80%，但是不得小于2MHz	标称信道带宽的70%～100% （只要求设备支持一种发送模式）
CCA时隙长度	FBE/LBE： 单个观察时隙不小于9μs	5μs
最大信道占用时间	FBE：不得超过FFP的95%（FFP长度为1～10ms） LBE：2ms、4ms、6ms、6ms分别对应接入优先级Class# 4/3/2/1。在特定情况下，6ms可以扩展到8ms或10ms	5ms
LBT要求	是 例外：短控制信令发送	是 例外：短控制信令发送
信道接入机制	FBE：具有周期性的定时特征 LBE：业务到达触发LBT过程。分为优先期和回退期	（1）没有定义FBE和LBE； （2）总检测时间： 8μs+0到最大值中的任意一个×5μs，其中最大值不小于3
能量检测阈值	FBE/LBE（选项2）： 如果$P_H \leqslant 13$dBm，则$TL = -75$dBm/MHz； 如果13dBm$<P_H<23$dBm，则$TL = -85+(23-P_H)$； 如果$P_H \geqslant 23$dBm，则$TL=-85$dBm/MHz LBE（选项1）： $TL = -75$dBm/MHz	$TL = -80+10 \times \lg(BW)+10 \times \lg(P_{max}/P_{out})$
发射功率控制	使用频段： 5250～5350MHz、5470～5725MHz	无定义
动态频率选择	使用频段与TPC相同。DFS功能包括： （1）雷达检测； （2）负载均衡	无定义

((•)) 2.3 5G NR-U部署场景

在探讨5G NR-U部署场景之前，我们可以回顾LTE LAA系统的部署场景。顾名思义，LTE LAA是一种授权载波辅助接入的机制，它通过载波聚合（CA）方案，以授权载波为主小区PCell/PSCell，以一个或多个非授权载波为辅小区SCell来实现在非授权频谱上的无线接入。由于非授权频谱的竞争接入机制和不连续传输特性，一般无法提供具有高鲁棒性的QoS。因此，在LTE阶段，采用CA方式的授权载波辅助接入是唯一被标准接纳的部署模式。

需要强调的是，LAA不是LTE特有的非授权频谱接入模式。在LTE中只存在一种基于CA方式的LAA，而NR-U不仅包括基于CA方式的LAA，还包括基于双连接（DC）方式的LAA。因此，LTE中基于CA方式的4种LAA子场景[17]在5G NR-U中同样适用。

2.3.1 NR-U部署场景

为了与NR的演进方向一致并且最大化基于5G NR-U的适用性，3GPP研究了可应用于5GHz、6GHz及60GHz这几个非授权频段的5G NR-U解决方案。总体上，5G NR-U的部署可以被分为两种模式，具体如下。

第一种为独立的部署模式（SA），5G NR-U在非授权载波独立运行时，不需要授权载波来辅助接入。

第二种为授权载波辅助接入的部署模式（LAA），5G NR-U在非授权载波独立运行时，需要授权载波来辅助接入，例如一些控制信令的发送等。这里的LAA不仅包括基于载波聚合方式的辅助接入（LTE LAA为此接入方式），还包括基于双连接方式的辅助接入。双连接方式可以进一步被分为LTE载波与NR-U载波的双连接、NR载波与NR-U载波的双连接，前者属于NR NSA模式（EN-DC），后者则属于NR与NR之间的双连接模式（NR-DC）。

根据上述两种部署模式，5G NR-U支持如下5种部署场景[18]，如图2-5所示。

场景A：授权载波的NR主小区（PCell）和非授权载波的NR-U辅小区（SCell）之间通过载波聚合的方式部署。

（1）场景A.1：NR-U SCell没有配置上行传输，即SCell为DL-only小区。

（2）场景A.2：NR-U SCell支持上下行传输。

场景B：在授权载波的LTE PCell和非授权载波的NR-U PSCell之间通过双连接的方式部署。

场景C：非授权载波NR-U独立部署。

场景D：NR小区的下行为非授权载波，上行为授权载波（场景D还存在另一种理解，即非授权载波NR-U独立部署，补充上行载波SUL为授权载波）。

场景E：在授权载波的NR PCell和非授权载波的NR-U PSCell之间通过双连接的方式部署。

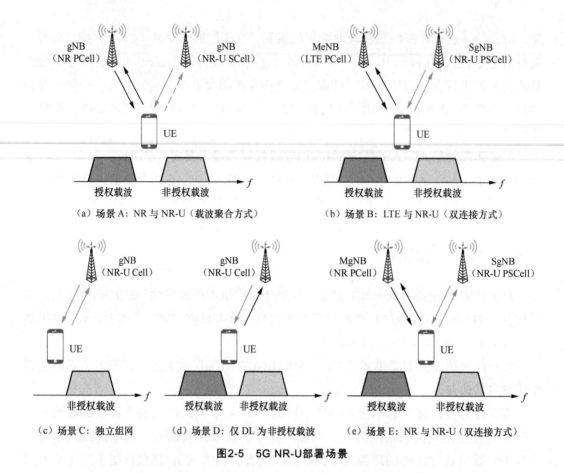

（a）场景A：NR与NR-U（载波聚合方式） （b）场景B：LTE与NR-U（双连接方式）

（c）场景C：独立组网 （d）场景D：仅DL为非授权载波 （e）场景E：NR与NR-U（双连接方式）

图2-5　5G NR-U部署场景

基于载波聚合的方式进行授权频段辅助接入是一种基本且重要的部署场景。类似于LTE LAA，在非授权频段上可为拥有授权频段的运营商提供下行和/或上行数据分流支持，同时通过授权频段来保证可靠性和低时延。充当小型蜂窝的gNB可以轻松实现此类载波聚合。在场景A中，场景A.1类似于Rel-13 LTE LAA，只为NR-U SCell配置了下行链路。场景A.2类似于Rel-13 LTE eLAA/FeLAA，NR-U SCell同时拥有下行链路和上行链路。另外，在LTE中定义的基于载波聚合方式的4种LAA子场景（如图2-6所示）同样适用于这里的场景A。

LTE LAA（包括eLAA/FeLAA）不支持在非授权载波上发送上行物理层控制信令，也不支持在非授权载波上发起随机接入过程。在研究LTE LAA之初，5G NR-U就决定设计一个统一的全局解决方案，而不是因场景而异的解决方案。如果延续LTE LAA的做法，毫无疑问会影响到NR-U对部署场景多样性的支持，尤其是很难支持NR-U DC和NR-U独立部署这两种场景。此外，对于场景A，在NR-U SCell上允许发送PUCCH和PRACH同样也是合理的，因为可以分流来自NR PCell的控制信令和随机接入信令。因此，考虑到上述因素，NR-U支持在载波聚合的情况下在NR-U SCell上发送PUCCH和PRACH。

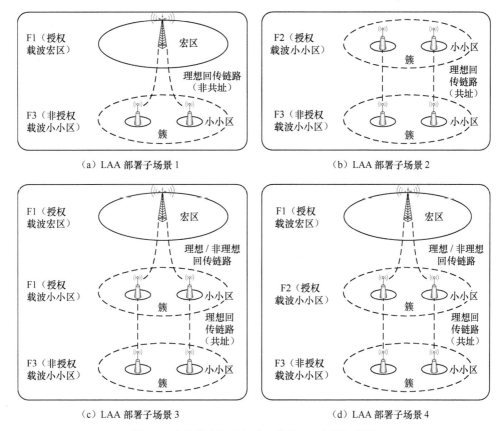

图2-6　基于载波聚合方式工作的LAA部署子场景

场景B和场景E属于LAA的另一种方式，即通过双连接的方式进行部署。在场景B中，LTE作为PCell工作在授权载波上，NR-U作为PSCell工作在非授权载波上。而在场景E中，NR作为PCell工作在授权载波上，NR-U作为PSCell工作在非授权载波上。两种双连接场景都需要支持NR-U作为PSCell工作在非授权载波上。相对于NR与NR-U同RAT之间进行双连接的场景E，支持LTE与NR-U异RAT之间进行双连接的场景B同样很重要，因为场景B可以在只有LTE覆盖的区域进行非授权载波通信，从而促进NR-U更快地部署，同时也扩大了LTE部署的容量。

双连接场景类似于载波聚合场景，但它放宽了载波聚合对同步和紧密协调的要求，使得非共址部署比载波聚合更加切实可行。为了有效地支持双连接，UE需要能够在非授权载波上发送上行控制信令和PRACH。虽然对于载波聚合来说，UE并不一定需要支持上述发送机制。由于场景B和场景E支持非共址部署，因此，这两个场景也是NR-U需要支持的重要场景。

场景C与场景D都可以作为独立的小区进行部署。两者的区别如下。场景C下行和上行都工作在非授权载波上，完全不需要通过授权载波来辅助接入。而场景D仅下行工作在非授权载波上，上行仍然工作在授权载波上，场景D必须在具备授权载波的情况下才能够独立工作。场景D可以部署在下行流量极大（例如视频流）的场所。

场景C的独立部署需要非授权载波能够支持发送L1控制信令和发起随机接入过程。此外，还需要支持其他操作，例如在非授权载波上支持发送SIB、寻呼和移动性管理过程等。与载波聚合场景或双连接场景相比，NR-U独立部署场景不需要使用任何授权载波作为锚载波，能够实现简单、快速及灵活的部署。例如，NR-U独立部署可在一些存在NR覆盖孔洞或NR授权频段不可用的区域提供NR服务，并支持多种类型的专用网络运营。对于场景C，在没有获得授权频段或没有与授权频段运营商合作的情况下，NR-U独立部署的运营商即能提供NR服务。

2.3.2　基于载波聚合方式的LAA部署子场景

基于载波聚合方式的LAA部署子场景可以包括有或没有宏覆盖、室外和室内小小区部署、授权载波和非授权载波共址和非共址（具有理想的回传链路）等。

图2-6给出了4种基于载波聚合方式进行工作的LAA部署子场景[17]。这4种基于载波聚合方式的LAA部署子场景虽然在LTE阶段定义，但是同样适用于2.3.1节中的5G NR-U的场景A。在每个LAA部署子场景中，授权载波的数量和非授权载波的数量可以是一个或多个。虽然在小小区之间的回传链路可以是理想的，也可以是非理想的，但非授权小小区必须以载波聚合的方式通过理想回传链路与授权小区进行互联操作。如果载波聚合仅工作在授权载波小小区和非授权载波小小区之间，那么宏区和小小区之间的回传链路可以是理想的，也可以是非理想的。

（1）LAA部署子场景1：在授权载波宏区（F1）和非授权载波小小区（F3）之间进行载波聚合。

（2）LAA部署子场景2：在授权载波小小区（F2）和非授权载波小小区（F3）之间进行载波聚合，且无宏区覆盖。

（3）LAA部署子场景3：在授权载波小小区（F1）和非授权载波小小区（F3）之间进行载波聚合，且存在授权载波宏区（F1）覆盖。

（4）LAA部署子场景4：存在授权载波宏区（F1）、授权载波小小区（F2）和非授权载波小小区（F3）：

①　在授权载波小小区（F2）和非授权载波小小区（F3）之间进行载波聚合；

②　如果在宏区和小小区之间存在理想回传链路，则在授权载波宏区（F1）、授权载波小小区（F2）和非授权载波小小区（F3）之间可以进行载波聚合；

③　如果支持双连接方式，则在宏区和小小区之间可以采用双连接方式。

在上述场景中，载波聚合功能用于聚合授权载波上的PCell/PSCell和非授权载波上的SCell。在LAA部署子场景3和LAA部署子场景4中，当在宏区和小小区簇（small cell cluster）之间的链路为非理想回传链路时，小小区簇中的非授权载波小小区只能被授权载波小小区通过理想回传链路聚合。

（•）2.4 波形增强

5G NR和4G LTE波形均以OFDM为基础。Rel-15 NR支持的频率为410MHz～52.6GHz。在上述频率范围内，5G NR下行波形和5G NR上行波形都可使用循环前缀OFDM（CP-OFDM）[19, 20]。另外，5G NR上行波形还支持在子载波映射之前加一个可选的执行DFT扩展的变换预编码功能，如图2-7所示。如果使用了该功能，则5G NR上行相当于采用了DFT扩展OFDM（DFT-s-OFDM）波形，即5G NR上行既可以支持CP-OFDM波形，又可以支持DFT-s-OFDM波形。

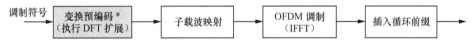

调制符号 → 变换预编码 *（执行 DFT 扩展） → 子载波映射 → OFDM 调制（IFFT） → 插入循环前缀 →

* 表示上行可选模块，下行不存在该模块

图2-7 5G NR波形框图（CP-OFDM和可选的执行DFT扩展的变换预编码）

4G LTE下行与5G NR下行都采用了CP-OFDM波形。但是，4G LTE上行只支持DFT-s-OFDM波形，而不支持CP-OFDM。5G NR上行支持CP-OFDM波形和DFT-s-OFDM波形。相对于CP-OFDM波形，DFT-s-OFDM波形的单载波特性使得它可以有更低的峰均比（PAPR），这也是4G上行引入DFT-s-OFDM波形、5G上行沿用DFT-s-OFDM波形的主要原因。但是，针对无线回传或设备与设备（D2D）通信等用例，上行和下行采用相同的波形（例如都采用CP-OFDM波形）可以简化整体设计。因此，CP-OFDM与DFT-s-OFDM这两种波形在5G NR上行中都得到了支持。

Rel-16 NR-U工作在5GHz和6GHz非授权频段，它并没有专门讨论过基本波形设计，它的基本波形仍然与Rel-15 NR授权频谱的波形相同，即下行采用CP-OFDM波形、上行采用CP-OFDM波形或DFT-s-OFDM波形。但是在讨论上行信号/信道及信道接入过程设计时，考虑到非授权频谱通信的实际需求，Rel-16 NR-U在不改变上行基本波形的前提下对上行的波形进行了增强，主要体现在频域采用交织结构和时域支持循环前缀扩展（CP extension）这两方面。下行波形没有新的增强内容，与Rel-15 NR授权频谱的波形相同。

在Rel-17 FR2-2研究项目和工作项目启动之前，在2018—2019年，3GPP技术规范组TSG RAN对52.6GHz以上频段的NR进行了初步研究，包括研究一些具有低PAPR的波形，如SC-QAM波形、增强型DFT-s-OFDM波形、B-IFDMA波形等，并将相应的研究成果写入了技术报告TR38.807中。然而，Rel-17 FR2-2研究项目和工作项目在立项报告中均明确排除了研究新的波形。因此，Rel-17 NR-U（60GHz频段）仍然沿用Rel-15 NR的上下行波形。此外，Rel-17 NR-U也对Rel-16 NR-U所引入的频域上行交织结构和循环前缀扩展进行了讨论，但是最终均不支持这两个特性。

下面对Rel-16 NR-U所引入的频域上行交织结构和时域循环前缀扩展的波形增强进行介绍。

2.4.1　交织资源块结构

我们在前面了解到设备在非授权频谱上通信的前提是需要满足非授权频谱的规则要求。ETSI EN 301 893 V2.1.1[12]针对5GHz的非授权频段规定了需要满足的最大功率频谱密度和最大发射功率。譬如，对于5150～5350MHz频段（具备发射功率控制功能），设备的最大功率频谱密度为10dBm/MHz，最大发射功率为23dBm。另外，ETSI EN 301 893 V2.1.1还要求设备的占用信道带宽必须不小于标称信道带宽的80%。对于上行传输来说，如果UE仅在一个小带宽上[例如1个RB或2个RB（资源块）]被调度发送数据，那么由于最大功率频谱密度的限制，它的总发射功率远远达不到最大发射功率，显然会影响到上行覆盖。另外，在不能确保不存在异系统设备（例如Wi-Fi）的情况下，设备传输的最小标称信道带宽是20MHz，那么几个RB的小带宽也不能保证实际占用信道带宽大于或等于最小标称信道带宽的80%。

为了打破最大功率频谱密度对发射功率的限制，从而扩大上行覆盖，同时也为了满足占用信道带宽的要求，Rel-16 NR-U支持采用资源块级的交织结构，将原本由小带宽发送的数据扩展到整个大带宽上进行传输。交织的主要思想如下[21]。

将信道带宽上的资源块分为M个交织，M是交织的数量，它仅与子载波间隔配置μ相关，不同μ对应的M值由表2-11给出。交织 $m\left(m \in \{0,1,\cdots,M-1\}\right)$ 由公共资源块 $\{m, M+m, 2M+m, 3M+m, \cdots\}$ 组成。

BWPi中交织m的交织资源块 $n_{\text{IRB},m}^{\mu} \in \{0,1,\cdots\}$ 与公共资源块 n_{CRB}^{μ} 的关系如式（2-5）。

$$n_{\text{CRB}}^{\mu} = M n_{\text{IRB},m}^{\mu} + N_{\text{BWP},i}^{\text{start},\mu} + \left(\left(m - N_{\text{BWP},i}^{\text{start},\mu}\right) \bmod M\right) \tag{2-5}$$

其中，$N_{\text{BWP},i}^{\text{start},\mu}$ 为BWP的起始位置相对于公共资源块0的公共资源块号。BWPi中每个交织包含的公共资源块数目不少于10。

表2-11　信道带宽中不同μ对应的M值

μ	M
0	10
1	5

从表2-11中我们可以看出，Rel-16 NR-U仅支持15kHz和30kHz这两种子载波间隔采用交织结构。实际上3GPP也讨论过在子载波间隔为60kHz时的交织结构。譬如，针对20MHz的信道带宽，设计交织数$M = 3$及每个交织包含的RB数目$N = 8$。但是在该方案中，占用信道带宽仅能到标称信道带宽的79.17%，并不能达到80%以上，因此，该方案遭到很多公司的反对，最终没有通过这一方案。

　　以20MHz的信道带宽为例，假设子载波间隔为30kHz（$\mu = 1$），那么根据3GPP TS 38.101-1规定，20MHz的信道带宽对应的资源块数目为51个RB。51个RB可以被分为$M = 5$个交织，每个交织包含的资源块数目为10或11。如果UE需要发送PUCCH格式0/1，那么UE根据调度在任意一个交织上发送即可。需要注意的是，Rel-16 NR-U支持这两种PUCCH格式占用的RB数目从原来的1增加到了交织结构的10或11。如果在交织0上发送，交织0比其他交织多1个RB。相应的，占用信道带宽与标称信道带宽的比例为51/51=100%。如果在其他交织上发送，占用信道带宽与标称信道带宽的比例为46/51=90.2%。这些比例均大于80%，因此，可以满足占用信道带宽的规则要求。除此之外，采用交织结构后的总发射功率也会得到大幅度的提升，不再会因为受到最大功率频谱密度的严苛限制而导致总发射功率过低。图2-8以DFT-s-OFDM波形为例，给出了上述交织方案的简单示例。

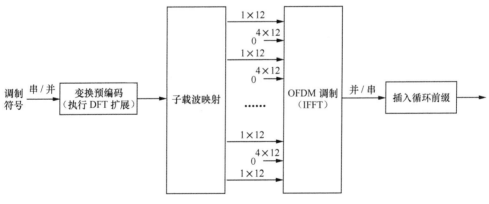

图2-8　块交织框图

　　Rel-16 NR-U交织方案仅针对PUCCH和PUSCH。PRACH采用的是长序列的思想来提升发射功率和满足占用信道带宽的要求。SRS本身就支持类似交织的梳状结构，因此，绝大多数公司倾向于SRS不需要支持新的交织结构。关于PUCCH和PUSCH的交织结构及相应增强的内容还会在第5章讨论具体上行信道与信号设计时进一步阐述，本章不对具体信号与信道进行详细论述。

　　另外需要注意下行波形不需要采用交织结构来满足非授权频谱中占用信道带宽的要求。占用信道带宽的要求是针对单个设备而言的，基站可以在标称信道带宽上同时为多个UE调度下行数据。此外，即使在某些情况下，基站只在一个小带宽上为单个或少量UE调度数据，其也可以在标称信道带宽中没有调度的频域资源上发送下行无用信号来满足占用信道带宽的要求。这种操作属于由基站实现，对UE是透明的，因此不需要标准化。但是对于上行传输而言，UE无法依靠基站实现类似操作，因此，上行传输需要采用交织的结构来解决占用信道带宽和发射功率的问题。

Rel-17 NR-U工作在60GHz非授权频段上，由于其是大带宽发送，并且对占用信道带宽没有很高的要求（可参考2.2.2节），因此，Rel-17 NR-U讨论后决定不支持Rel-16 NR-U引入的上述交织结构。

2.4.2 循环前缀扩展

在基站和UE之间传输无线信号后会产生时域上的时延扩展。这种时延扩展是由发射信号通过多条路径到达接收机而产生的，这些路径的距离、环境、地形和杂波不同，因而导致时延不同。多径引起的接收信号时延扩展（多径延迟扩展）指的是最远路径上的最大传输时延与最短路径上的最小传输时延之差。一般而言，时延扩展与小区半径之间没有绝对的映射关系。多径时延扩展会导致符号间干扰（ISI）和信道间干扰（ICI）产生，这两类干扰会严重影响数字信号的传输质量，并且会破坏OFDM系统中子载波的正交性，从而影响接收端的解调。

与4G LTE类似，5G NR也引入了循环前缀来抵消多径时延扩展对信号传输的影响。Rel-15 NR定义了两种循环前缀，一种为正常循环前缀（NCP），另一种为扩展循环前缀（ECP）。NCP适用于任意一种子载波间隔，如果配置的是NCP，则一个时隙包含14个OFDM符号。ECP仅适用于60kHz的子载波间隔，如果配置的是ECP，则一个时隙包含12个OFDM符号。ECP更长，因此，可以应对更大的时延扩展。

在Rel-16 NR-U中，如果UE的上行发送仍处在一个未结束的信道占用时间内，这个信道占用时间最初被基站或其他UE抢占，那么该UE可以在成功执行一个短的固定时长LBT之后，通过共享这段信道占用时间来发送上行数据。譬如，采用3GPP TS 37.213中规定的Type 2（包括Type 2A、Type 2B等子类型）[22]。但是Type 2的LBT有严格的使用限制，例如之前的发送和接下来的上行发送之间的间隔需要等于16μs或25μs等。为了准确地构建之前的发送和接下来的上行发送之间的这段间隔，Rel-16 NR-U引入了循环前缀扩展（CPE）的概念。CPE虽然也有循环前缀的功能，但是它与NCP和ECP之间有着本质的区别，具体如下。

（1）引入CPE主要是为了构建两次发送之间的时间间隔，从而使后一次发送可以共享前一次发送的信道占用时间。NCP和ECP主要是为了抵消多径时延扩展对信号接收产生的影响。

（2）CPE只会位于上行发送的第一个符号之前，而NCP和ECP位于上下行发送的每个符号之前。

（3）CPE的大小不是固定的，它不仅取决于子载波间隔，还取决于系数变量、TA值等因素。不同UE或者同一UE位于不同时间段的CPE都有可能不同。NCP和ECP的大小是固定的，只与子载波间隔相关（NCP还与符号在时隙中的序号相关）。

图2-9给出了一个CPE的简单示例。假设基站抢占到非授权载波的使用权，并指示UE的上行发送使用Type 2A的LBT方式。Type 2A要求上行发送和下行发送之间的间隔为25μs，UE才能够在上行发送时共享基站获得的信道占用时间，且UE需要使CPE长度=C×符号长度−25μs−TA，C为固定或可配置的系数变量，在图2-9中C=1。UE在CPE中发送数据，并且提前TA时刻发送，使得上行和下行之间的间隔刚好为25μs。

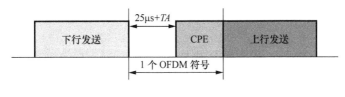

图2-9 CPE

下面介绍Rel-16 NR-U UE如何生成除PRACH和RIM-RS之外的信道或信号的时域连续信号[21]。

在一个子帧中，在OFDM符号$l \in \left\{0,1,\cdots, N_{\text{slot}}^{\text{subframe},\mu} N_{\text{symb}}^{\text{slot}} - 1\right\}$上位于天线端口$p$、子载波间隔配置$\mu$的时域连续信号$s_l^{(p,\mu)}(t)$如式（2-6）～式（2-11）。

$$s_l^{(p,\mu)}(t) = \begin{cases} \overline{s}_l^{(p,\mu)}(t), & t_{\text{start},l}^{\mu} \leqslant t < t_{\text{start},l}^{\mu} + T_{\text{symb},l}^{\mu} \\ 0, & \text{其他情况} \end{cases} \tag{2-6}$$

$$\overline{s}_l^{(p,\mu)}(t) = \sum_{k=0}^{N_{\text{grid},x}^{\text{size},\mu} N_{\text{sc}}^{\text{RB}} - 1} a_{k,l}^{(p,\mu)} e^{j2\pi(k+k_0^{\mu} - N_{\text{grid},x}^{\text{size},\mu} N_{\text{sc}}^{\text{RB}}/2)\Delta f(t - N_{\text{CP},l}^{\mu} T_{\text{C}} - t_{\text{start},l}^{\mu})} \tag{2-7}$$

$$k_0^{\mu} = \left(N_{\text{grid},x}^{\text{start},\mu} + N_{\text{grid},x}^{\text{size},\mu}/2\right) N_{\text{sc}}^{\text{RB}} - \left(N_{\text{grid},x}^{\text{start},\mu_0} + N_{\text{grid},x}^{\text{size},\mu_0}/2\right) N_{\text{sc}}^{\text{RB}} 2^{\mu_0 - \mu} \tag{2-8}$$

$$T_{\text{symb},l}^{\mu} = \left(N_{\text{u}}^{\mu} + N_{\text{CP},l}^{\mu}\right) T_{\text{C}} \tag{2-9}$$

$$N_{\text{u}}^{\mu} = 2048\kappa \cdot 2^{-\mu} \tag{2-10}$$

$$N_{\text{CP},l}^{\mu} = \begin{cases} 512\kappa \cdot 2^{-\mu} & , \quad \text{ECP} \\ 144\kappa \cdot 2^{-\mu} + 16\kappa & , \quad \text{NCP}, l = 0\text{或}l = 7 \cdot 2^{\mu} \\ 144\kappa \cdot 2^{-\mu} & , \quad \text{NCP}, l \neq 0\text{和}l \neq 7 \cdot 2^{\mu} \end{cases} \tag{2-11}$$

其中：

（1）$t = 0$表示位于子帧的开始；

（2）Δf为子载波间隔，取值可以为15～960kHz。对于Rel-16 NR-U，Δf取值只能为15kHz、30kHz和60kHz；对于Rel-17 NR-U（60GHz频段），Δf取值只能为120kHz、480kHz和960kHz；

（3）μ为子载波间隔配置，取值可以为0～6，分别对应子载波间隔15～960kHz。对于Rel-16 NR-U，μ的取值只能为0、1和2；对于Rel-17 NR-U（60GHz频段），μ的取值只能为3、5和6；

（4）μ_0为高层参数scs-SpecificCarrierList指示的子载波间隔配置中最大的μ值。

Rel-16 NR-U的上述OFDM信号的基本生成过程与Rel-15 NR相同，主要的增强体现在如何基于上述OFDM信号的生成过程来产生CPE信号，下面主要介绍CPE信号的生成过程。

如果在分配给PUSCH、SRS或PUCCH发送的第一个OFDM符号l使用了CPE，则在PUSCH、SRS或PUCCH发送的第一个OFDM符号之前的时间段$t_{\text{start},l}^{\mu} - T_{\text{ext}} \leqslant t < t_{\text{start},l}^{\mu}$上的时域连续信号$s_{\text{ext}}^{(p,\mu)}(t)$如式（2-12）。

$$s_{\text{ext}}^{(p,\mu)}(t) = \overline{s}_l^{(p,\mu)}(t) \tag{2-12}$$

$t < 0$是指在前一个子帧上的信号。

（1）动态调度的PUSCH、SRS和PUCCH发送如式（2-13）。

$$T_{\text{ext}} = \min\left(\max\left(T_{\text{ext}}', 0\right), T_{\text{symb},(l-1)\bmod 7 \cdot 2^{\mu}}^{\mu}\right)$$
$$T_{\text{ext}}' = \sum_{k=1}^{C_i} T_{\text{symb},(l-k)\bmod 7 \cdot 2^{\mu}}^{\mu} - \Delta_i \tag{2-13}$$

其中，Δ_i由表2-12给出。如果$\mu \in \{0,1\}$，则$C_1 = 1$；如果$\mu = 2$，则$C_1 = 2$。C_2和C_3由高层参数cp-ExtensionC2和cp-ExtensionC3分别配置。T_{TA}通过基站下发的定时对齐值计算得到。对于基于竞争的随机接入或者高层没有配置C_2和C_3，C_i的值需要设置为满足$T_{\text{ext}}' < T_{\text{symb},(l-1)\bmod 7 \cdot 2^{\mu}}^{\mu}$的最大整数（$i \in \{2,3\}$）。$T_{\text{ext}}$可应用于DCI所调度的第一个上行发送。

（2）使用了配置授权的PUSCH发送如式（2-14）。

$$T_{\text{ext}} = \sum_{k=1}^{2^{\mu}} T_{\text{symb},(l-k)\bmod 7 \cdot 2^{\mu}}^{\mu} - \Delta_i \tag{2-14}$$

其中，Δ_i由表2-13给出，序号i由文献[24]中的流程给出。

在子帧中，子载波间隔配置μ对应的OFDM符号l的开始位置如式（2-15）。

$$t_{\text{start},l}^{\mu} = \begin{cases} 0 & , \quad l = 0 \\ t_{\text{start},l-1}^{\mu} + \left(N_{\text{u}}^{\mu} + N_{\text{CP},l-1}^{\mu}\right) \cdot T_{\text{c}} & , \quad \text{其他} \end{cases} \tag{2-15}$$

表2-12 用于动态调度的CPE的变量C_i和Δ_i

T_{ext}序号i	C_i	Δ_i
0	—	—
1	C_1	25×10^{-6}
2	C_2	$16 \times 10^{-6} + T_{TA}$
3	C_3	$25 \times 10^{-6} + T_{TA}$

表2-13 用于配置授权的CPE的变量Δ_i

序号i	Δ_i
0	16×10^{-6}
1	25×10^{-6}
2	34×10^{-6}
3	43×10^{-6}
4	52×10^{-6}
5	61×10^{-6}
6	$\sum_{k=1}^{2^\mu} T^\mu_{\text{symb},(l-k)\bmod 7\cdot 2^\mu}$

(((•))) 2.5 基础参数与帧结构

2.5.1 基础参数

5G NR的基本参数包括基本时间单元、子载波间隔、循环前缀、频域资源单元和资源块等。

5G NR的基本时间单元为$T_c = 1/\left(\Delta f_{max} \cdot N_f\right)$（单位：s）。其中，$\Delta f_{max} = 480 \times 10^3$（单位：Hz）和$N_f = 4096$。常数$\kappa = T_s/T_c = 64$。$T_s = 1/\left(\Delta f_{ref} \cdot N_{f,ref}\right)$、$\Delta f_{ref} = 15 \times 10^3$（单位：Hz）和$N_{f,ref} = 2048$。$T_s$为4G LTE的基本时间单元。综上可以看出4G LTE的基本时间单元是5G NR的64倍。

5G NR的子载波间隔基于15kHz进行指数级缩放$\Delta f = 2^\mu \times 15\text{kHz}$，如表2-14所示。子载波间隔相对应的子载波间隔配置$\mu = \{0, 1, 2, 3, 4, 5, 6\}$，其中，将$\mu = \{0, 1, 3, 4, 5, 6\}$用于SS/PBCH块（PSS、SSS和PBCH），将$\mu = \{0, 1, 2, 3, 5, 6\}$用于其他信道或信号，$\mu = \{5, 6\}$（相应子载波间隔为480kHz和960kHz）是3GPP在Rel-17为FR2-2频段引入的。

对于5GHz和6GHz非授权频段的Rel-16 NR-U来说，$\mu = \{0, 1, 2\}$，即子载波间隔只

能为15kHz、30kHz和60kHz，而SS/PBCH块的子载波间隔只能为15kHz和30kHz；对于60GHz非授权频段的Rel-17 NR-U来说，$\mu=\{3, 5, 6\}$，即子载波间隔只能为120kHz、480kHz和960kHz，不能将960kHz用于初始接入的SS/PBCH块。

如前所述，NR还定义了两种循环前缀，一种为NCP，另一种为ECP。NCP适用于上述7种子载波间隔中的任意一种，ECP仅适用于60kHz的子载波间隔（$\mu=2$）。

表2-14　5G NR基本参数

μ	$\Delta f=2^{\mu}\cdot 15[kHz]$	循环前缀	是否可用于数据	是否可用于SS/PBCH块
0	15	NCP	是	是
1	30	NCP	是	是
2	60	NCP, ECP	是	否
3	120	NCP	是	是
4	240	NCP	否	是
5	480	NCP	是	是
6	960	NCP	是	是（不能用于初始接入）

NR的基本频域单位为资源单元（RE），表示频域上的一个子载波和时域上的一个OFDM符号。RE可以用（k, l）来表征，k表示频域上的子载波序号，l表示时域上的符号序号。一个RB为频域上连续的 $N_{sc}^{RB}=12$ 个子载波。每个载波最多支持275个RB，具体数目还与信道带宽及子载波间隔相关。Rel-16 NR-U、Rel-17 NR-U延续了上述频域基础参数RE和RB的定义，没有引入新的增强。实际上，Rel-16 NR-U、Rel-17 NR-U曾为较大的子载波间隔（例如60kHz）的交织结构讨论过sub-RB设计，每个sub-RB均包含6个子载波，但最终没有得出结论。Rel-16 NR-U引入的RB集合（RB set）在第6章中的宽带操作部分进行介绍。

2.5.2　帧结构

5G NR的帧结构定义涉及无线帧（frame）、半帧（half-frame）、子帧（subframe）、时隙（slot）及符号（symbol）等概念。

在5G NR中，无线帧、半帧和子帧的时间长度都是固定不变的。1个10ms长度的无线帧由10个1ms长度的子帧或者2个5ms长度的半帧组成。

时隙和符号的时间长度不是固定不变的，它们随着子载波间隔的缩放而缩放。如表2-15所示，对于15kHz的子载波间隔（$\mu=0$），1个子帧等于1个时隙，即时隙长度也为1ms。但是对于30kHz的子载波间隔（$\mu=1$），1个子帧等于2个时隙，时隙长度缩放到0.5ms。以此类推。如果配置的是NCP，1个时隙包括14个OFDM符号。如果配置的是ECP（仅适用于$\mu=2$，即60kHz的子载波间隔），1个时隙包括12个OFDM符号，如表2-16所示。

表2-15 NCP配置时的符号、时隙、无线帧和子帧之间的关系

子载波间隔配置μ	时隙中的符号数目 N_{symb}^{slot}	无线帧中的时隙数目 $N_{slot}^{frame,\mu}$	子帧中的时隙数目 $N_{slot}^{subframe,\mu}$
0	14	10	1
1	14	20	2
2	14	40	4
3	14	80	8
4	14	160	16
5	14	320	32
6	14	640	64

表2-16 ECP配置时的符号、时隙、无线帧和子帧之间的关系

子载波间隔配置μ	时隙中的符号数目 N_{symb}^{slot}	无线帧中的时隙数目 $N_{slot}^{frame,\mu}$	子帧中的时隙数目 $N_{slot}^{subframe,\mu}$
2	12	40	4

在5G NR中，无线帧、半帧、子帧和时隙的定义和彼此之间的关系还可以从图2-10中直观地看出。

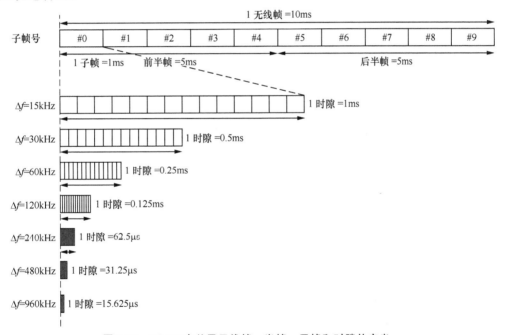

图2-10 5G NR中关于无线帧、半帧、子帧和时隙的定义

时隙是调度的基本单元。时隙中的OFDM符号可以被分为3类，即下行（标识为D）、上行（标识为U）、灵活符号（标识为F）。在一个时隙中，下行发送只会在下行或灵活符号处进行，上行发送也只会在上行或灵活符号处进行。

4G LTE分为TDD模式和FDD模式两种模式，针对TDD模式进一步给出了有限的几种固定的子帧结构配置。而5G NR的帧结构配置更加灵活，它不再明确区分TDD模式

和FDD模式，并且可以通过半静态的高层配置和动态的控制信令配置相结合的帧结构配置方式来灵活配置帧结构。半静态的高层配置可以被分为小区专用的高层配置和UE专用的高层配置。动态的控制信令配置可以是DCI格式2_0携带的时隙格式指示（SFI），也可以通过DCI动态调度来直接配置。

Rel-16 NR-U遵循Rel-15 NR关于帧结构的规范内容，包括无线帧、半帧、子帧、时隙和符号的定义（时隙和符号大小对应子载波间隔配置$\mu=\{0, 1, 2\}$），也包括半静态的高层配置和动态的控制信令配置相结合的帧结构配置方式。在此基础上，根据非授权频谱通信的特点Rel-16 NR-U有了一些新的增强，主要体现在如下一些方面。

Rel-16 NR-U支持Rel-15 NR已经支持的PDSCH映射类型A和映射类型B。PDSCH映射类型B主要针对小时隙（Mini-slot）。Rel-15 NR PDSCH映射类型B只支持长度为2个、4个、7个OFDM符号的小时隙（如果循环前缀为ECP，还可以支持6个OFDM符号）。Rel-16 NR-U PDSCH映射类型B支持2~13个符号的长度，极大程度地提高了配置的灵活性，该增强可以很好地缩短非授权频谱接入时间和提升频谱效率。

Rel-16 NR-U DCI格式2_0除了指示SFI之外，还可以指示信道占用时间信息、信道频域占用信息、搜索空间集合组切换等。

对于Rel-16 NR-U非授权小区，UE假设每个频段只有一种SS/PBCH块的基础参数（除了另外配置，否则默认采用30kHz的子载波间隔），并且在同一个频段上的SS/PBCH块和CORESET#0的基础参数是相同的。

Rel-16 NR-U支持在一个共享的gNB发起的信道占用时间内存在单次或多次下行到上行、上行到下行的切换，并且规定了支持单次或多次切换对LBT的要求。

如果能够保证在相当长的时间内不存在LBE节点，并且执行FBE的gNBs之间是同步的，那么Rel-16 NR-U按照FBE模式操作可以有如下优势。

（1）能够达到频率重用因子1。

（2）由于不需要执行随机回退，因此信道接入复杂度较低。

需要注意这并非说明在类似的场景中LBE没有优势。与LBE相比，FBE同样有一些缺点。例如，在一个固定帧周期（FFP）中存在一个用于空闲周期的固定开销。

Rel-17 NR-U工作在60GHz非授权频段，除了支持120kHz的子载波间隔（$\mu=3$）外，还引入了新的子载波间隔，即480kHz或960kHz（$\mu=\{5, 6\}$）。Rel-17 NR-U引入了基于波束的定向LBT信道接入机制，并且不支持FBE模式。除此之外，Rel-17 NR-U在无线帧、半帧、子帧的定义，以及帧结构配置等方面与Rel-15 NR相一致。Rel-17 NR-U同样可以重用Rel-16 NR-U所引入的PDSCH映射类型B增强、DCI格式2_0增强（不支持其中的信道频域占用信息指示）、信道占用时间内上下行切换等特性。

(((•))) 2.6 5G NR-U系统网络架构

　　非授权频谱既可以用于公共网络部署,又可以用于非公共网络(NPN)(专有网络)部署。公共网络一般是由政府或者其批准的运营商进行部署,以为公众提供陆地移动通信业务为目的而建立和经营的网络,主要用于公共服务。而非公共网络一般由企业、个人或运营商部署,在一定范围内提供特殊目的的通信服务,主要用于非公共服务。非授权频谱不需要规划,而且是免费使用的,所以基于非授权频谱的非公共网络具有成本低、安全性高的优点,尤其适用于垂直行业的网络建设。

　　5G基于授权频谱的非公共网络支持两种形式的组网[23],而基于非授权频谱的非公共网络也同样支持两种形式,具体如下。

1. 独立组网的非公共网络(SNPN)

　　该网络不依赖于PLMN,可由SNPN运营商独立运营。该网络总体架构与传统5G公共网络非常相似,不同之处在于,独立组网的网元都是专有的,不需要连接到公共网络上。只有具备非公共网络服务能力的UE才能接入非公共网络,由其服务。而且,独立组网的非公共网络还能实现通信的本地化,UE之间的私有通信可以在共同的网络内完成。而独立组网的非公共网络也只会服务特定的UE。

2. 非独立组网的非公共网络(PNI-NPN)

　　该网络依赖于PLMN,并由传统运营商运营。图2-11描述了非独立组网的非公共网络总体架构。

　　在图2-11中,非公共网络主要使用公共网络(此处被称为Host PLMN)的网络资源进行部署。一些无线节点可以被非公共网络和公共网络共享,所以同时具有非公共网络和公共网络服务能力的UE可以通过接入共享的无线节点由非公共网络和公共网络同时服务。除了共享的无线网络节点外,非公共网络可具备专有的网络功能或资源,例如,专用AMF、专有的网络切片等。同时具有非公共网络和公共网络服务能力的UE可以通过公共网络的基站接入公共网络的AMF,再通过公共网络转接到非公共网络的AMF,由非公共网络为该UE提供服务。

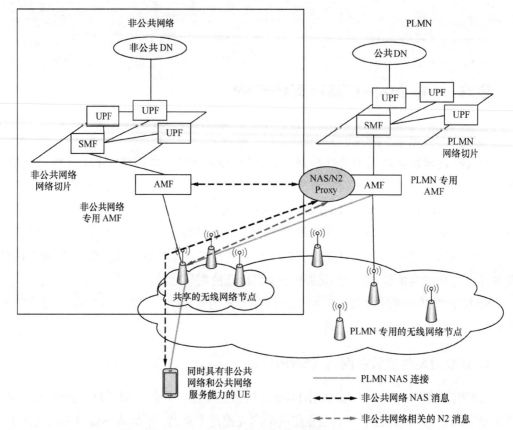

图2-11 非独立组网的非公共网络总体架构

非独立组网的非公共网络的小区既可以服务于具有非公共网络功能的UE，又可以服务于具有公共网络功能的UE。

对于非公共网络的部署，运营商之间很可能不会进行网络规划和协调，因此，相邻小区的物理小区标识（PCI）可能会产生冲突，从而造成严重的小区间干扰。一个解决思路是基站在建立小区之前在组网的频点上进行搜索，识别邻区的物理小区标识，并采用与邻区不同的物理小区标识建立小区。虽然这样能避免相邻小区之间的物理小区标识冲突，但是，在一个小区的两个不同相邻小区之间仍然可能会存在物理小区标识冲突问题。当终端上报了一个相邻小区的测量报告，该报告携带了小区的物理小区标识和测量结果时，如果两个相邻小区的物理小区标识冲突，基站仅凭小区的物理小区标识无法区分该测量结果隶属于哪个小区，这样可能会导致基站识别错误的目标小区，发起错误的切换过程，这个问题可以利用NR的自动邻区关系（ANR）机制来解决。基站可以指示终端上报某个小区的全球小区标识和PLMN标识，在终端读取了该小区的系统信息，通过测量报告将物理小区标识和PLMN标识上报给基站后，基站就能区分出终端上报的物理小区标识究竟隶属于哪个小区。

(·) 参考文献

[1] 3GPP TS 38.101-1 V16.4.0. User Equipment (UE) Radio Transmission and Reception; Part 1: Range 1 Standalone, 2020-06.

[2] 3GPP RP-193229. New WID on Extending Current NR Operation to 71GHz. Qualcomm, 3GPP TSG RAN #86, Sitges, Spain, December 9-12, 2019.

[3] 3GPP RP-182878. New WID on NR-based Access to Unlicensed Spectrum. Qualcomm, 3GPP TSG RAN Meeting #82, Sorrento, Italy, Dcember. 10-13, 2018.

[4] 3GPP R4-1914230. Discussion on Channel Raster for NR-U, ZTE Corporation, 3GPP RAN4#93.

[5] 3GPP R4-1910593. WF on Channel Raster, Ericsson.

[6] 3GPP R4-1908372. Band Plan for 6GHz, Futurewei, Charter.

[7] 3GPP R4-1909007. Discussion on 6GHz NR-U Band Details. Nokia.

[8] 3GPP R4-1910386. WF on Band Plan for NR-U in 6GHz. Qualcomm.

[9] 3GPP TR 38.807 V16.0.0. Study on Requirements for NR Beyond 52.6GHz. 2019-12.

[10] IEEE P802.11ayTM/D1.0. November 2017.

[11] 3GPP R1-2100077. Discussion on the Data Channel Enhancements for 52.6 to 71GHz, ZTE, Sanechips, 3GPP RAN1 #104-e, 2021-01.

[12] ETSI EN 301 893 V2.1.1. Harmonized European Standard, 5GHz High Performance RLAN. 2017-05.

[13] ETSI EN 302 567 V2.2.1. Multiple-Gigabit/s Radio Equipment Operating in the 60GHz Band; Harmonised Standard Covering the Essential Requirements. 2021-07.

[14] 工业和信息化部无线电管理局. 关于加强和规范2400MHz、5100MHz和5800MHz频段无线电管理有关事宜的通知. 2021-09.

[15] 工业和信息化部无线电管理局. 2400MHz、5100MHz和5800MHz频段无线电发射设备射频技术要求. 2021-09.

[16] 工业和信息化部无线电管理局. 2400MHz、5100MHz和5800MHz频段无线电发射设备干扰规避技术要求. 2021-09.

[17] 3GPP TR 36.889 V13.0.0. Study on Licensed-Assisted Access to Unlicensed Spectrum, 2015-06.

[18] 3GPP TS 38.300 V16.4.0. NR and NG-RAN Overall Description. 2020-12.

[19] 3GPP TS 38.211 V15.7.0. Study on Physical Channels and Modulation. 2019-09.

[20] 3GPP TS 38.300 V15.7.0. NR and NG-RAN Overall Description. 2019-09.

[21] 3GPP TS 38.211 V16.2.0. Study on Physical Channels and Modulation, 2020-06.

[22] 3GPP TS 37.213 V16.4.0. Physical Layer Procedures for Shared Spectrum Channel access. 2020-12.

[23] 3GPP TR 23.734. Study on Enhancement of 5G system (5GS) for Vertical and Local Area Network (LAN) Services.

[24] 3GPP TS 38.214 V16.2.0. Physical Layer Procedures for Data. 2020-06.

第3章

5G NR-U非授权

频谱信道接入

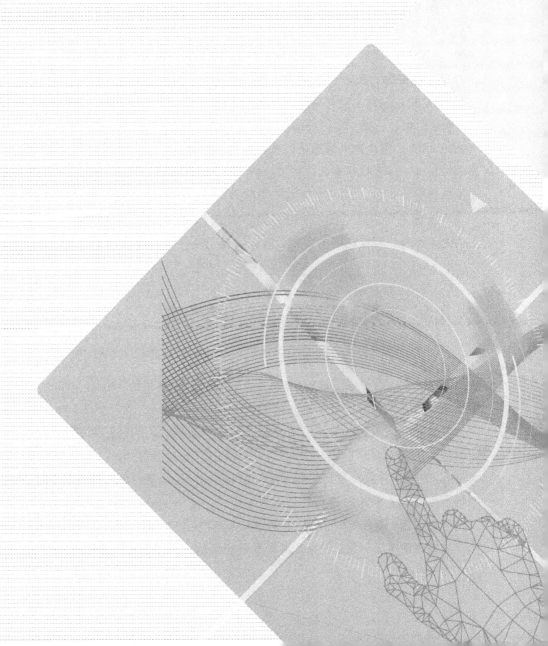

无线电频谱可以被粗略地分为授权频谱和非授权频谱：授权频谱需要使用单位在获得授权的情况下使用，未获得授权的单位使用授权频谱是不合法的；非授权频谱的使用单位只需要遵循非授权频谱的使用规则即可，不需要获得授权就可以直接免费使用非授权频谱。使用非授权频谱需要遵循的规则之一就是非授权频谱信道接入规则，该规则可以尽力保障各个通信系统能够以一种公平友好的方式共存于非授权频谱上。非授权频谱信道接入规则的主要内容是：非授权频谱设备在非授权频谱上发送数据之前，首先需要执行信道监听来判断信道是否空闲，在信道空闲的情况下才可以占用非授权频谱发送数据，这种原则被称为LBT。如果信道监听结果显示该信道已被占用，即执行LBT失败，非授权频谱设备不可以直接使用非授权频谱资源传输数据，只能等到信道空闲之后才能进行数据传输。

为了保证不同设备都能够在非授权频谱资源上友好共存，每个设备在检测到信道空闲之后能够使用非授权频谱资源的时间长度需要遵循一定的规则，目前低频（5GHz与6GHz非授权频段）支持的最大信道占用时间是10ms，高频（60GHz非授权频段）支持的最大信道占用时间是5ms，这样可以保障其他设备也有机会在检测信道空闲之后使用非授权频谱资源。在低频，信道忙闲检测主要分为两种模式[1]：一是基于负载的设备（LBE）模式，也称为动态信道接入模式，在该模式下，设备在数据到达时执行LBT，LBT成功后可以占用一定时长的非授权频谱资源用于传输数据；二是基于帧结构的设备（FBE）模式，也称为半静态信道接入模式，在该模式下，非授权频谱可用的时域资源周期性出现，设备只能在特定位置执行LBT，LBT成功后才可以使用对应的时域资源用于传输数据。例如，3GPP主要基于该模式讨论URLLC如何接入非授权频谱[2]。

本章首先介绍非授权频谱相关的基本概念，然后分别介绍低频基于LBE模式和基于FBE模式的非授权频谱信道接入技术，最后介绍高频非授权频谱信道接入技术。

((•)) 3.1 非授权频谱信道接入基本概念

LBT信道：是指由连续RB的集合组成的一个载波或者载波的一部分，设备在LBT信道上执行非授权频谱信道接入过程。

检测时隙：是执行信道忙闲检测的基本时间单元。同时，检测时隙还是其他复杂信道监听的基本构成单元。在低频，检测时隙T_{sl}的长度为9μs，在这9μs中，设备至少执行4μs的检测并且检测到的能量低于能量检测门限，这时认为信道在该检测时隙内为空闲。在高频，检测时隙T_{sl}的长度为5μs。

信道占用：设备在执行相应的信道接入流程后在信道上进行数据传输称为信道占用。

信道占用时间：发起设备和共享发起设备信道占用的其他设备用于传输的总时长称

为信道占用时间。在低频，若两个传输之间的间隔不超过25μs，则将这个间隔计入信道占用时间。在高频，若两个传输之间的间隔不超过8μs，则将这个间隔计入信道占用时间。

最大信道占用时间：设备在执行信道接入流程发起信道占用后，发起设备和共享发起设备信道占用的其他设备可以用于传输的最大时长称为最大信道占用时间，该术语常用于LBE模式，与发起信道占用的设备相关联。

信道占用时间和最大信道占用时间容易混淆，二者的区别主要在于，信道占用时间是指在一次信道占用中传输所使用的总时长，它不仅受到最大信道占用时间的约束，还取决于实际的业务量大小；最大信道占用时间是一种能力，对应LBE模式下的不同信道接入优先级能支持的最大可用信道占用时间。信道占用时间不能超过最大信道占用时间。

下行传输突发（DL Transmission Burst）：在基站发送的一个下行传输集合中，任意相邻的两个下行传输之间的间隔不超过特定间隔，则这个下行传输集合称为一个下行传输突发。反之，如果两个下行传输之间的间隔超过特定间隔，那么这两个下行传输隶属于两个不同的下行传输突发。低频与高频中的上述特定间隔分别为16μs和8μs。

上行传输突发（UL Transmission Burst）：在终端发送的一个上行传输集合中，任意相邻的两个上行传输之间的间隔不超过特定间隔，则这个上行传输集合称为一个上行传输突发。反之，如果两个上行传输之间的间隔超过特定间隔，那么这两个上行传输隶属于两个不同的上行传输突发。低频与高频中的上述特定间隔分别为16μs和8μs。

发现突发（Discovery Burst）：发现突发是指包含一组信号和/或信道的下行传输突发，这些信号和/或信道被限制在一个时间窗内，并且会关联一个周期。发现突发至少包括一个同步广播块（SSB）[由主同步信号（PSS）、辅同步信号（SSS）、物理广播信道（PBCH）及相应的解调参考信号（DMRS）组成]，还可能包括承载SIB1的PDSCH、调度上述PDSCH的PDCCH、NZP-CSI-RS。发现突发的详细内容可参考4.7节。

((•)) 3.2 低频LBE模式下的信道接入

LBE模式亦可称为动态信道接入模式。在该模式下，设备如果有数据待传输，那么在传输数据之前，设备会根据具体的业务类型选择一种动态信道接入流程执行LBT。如果LBT结果为信道空闲，则占用信道并传输数据；如果LBT结果为信道忙，则设备会放弃本次数据传输。LBT结果为信道空闲可以简称为LBT成功，LBT结果为信道忙可以简称为LBT失败。

动态信道接入主要分为两类[3]，即Type 1信道接入和Type 2信道接入。其中，Type 2信道接入又可以进一步分为Type 2A信道接入、Type 2B信道接入和Type 2C信道接入。

Type 1信道接入机制也可以称为Cat 4 LBT，它是一种具有随机回退过程，并且竞争窗大小可调节的信道接入机制。Type 1信道接入流程的执行时间长度是一个随机值，该时间长度与具体的信道接入执行过程相关。Type 2信道接入流程的执行时间长度是一个确定值。

3.2.1　Type 1信道接入流程

Type 1信道接入可以分为下行Type 1信道接入和上行Type 1信道接入，二者的具体信道接入流程除部分参数的取值有一些区别外，执行过程总体上是相同的。本小节主要基于下行Type 1信道接入流程来介绍Type 1信道接入机制。

对于下行Type 1信道接入，不同信道接入优先级p对应的信道接入参数如表3-1所示。其中，m_p为延迟期T_d所包含的检测时隙个数，$CW_{\min,p}$为最小的竞争窗取值，$CW_{\max,p}$为最大的竞争窗取值，$T_{\mathrm{mcot},p}$是p对应的最大信道占用时间，CW_p的具体取值根据p和竞争窗调整流程确定。简单来说，竞争窗调整流程在信道条件比较好的情况下取一个较小的CW_p候选值。例如，如果解码正确率比较高，则设备认为当前信道是可靠的，不需要较长时间去评估信道的可用性；反之，则需要较长时间去评估信道的可用性，设备才认为当前信道是可靠的。对于$p=3$和$p=4$，在能够确保没有其他技术共享信道的情况下，$T_{\mathrm{mcot},p}=10\mathrm{ms}$；否则$T_{\mathrm{mcot},p}=8\mathrm{ms}$，这里的其他技术可以是Wi-Fi等能够使用非授权频谱的技术。

表3-1　不同信道接入优先级p对应的信道接入参数（下行Type 1信道接入）

p	m_p	$CW_{\min,p}$	$CW_{\max,p}$	$T_{\mathrm{mcot},p}$	允许的CW_p
1	1	3	7	2ms	{3, 7}
2	1	7	15	3ms	{7, 15}
3	3	15	63	8ms或10ms	{15, 31, 63}
4	7	15	1023	8ms或10ms	{15, 31, 63, 127, 255, 511, 1023}

基站在T_d内检测到信道空闲且在Type 1信道接入流程的步骤4（计数器$N=0$时）可以发送下行数据。

Type 1信道接入流程的具体步骤如下。

步骤1：设定$N = N_{\mathrm{init}}$，其中，N_{init}是一个服从$0 \sim CW_p$均匀分布的随机值，执行步骤4。

步骤2：如果$N > 0$，基站选择递减计数器，设定$N = N-1$。

步骤3：在额外的T_{sl}内检测信道，如果在该额外的T_{sl}中检测到信道状态为空闲。则执行步骤4；否则，执行步骤5。

步骤4：如果$N = 0$，信道接入流程结束，可以发送待传输数据；否则执行步骤2。

步骤5：检测信道，一旦在一个额外的T_d内检测到一个T_{sl}内的状态为信道忙，或者在该额外的T_d内检测到所有的T_{sl}内为信道空闲，则执行步骤6。

步骤6：如果在上述额外的T_d内检测到所有的T_{sl}内为信道空闲，则执行步骤4；否则执行步骤5。

如果基站在步骤4的$N=0$之后没有立即发送下行数据，则基站需要在发送数据之前再次执行信道检测才可能在该信道上发送下行数据，这里的信道检测需要同时满足以下两个条件。

条件1：当基站已经准备发送下行数据时，需要再次检测信道，至少在一个T_{sl}中，信道被检测为空闲。

条件2：紧邻待发送下行数据之前，需要再次检测信道，在一个T_d内的所有的T_{sl}中，信道被检测为空闲。

若只满足以上两个条件中的一个，或者两个条件均无法满足，则基站根据Type 1信道接入流程发起的信道占用将失效，基站需要重新执行完整的Type 1信道接入流程。LBE模式不同于3.3节中的FBE模式，LBE模式不需要在设备发起信道占用后立即在信道占用的起始位置发送数据，在满足前面两个条件的情况下，LBE模式下的设备可以在成功发起信道占用之后间隔一段时间再发送。

T_d由$T_f = 16\mu s$及紧随其后的m_p个T_{sl}组成，T_f的起始位置包含一个T_{sl}，即$T_d = T_f + m_p \times T_{sl}$，$T_f = T_{sl} + 7\mu s$，只有当基站在$T_d$内的所有$T_{sl}$均检测到信道空闲时，$T_d$内的信道才会被视为空闲；否则该信道被视为忙。

基站基于p接入信道后，信道占用时间不能超过$T_{mcot,p}$。

上述Type 1信道接入流程如图3-1所示。

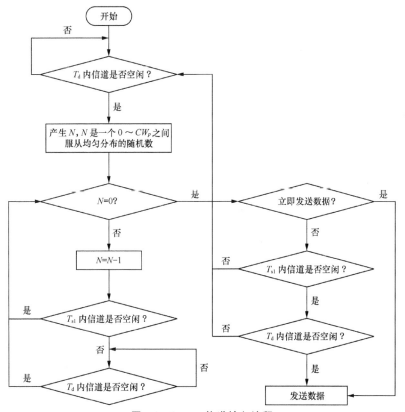

图3-1　Type 1信道接入流程

对于上行Type 1信道接入，不同信道接入优先级p对应的信道接入参数与下行Type 1信道接入相比存在差异，具体参数如表3-2所示。

表3-2　不同信道接入优先级p对应的信道接入参数（上行Type 1信道接入）

p	m_p	$CW_{min,p}$	$CW_{max,p}$	$T_{mcot,p}$	允许的CW_p
1	2	3	7	2ms	{3, 7}
2	2	7	15	4ms	{7, 15}
3	3	15	1023	6ms或10ms	{15, 31, 63, 127, 255, 511, 1023}
4	7	15	1023	6ms或10ms	{15, 31, 63, 127, 255, 511, 1023}

3.2.2　Type 2信道接入流程

对于Type 2信道接入，如果在部分应用场景或资料中具体对应的信道接入类别是Type 2信道接入，而不是Type 2A、Type 2B或Type 2C信道接入，则在该情况下的Type 2信道接入具体流程与Type 2A信道接入流程是一样的，原因是在LTE非授权频谱中，Type 2信道接入对应的是一个具体的信道接入类别，而不是一类信道接入类别的统称，所以在部分沿用LTE非授权频谱规则或者仅适用于LTE非授权频谱规则的描述中，仍然使用Type 2信道接入这种信道接入类别描述。

1. 下行Type 2信道接入

下行Type 2信道接入流程的执行时间长度是确定的，共包含3种信道接入机制，分别为Type 2A、Type 2B和Type 2C信道接入。Type 2信道接入还可以用于一个设备共享其他设备发起信道占用的情况，例如UE共享基站发起的信道占用，在UE发送上行数据之前就可以根据相应的条件选择一种Type 2信道接入来检测信道是否空闲。

（1）下行Type 2A信道接入

下行Type 2A信道接入适用于基站发送以下传输：①基站发送发现突发或者发送发现突发与非单播信息复用信号，其中发送时间长度不能超过1ms且占空比最大为1/20；②基站发送的数据位于终端发送的数据之后且间隔时间大于或等于25μs，并且终端发送数据所使用的信道是由终端自己发起占用的，即基站共享终端发起的信道占用。

基站在发送下行数据之前执行Type 2A信道接入，在检测到信道为空闲的情况下才可以发送下行数据。下行Type 2A信道接入流程的执行时间为$T_{short\ dl} = 25μs$，$T_{short\ dl}$由$T_f = 16μs$和紧随其后的1个$T_{sl} = 9μs$组成，其中T_f的起始位置包含1个T_{sl}，即$T_{short\ dl}$包含2个T_{sl}，只有在这两个T_{sl}内的信道都被检测为空闲的情况下，这个信道才被认为是空闲的。

（2）下行Type 2B信道接入

如果基站发送的数据位于终端发送的数据之后且间隔时间为16μs，并且终端发送下行数据所使用的信道是由终端自己发起占用的，则基站在发送下行数据之前执行下行Type 2B信道接入流程。

基站在发送下行数据之前执行Type 2B信道接入并在检测到信道为空闲状态的情况下才可以发送下行数据，下行Type 2B信道接入流程的执行时间 $T_f = 16\mu s$，T_f在最后 $9\mu s$包含1个T_{sl}，$T_{sl} = 9\mu s$，在T_f中至少有$5\mu s$时长信道被检测到是空闲的，且其中至少有 $4\mu s$发生在T_{sl}中，这个信道才被视为是空闲的。

（3）下行Type 2C信道接入

如果基站发送的数据位于终端发送数据之后且间隔时间不大于$16\mu s$，并且终端发送下行数据所使用的信道是由终端自己发起占用的，则基站在发送下行数据之前执行Type 2C信道接入流程。

Type 2C信道接入是唯一不需要执行信道忙闲检测的信道接入机制，在满足Type 2C信道接入要求的情况下，基站无须确定信道是否空闲就直接发送下行数据，相应的下行数据发送时长至多为$584\mu s$。

如果基站发送的数据位于终端发送的数据之后且间隔时间为$16\mu s$，并且终端发送下行数据所使用的信道是由终端自己发起占用的，基站在发送数据之前可以选择执行Type 2B或Type 2C信道接入，二者的区别是Type 2C信道接入额外有一个$584\mu s$的最大传输时长限制，而Type 2B信道接入没有这个限制。

2. 上行Type 2信道接入

与下行Type 2信道接入类似，上行Type 2信道接入流程的执行时间也是确定的，共包含3种信道接入机制，分别为Type 2A、Type 2B和Type 2C信道接入。

（1）上行Type 2A信道接入

如果终端被指示执行上行Type 2A信道接入流程，则终端要在发送上行数据之前执行上行Type 2A信道接入流程来检测信道是否空闲。上行Type 2A信道接入流程的执行时间为$T_{short\ ul} = 25\mu s$，$T_{short\ ul}$由$T_f = 16\mu s$和紧随其后的1个T_{sl}（$T_{sl} = 9\mu s$）组成，其中T_f的起始位置包含1个T_{sl}，也即$T_{short\ ul}$包含2个T_{sl}，只有在这两个T_{sl}内的信道都被检测为空闲的情况下，这个信道才被认为是空闲的。

（2）上行Type 2B信道接入

如果终端被指示执行上行Type 2B信道接入，则终端要在发送上行数据之前执行上行Type 2B信道接入流程来检测信道是否空闲。上行Type 2B信道接入流程的执行时间为$T_f = 16\mu s$，T_f在最后$9\mu s$包含1个T_{sl}（$T_{sl} = 9\mu s$），在T_f中至少有$5\mu s$时长信道被检测是空闲的，且其中至少有$4\mu s$发生在T_{sl}中，则这个信道才被视为是空闲的。

（3）上行Type 2C信道接入

如果终端被指示执行上行Type 2C信道接入流程，则终端在发送上行数据之前不需要检测信道是否空闲，但相应的上行数据发送时长至多为584μs。

3.2.3 信道接入类别确定

对于下行信道接入，基站可以自主确定信道接入类别，终端可以根据预定义规则获取相应信息，所以相对简单，本节不再进行具体描述，相关内容可以参考3.2.4节。

对于上行信道接入，终端和基站对接入流程以及接入优先级的选择都需要对齐理解。此外，因为存在配置授权传输等特殊应用场景，所以上行信道接入类别的确定相对复杂，本小节会详细描述。

如果调度PUSCH传输的DCI指示使用Type 1信道接入，则终端执行Type 1信道接入流程接入信道；同理，如果DCI指示使用Type 2信道接入，则终端执行Type 2信道接入流程接入信道。配置授权PUSCH（CG-PUSCH）传输默认的信道接入机制是Type 1信道接入，信道接入优先级（CAPC）通过3GPP TS 38.300[4]确定。

如果发送的是不包含PUSCH的SRS、PUCCH、不包含上行业务数据的PUSCH或PRACH，则终端执行$p=1$的Type 1信道接入流程；如果发送的是涉及随机接入流程的PUSCH（不包含用户面数据），则终端执行Type 1信道接入流程，CAPC通过3GPP TS 38.300[4]确定。

如果指示使用Type 2信道接入机制的DCI只触发SRS发送而没有调度PUCCH，则终端执行Type 2信道接入流程。

对于连续无间隔的PUSCH与SRS传输，若在PUSCH发送之前，终端没有成功接入信道，则终端可以通过使用SRS关联的信道接入机制继续尝试接入信道来发送SRS。

如果基站通过单个上行DCI来调度终端发送不连续的PUSCH和一个或多个SRS，或者基站通过单个下行DCI来调度终端发送不连续的PUCCH和/或SRS，则终端会使用调度DCI指示的信道接入机制接入信道并发送第一个上行数据。如果在终端停止发送第一个上行数据之后，终端检测到信道仍空闲，并且如果DCI调度的其他上行数据仍在基站发起的信道占用时间之内，则终端可以采用Type 2或Type 2A信道接入机制接入信道，发送其他上行数据，且不需要应用CPE；如果在终端停止发送第一个上行数据之后，终端检测到信道没有持续空闲，或者其他上行数据在基站发起的信道占用时间之外，则终端需要采用Type 1信道接入机制（同样不需要应用CPE）来发送其他上行数据。

如果DCI调度一个PUCCH且指示使用Type 2信道接入机制，则终端应该执行Type 2信道接入流程接入信道，其中DCI调度根据3GPP TS 38.213[5]中的9.2.3节内容或者MSG B确定。

当终端被指示执行共享信道接入流程（Type 2A、Type 2B和Type 2C）发送PUSCH，且没有指示相应的上行CAPC时，终端假定基站获取当前信道占用时间所使用的CAPC

为4，从公平性的角度考虑，终端所发送的任何数据的CAPC都不会小于4，因此，终端可以共享这个基站的信道占用时间。

3.2.4 共享信道接入

1. 下行共享信道接入

在终端执行Type 1信道接入流程发起信道占用并发送上行数据之后，若基站共享终端发起的信道占用时间，则基站可以在终端发送的动态调度或者免调度的PUSCH之后发送下行数据，下行数据必须包含发送给发起信道占用终端的数据，可以是非单播和/或单播传输，其中包含用户面数据的单播传输只能发送给发起该信道占用的终端。

在基站共享终端发起的信道占用时间时，如果没有提供高层参数ul-toDL-COT-SharingED-Threshold-r16规定信道忙闲检测门限，则基站共享终端发起的信道占用时间所发送的数据不能包含任何单播用户面数据，且传输长度对应于子载波间隔15kHz、30kHz、60kHz分别不超过2、4、8个符号。

如果基站的下行传输与之前相邻的上行传输之间的间隔时间至多为16μs，则基站在执行下行Type 2C信道接入流程之后发送下行数据；如果基站的下行传输与之前相邻的上行传输之间的间隔时间大于或等于25μs，则基站在执行下行Type 2A信道接入流程之后发送下行数据；如果基站的下行传输与之前相邻的上行传输之间的间隔时间为16μs，则基站在执行下行Type 2B信道接入流程之后发送下行数据。

基站共享终端发起信道占用时间的间隔如图3-2所示。

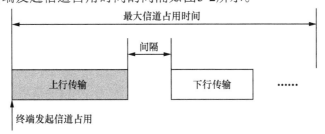

图3-2 基站共享终端发起信道占用时间的间隔

Rel-16 NR-U规定，基站在共享终端发起的信道占用时间时，需要确保发送的下行传输与之前相邻的上行传输之间的间隔时间不能介于16μs和25μs之间。

如果终端是为发送CG-PUSCH而发起的信道占用，则基站在共享终端发起的信道占用时间时，可能在终端发送CG-PUSCH之后发送下行数据，这种情况包含一些额外的规则，具体内容如下。

（1）如果配置了高层参数ul-toDL-COT-SharingED-Threshold-r16规定信道忙闲检测门限，终端同时会被配置高层参数COT-SharingList-r16，该参数定义了一个信道占用时间共享信息指示表。

① 共享信息指示表包含多行，其中一行用于指示基站不能共享终端发起的信道占用时间，其他行用于指示基站可以共享终端发起的信道占用时间且会向基站提供必要的共享信息。

② 终端通过配置授权上行控制信息CG-UCI来上报共享信息指示表的行索引，基站根据行索引获取是否可以共享终端发起的信道占用及共享信道占用时间的相关信息。

③ 若终端通过CG-UCI上报基站不可以共享终端发起的信道占用时间，则基站不可以共享终端发起的信道占用时间。

④ 若终端通过CG-UCI上报基站可以共享终端发起的信道占用时间，则会同时上报3个信息，分别为CAPC、偏移值和共享长度，CAPC用于通知基站该终端发起信道占用对应的CAPC，偏移值用于通知基站从收到CG-UCI的时隙结束之后偏移几个时隙可以开始共享终端的信道占用时间，共享长度用于通知基站可以共享终端信道占用时间的最大长度。

（2）如果没有配置高层参数ul-toDL-COT-SharingED-Threshold-r16规定信道忙闲检测门限，则CG-UCI中可以包含指示信息来指示基站是否可以共享终端的信道占用时间。

① 若终端通过CG-UCI上报基站可以共享终端发起的信道占用时间，则基站从检测到CG-UCI的时隙结束后的X个符号便可以开始发送下行数据，其中X由高层参数配置，上述下行数据不应包含任何单播传输的用户面数据，并且传输的长度对应15kHz、30kHz、60kHz的子载波间隔分别不超过2、4、8个符号。

② 若终端通过CG-UCI上报基站不可以共享终端发起的信道占用时间，则基站不可以共享终端发起的信道占用时间。

区别于基站共享终端被调度传输而发起的信道占用时间，基站共享终端CG-PUSCH传输而发起的信道占用时间需要终端通过CG-UCI向基站提供共享相关的信息，包括基站共享终端信道占用时间的起始位置和长度（因为CG-PUSCH是由终端自主发起的传输，基站并不能明确CG-PUSCH传输的结束位置和CAPC，所以需要终端明确提供基站开始共享信道占用时间的起始位置和长度）。

2. 上行共享信道接入

终端在共享基站发起的信道占用时间的情况下，可能会从Type 1信道接入切换至Type 2A信道接入，例如，如果默认或者调度DCI指示的是Type 1信道接入，但上行传输在基站发起的信道占用时间内，则终端所执行的Type 1信道接入会被切换到Type 2A信道接入。在终端CG-PUSCH传输共享基站发起的信道占用时间情况下，终端可以假定基站发起信道占用时间时使用的CAPC为任意值。

对于连续的上行传输，具体内容如下。

（1）如果终端被调度发送一个上行传输集合；

① 终端在这个集合中最后一次传输之前通过Type 1、Type 2或者Type 2A信道接入流程没有成功接入信道，则终端应根据调度DCI指示的信道接入机制尝试进行下一次传输；

② 终端在进行最后一次传输之前通过Type 2B信道接入流程没有成功接入信道，则终端应根据Type 2A信道接入流程尝试进行下一次传输，原因是：在一个集合的多次上行传输中，如果在进行最后一次上行传输之前通过Type 2B信道接入流程没有成功接入信道，则下行传输和上行传输之间的间隔时间就超过了16μs，在这种情况下共享信道占用时间就需要切换到Type 2A信道接入。

（2）如果终端被调度发送一个包括PUSCH或SRS的上行传输集合，在接入信道之后，终端不应该在集合中的首次上行传输之后对剩余的上行传输应用CPE；

（3）如果终端被调度发送一个无间隔的连续上行传输集合且终端通过Type 1、Type 2、Type 2A、Type 2B或Type 2C信道接入流程接入信道之后发送了一个调度的上行传输，则终端可以继续发送集合中剩余的上行传输，这里的上行传输可能包括使用一个或者更多DCI调度的PUSCH、使用一个或更多DCI调度的PUCCH、使用一个或者更多DCI调度的SRS；

（4）如果终端被配置了多个传输机会用于发送一个包括连续PUSCH或SRS的上行传输集合，终端在最后一个传输机会之前没有通过Type 1信道接入流程接入信道，则终端应根据Type 1信道接入流程尝试在下一个传输机会接入信道。假如终端在其中一个传输机会通过Type 1信道接入流程接入信道，则终端可以继续发送上行传输集合中剩余传输机会对应的传输，这里的传输机会对应的传输都包含在Type 1信道接入流程的信道占用时间内。

（5）如果终端被配置发送一个连续无间隔的上行传输集合且终端在通过Type 1信道接入流程接入信道后发送了上行传输集合中的一个上行传输，则这个终端可以继续发送集合中剩余的上行传输，这里的上行传输包括PUSCH、周期的PUCCH或者周期的SRS。

（6）对于连续无间隔的上行传输，终端不期望被指示为不同的信道接入机制，除非连续上行传输的第一个上行传输被指示为Type 2B和Type 2C信道接入。

针对连续无间隔的上行传输，若终端在发送完连续上行数据之前停止发送上行数据，且如果终端在停止发送上行数据期间检测到信道连续空闲，则终端直接来执行Type 2或Type 2A信道接入流程接入信道并继续后续的上行传输；如果终端在停止发送上行数据期间检测到信道非连续空闲，则终端需要通过Type 1信道接入流程重新接入信道获取信道占用时间，然后继续发送剩余的上行数据，且发起信道占用的CAPC是调度连续上行传输DCI指示的CAPC。这里规定的是"传输+间隔+传输"的过程，即发送了部分上行数据后，停止传输，然后再开始传输，这里的间隔可以是由于各种因素所导致的部分上行传输停止。

如果在CG-PUSCH之后出现同载波上的调度上行传输（同属于CG-PUSCH发送的最大信道占用时间内），其中调度上行传输在时隙n中的符号i处开始发送，且调度上行传输使用的RB属于CG-PUSCH对应信道上的RB子集，若调度上行传输的CAPC值不大于CG-PUSCH传输的CAPC值，则CG-PUSCH在时隙n中的符号i处停止发送，调度上行传输在时隙n中的符号i处开始发送，即在满足公平性和最大信道占用时间的条件下可以无间隔地继续使用信道发送调度上行传输。若不满足公平性，即CG-PUSCH传输的CAPC值小于调度上行传输的CAPC值，则时隙n中的符号i之前紧邻的CG-PUSCH传输会被丢弃并尝试发送调度上行传输。若终端来不及停止时隙n中的符号i之前紧邻的CG-PUSCH传输，则终端会忽略调度的DCI，"来不及停止"是由终端能力决定的，与N1[6]相关。

这里所说的公平性原则是高优先级的业务可以使用通过低优先级的信道接入流程获取的信道，但低优先级的业务不可以使用通过高优先级的信道接入流程获取的信道。例如，根据某一个CAPC值接入的信道，可以被其他不大于当前已经接入信道所使用的CAPC值的传输继续使用，如上一段所述。也可以表现为，如果正在执行的Type 1接入流程的CAPC值不小于DCI指示的即将执行的Type 1接入流程的CAPC值，则正在执行的Type 1信道接入流程所获取的信道可用于后来的DCI所调度的传输。反之，停止正在执行的Type 1信道接入流程，根据DCI的指示重新执行新的Type 1信道接入流程。

在基站获取信道占用时间并共享给终端时，终端在满足共享基站信道占用时间条件的情况下只需要执行Type 2信道接入流程，执行调度上行传输的DCI同时包含信道接入类型和CAPC类别两个字段，在该情况下，信道接入类型指示Type 2信道接入（该信道接入类型不需要指示CAPC类别）用于终端执行信道接入，实际上，这里的CAPC类别用于指示基站获取该信道执行Type 1信道接入流程对应的CAPC值，因为终端共享基站的信道占用时间用于上行传输的情况下，仍然需要满足公平性。

3.2.5 多信道的信道接入

1. 下行多信道接入

下行多信道接入包括下行Type A多信道接入和下行Type B多信道接入。基站可以通过下行Type A多信道接入或下行Type B多信道接入流程接入多个需要执行传输的信道。接入成功后，基站可以使用多个信道用于下行传输。

（1）下行Type A多信道接入

下行Type A多信道接入又可以细分为下行Type A1多信道接入和下行Type A2多信道接入。

假如将基站准备发送下行传输对应的一个信道记为信道c_i，将基站准备发送的所有下行传输对应的所有信道记为信道集合C，则下行Type A多信道接入流程要求基站在信道集合C的每个信道c_i上执行3.2.1节中描述的Type 1信道接入流程；对于每个信道c_i，将在Type 1信道接入流程中对应的计数器N记为N_{ci}，N_{ci}的确定规则对于下行Type A1多信道接入和下行Type A2多信道接入而言存在一些区别，具体在后续内容中展开描述。

对于下行Type A1多信道接入流程，信道c_i的计数器N根据3.2.1节中的内容基于每个信道c_i独立确定，并表示为N_{ci}。如果不能长期保证不存在其他任何技术共享信道（例如，通过规则层级排除其他技术共享信道），则当基站停止在任何一个信道c_j上传输时，对于每个$c_i \neq c_j$的信道，基站在等待$4T_{sl}$的持续时间之后检测到信道空闲时隙或重新初始化N_{ci}之后，可以恢复对N_{ci}的递减。即基站可以同时执行多个信道的接入过程，如果基站同时执行信道c_i和c_j的信道接入过程且$c_i \neq c_j$，在$N_{cj}=0$的情况下，c_j信道接入成功并开始传输数据，则当基站停止在信道c_j上传输数据，且N_{ci}还没有退避为0，则基站需要等待$4T_{sl}$的持续时间之后检测到信道空闲时隙或者重新初始化N_{ci}之后才可以恢复对N_{ci}的递减，即继续或者重新开始执行Type 1信道接入流程。

对于下行Type A2多信道接入流程，信道集合C中的信道c_j的计数器N根据3.2.1节中的内容确定并表示为N_{cj}，其中信道c_j是集合C中具有最大CW_p值的信道。对于信道集合C中的每一个信道c_i，$N_{ci} = N_{cj}$。若基站停止在任何一个通过N_{ci}确定的信道上发送数据，则基站应该对集合C中的所有信道初始化N_{ci}。

（2）下行Type B多信道接入

下行Type B多信道接入又可以细分为下行Type B1多信道接入和下行Type B2多信道接入。

基站在信道集合C中根据以下规则选择信道c_j：①在进行多信道的每个传输之前，基站通过采用均匀随机的方法在信道集合C中选择信道c_j；②基站选择信道c_j的频率不会超过每秒一次，其中信道集合C是基站准备发送下行数据所占用信道的集合。

为了在信道c_j上发送数据，基站需要根据3.2.1节中的Type 1信道接入流程结合下行Type B1多信道接入流程或下行Type B2多信道接入流程对接入方案进行修订，从而接入信道c_j。

为了在信道集合C的信道c_i（$c_i \neq c_j$）上发送数据，对于每个信道c_i，基站需要在信道c_j发送数据之前至少对信道c_i检测25μs，在确定信道空闲之后立即发送下行数据。确定信道c_i在这25μs的信道检测时间内为空闲的衡量标准是：信道c_i在整个25μs内被检测到是空闲且信道c_j在这25μs内同样为空闲，即信道c_i可以发送下行数据的前提是信道c_j的Type 1信道接入也是成功的，否则信道c_i就不会被认为是空闲的。此外，基站在信道集合C的信道c_i（$c_i \neq c_j$）上发送下行数据的时间不能超过$T_{\text{mcot},p}$，$T_{\text{mcot},p}$根据信道c_j的接入参数确定。

对于下行Type B1多信道接入流程，信道集合C只需要维护一个CW_p；对于下行Type B2多信道接入流程，需要针对信道集合C中的每个信道c_i维护一个CW_p，信道c_j执行3.2.1节中的Type 1信道接入流程初始化N所使用的CW_p为信道集合C中所有信道对应的最大CW_p。

（3）下行Type A多信道接入与下行Type B多信道接入的区别

下行Type A多信道接入流程不要求对齐所有信道的发送起始点，而下行Type B多信道接入流程需要对齐所有信道的发送起始点，即下行Type B多信道接入流程的传输起始点对应于信道c_j的传输起始点。下行Type A多信道接入流程需要在信道集合C中的所有信道上分别执行Type 1信道接入流程，且只能在Type 1信道接入流程成功的信道上发送传输；下行Type B多信道接入流程只需要在信道集合C的一个信道上执行Type 1信道接入流程，其他信道只需要执行25μs的空闲信道检测即可。

2. 上行多信道接入

假如一个终端被调度在一个信道集合C上发送上行数据，且这个上行数据被调度在信道集合C的所有信道上同时传输，或者，假如一个终端准备在一个信道集合C的配置资源上发送一个上行数据且这个上行数据被配置在信道集合C的所有信道上同时传输，则可以应用以下规则。

（1）对于在信道集合C上传输的调度或配置上行传输被指示或准备执行Type 1信道接入流程接入信道：

① 假如终端在信道集合C的信道c_j上执行Type 2信道接入流程，且终端已经通过Type 1信道接入流程接入信道c_j，则终端将在信道集合C的信道c_i上发送上行数据，其中$i \neq j$，且信道c_j是终端在信道集合C的任意信道上执行Type 1信道接入流程之前均匀随机地选出来的信道；

② 终端将通过Type 1信道接入流程在信道集合C的信道c_i上发送数据。

（2）假如终端没有成功地接入调度或配置的上行资源对应的载波带宽的任意信道，则终端不会在载波带宽的信道集合C的信道c_i上发送数据。

上行多信道接入流程与下行多信道接入流程之间有很多相似的地方，如这两种多信道接入流程都要求多信道传输的起始位置相同、都只需要在多信道中的一个信道上执行Type 1信道接入流程、都需要在执行Type 1信道接入流程的信道上发送数据之前在剩余信道上执行信道忙闲检测。两者也有一个明显的区别，下行多信道接入流程不要求所有的信道接入成功才传输数据，只要Type 1信道接入流程对应的信道接入成功，基站就可以在所有接入成功的信道上发送数据，而上行多信道接入流程要求在信道集合C包含的所有信道都接入成功的情况下，终端才可以传输数据。

3.2.6　竞争窗调整

在低频，设备在执行Type1信道接入流程之前，需要维护或调整其优先级所对应的竞争窗大小（CWS）。为了确保与异系统设备之间能公平共存，LTE LAA引入了类似于Wi-Fi的指数回退机制，并进一步引入了基于HARQ-ACK反馈调整竞争窗大小的机制，以确定是否有碰撞发生。在Rel-16 NR-U阶段，竞争窗调整依然遵循LTE LAA的基本原则，除此之外，还考虑了一些NR新引入的特性，例如灵活的HARQ-ACK反馈时间、基于迷你时隙（小于一个时隙的粒度，如2、4、7个符号）的调度、基于编码块组（CBG）的反馈，以及宽带（多个RB集合）下的反馈等。高频（60GHz非授权频段）NR-U的竞争窗大小是固定的，因此不需要调整。

由于低频段的上下行传输的竞争窗调整的原理是一致的，本节仅以下行传输的竞争窗调整为示例。低频段的下行传输的竞争窗大小调整的具体步骤如下。

步骤1：根据优先级p，设置最小的竞争窗值为当前的CW值，即$CW_p=CW_{\min,p}$。

步骤2：在上一次CW_p更新之后，如果存在有效的HARQ-ACK反馈，则转到步骤3。如果执行LBT之后的下行传输不是重传，或者该下行传输在一定的时间窗T_w内，则转到步骤5，即不进行竞争窗调整；而如果LBT之后的下行传输是重传，或者该下行传输不在T_w内，则转向步骤4。$T_w=\max(T_A, T_A+1\mathrm{ms})$，如果运营商在一段时间内可以保证网络所处的环境没有异系统存在，则$T_A=5\mathrm{ms}$；若无法保证，则$T_A=10\mathrm{ms}$，这里异系统指的是采用其他无线接入技术或者其他运营商的网络；T_B表示当前连续下行数据传输的时长。

步骤3：如果下行PDSCH传输所对应的至少一个基于传输块的HARQ-ACK反馈是"ACK"，或者当配置CBG时至少有10%的基于CBG的HARQ-ACK反馈是"ACK"，则重置竞争窗。反之，转到步骤4。

步骤4：调整竞争窗到下一个更大的值。

步骤5：保持当前CW_p不变，回到步骤2。

如果CW_p达到允许的最大值$CW_{p,\max}$，则Wi-Fi系统只要在重传过程中不断发生碰撞就可以保持竞争窗不变，但如果尝试重传达到一定数量且依然出现碰撞，则放弃重传。LTE LAA和Rel-16 NR-U引入了K次重传方式，一旦尝试进行K次重传，CW_p就被重置为最小值。其中，K的取值由运营商确定，取值范围为1~8。

3.2.7　能量检测门限

非授权系统的传输需要竞争信道资源。所谓竞争信道资源，就是设备在检测时间间隔内检测到信道上的能量值低于能量检测门限X_{Thresh}，在该情况下，设备才可以在信道上传输数据。标准定义了一个最大能量检测门限X_{Thresh_max}，设备设定的X_{Thresh}只能小于或者等于X_{Thresh_max}，即标准规定的是最低要求，设备在设定X_{Thresh}的时候只能更严格，不能更宽松，这在一定程度上能保证不同设备可以公平竞争资源，因为X_{Thresh}设置得越低，在信道接入时检测信道忙闲越容易受到干扰信号的影响，也更容易判断检测信道为忙。

1. 下行X_{Thresh_max}

（1）假如可以长期保证没有其他技术共享信道（例如通过监管规则约束），则下行X_{Thresh_max}如式（3-1）。

$$X_{Thresh\_max} = \min \begin{cases} T_{max}+10 \\ X_r \end{cases} \tag{3-1}$$

其中，假如监管要求定义了X_{Thresh_max}，则X_r是监管要求规定的X_{Thresh_max}，单位是dBm；否则$X_r = T_{max}+10$dB。

（2）假如不能长期保证没有其他技术共享信道，则X_{Thresh_max}如式（3-2）。

$$X_{Thresh\_max} = \max \begin{cases} -72+10\lg(BW/20) \\ \min \begin{cases} T_{max} \\ T_{max}-T_A+\left(P_H+10\lg(BW/20)-P_{TH}\right) \end{cases} \end{cases} \tag{3-2}$$

假如传输包含在3.2.2节中所说的发现突发中，则T_A=5dB；否则，T_A=10dB；P_H=23dBm；P_{TX}是该信道对应的最大的基站输出功率，单位为dBm；T_{max}(dBm)= $10\lg(3.16228 \times 10^{-8}(mW/MHz)\times BW$MHz(MHz))；$BW$MHz是单个信道的带宽，单位是MHz。

2. 上行X_{Thresh_max}

假如不存在其他技术共享当前信道，即终端配置了高层配置参数absenceOfAny-OtherTechnology-r16，且配置了上下行信道占用时间共享门限，即终端配置了高层参数ul-toDL-COT-SharingED-Threshold-r16，则基站需要根据发射功率确定上下行信道占用时间共享门限。

假如终端根据3.2.1节中的流程接入信道用于传输上行数据，在上行数据中不包含CG-UCI或者包含CG-UCI但没有指示不能共享信道占用时间，且假如提供了上下行信道占用时间共享门限，则X_{Thresh_max}等于配置的上下行信道占用时间共享门限。

假如终端配置了高层参数maxEnergyDetectionThreshold-r14或maxEnergyDetection-Threshold-r16，则X_{Thresh_max}等于配置的高层参数值。

假如终端没有配置高层参数maxEnergyDetectionThreshold-r14或maxEnergyDetection-Threshold-r16，具体内容如下。

（1）假如终端配置了X_{Thresh}偏移值，即终端配置了高层参数energyDetection-ThresholdOffset-r14或energyDetectionThresholdOffset-r16，则$X_{\text{Thresh\_max}} = X'_{\text{Thresh\_max}} +$偏移值。

（2）假如终端没有配置X_{Thresh}偏移值，则$X_{\text{Thresh\_max}} = X'_{\text{Thresh\_max}}$。

（3）$X'_{\text{Thresh\_max}}$根据以下流程确定。

① 假如不存在其他技术共享当前信道，即终端配置了高层参数absenceOfAny-OtherTechnology-r14或absenceOfAnyOtherTechnology-r16，则$X'_{\text{Thresh\_max}}$如式（3-3）。

$$X'_{\text{Thresh\_max}} = \min \begin{cases} T_{\max} + 10 \\ X_{\text{r}} \end{cases} \qquad （3\text{-}3）$$

假如监管要求定义了$X'_{\text{Thresh\_max}}$，则X_{r}是监管要求规定的$X_{\text{Thresh\_max}}$，单位是dBm；否则$X_{\text{r}} = T_{\max} + 10\text{dB}$。

② 假如可能存在其他技术共享当前信道，即没有配置高层参数absenceOfAnyOtherTechnology-r14或absenceOfAnyOtherTechnology-r16，则$X'_{\text{Thresh\_max}}$如式（3-4）。

$$X'_{\text{Thresh\_max}} = \max \begin{cases} -72 + 10\lg\left(BW/20\right) \\ \min \begin{cases} T_{\max} \\ T_{\max} - T_{\text{A}} + \left(P_{\text{H}} + 10\lg\left(BW/20\right) - P_{\text{TX}}\right) \end{cases} \end{cases} \qquad （3\text{-}4）$$

其中，$T_{\text{A}} = 10\text{dB}$；$P_{\text{H}} = 23\text{dBm}$；将$P_{\text{TX}}$设定为文献[6]定义的$P_{\text{CMAX\_H,c}}$；$T_{\max}(\text{dBm}) = 10\lg (3.16228 \times 10^{-8}(\text{mW/MHz}) \times BW\text{MHz}(\text{MHz}))$；$BW\text{MHz}$是单个信道的带宽，单位是MHz。

((·)) 3.3　低频FBE模式下的信道接入

FBE模式也称为半静态信道接入模式，该模式包含3个主要参数：固定帧周期（FFP）、信道占用时间（COT）和空闲周期，其中固定帧周期的取值为集合{1, 2, 2.5, 4, 5, 10}中的一个值，空闲周期取值为max(0.05×FFP, 100μs)，即空闲周期最小为100μs，固定帧周期中的剩余部分为信道占用时间，具体组成如图2-4所示。基站在前一个固定帧周期的空闲周期执行CCA检测，检测到信道空闲后，可以发起信道占用并使用紧邻固定帧周期的信道占用时间传输数据，或者将固定帧周期的信道占用时间共享给其他设备。在固定帧周期的起始位置，需要发起信道占用的设备传输数据，设备在信道占用时间的起始位置传输数据之后才可以将剩余的信道占用时间共享给其他设备[2, 8~16]。

FBE模式下的设备建议部署在没有其他技术共享非授权频谱的环境中，但在标准化该部分规则的讨论中，各公司所达成的共识认为不存在其他技术共享非授权频谱并不是

FBE模式的一个强制规定[2]，但在实际标准化的过程中，主要的技术标准化并未考虑其他非授权频谱技术的存在，即在FBE模式工作的频谱上可以认为没有其他非授权设备同时抢占非授权频谱资源。对于标准化过程中的例外情况，后文中会有具体描述。

在FBE模式下，需要配置基站的固定帧周期，在该情况下，基站可以发起信道占用，发起信道占用成功就可以使用固定帧周期中的信道占用时间传输下行数据或者共享部分信道占用时间给终端以传输上行数据。在配置参数使能终端发起信道占用的情况下，终端也可以发起信道占用。同理，在发起信道占用成功的情况下，基站可以使用固定帧周期中的信道占用时间传输上行数据或者共享部分信道占用时间给基站以传输下行数据，但终端发起的信道占用是不能共享给其他终端的。在标准化的过程中，为防止仅使能终端发起信道占用而不支持基站发起信道占用导致频谱资源只能供某个终端和基站使用的情况出现，使能终端发起信道占用的前提是基站也能发起信道占用。

基站和终端的固定帧周期取值都是可以被20整除的，这种取值可以确保每20ms内出现整数个基站或者终端的固定帧周期，终端的固定帧周期取值与基站的固定帧周期取值集合是相同的，也为{1, 2, 2.5, 4, 5,10}。在标准化的过程中，规定基站的固定帧周期起始位置与偶数无线帧对齐，终端的固定帧周期与偶数无线帧可以存在一个偏移值，在使能终端发起信道占用的情况下会配置该偏移值。如图3-3所示，基站的固定帧周期为5ms，则每两个连续的无线帧（共20ms）包含4个基站固定帧周期；终端的固定帧周期为4ms，终端的固定帧周期与偶数无线帧存在一个偏移值，在偶数无线帧中，终端首个固定帧周期的起始位置与偶数无线帧存在一个偏移值，在从偏移值结束位置开始的20ms内包含5个终端固定帧周期。

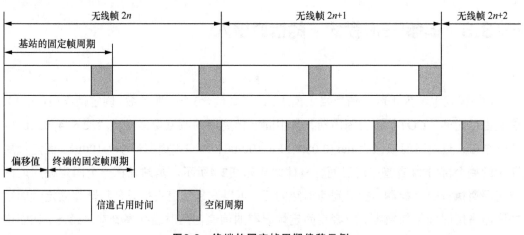

图3-3 终端的固定帧周期偏移示例

在FBE模式下，信道忙闲检测时间一般至少为T_{sl}=9μs。假如信道忙闲检测需要检测T_{sl}=16μs，则在16μs长度的最后9μs的时间内至少需要检测4次，在16μs的时间内至少需要检测5次，在这5次的信道忙闲检测中，如果检测到的能量都低于能量检测门限，则认为当前信道是空闲的；否则，信道状态为忙，该信道不可以用于传输即将到来的数据。

在没有配置终端发起信道占用的情况下，仅支持基站发起信道占用，3.3.1节中的信道接入流程适用于该情况；在同时配置基站和终端发起信道占用的情况下，3.3.2节中的信道接入流程适用于该情况。

如果终端在进行期望的上行传输之前接入信道失败，终端会通过信令通知信道接入失败。

3.3.1 仅支持基站发起信道占用

本节描述的内容适用于仅支持基站发起信道占用的情况，也即没有配置终端发起信道占用。

基站在紧邻信道占用时间起始位置之前至少需要执行信道忙闲检测T_{s1}，如果检测到信道为空闲，基站成功发起信道占用，则基站需要立即发送下行传输突发；如果检测到信道忙，则基站不允许在当前的固定帧周期内发送数据。如图3-4所示，当基站在紧邻当前固定帧周期位置之前执行信道忙闲检测且检测到信道空闲时，则在基站固定帧周期的起始位置（信道占用时间的起始位置）立即发送下行传输突发，对于信道占用时间内的后续资源，基站可以共享给终端使用，或者用于自己发送下行数据；如果基站在紧邻当前固定帧周期位置之前执行信道忙闲检测且检测到信道忙，则在当前固定帧周期的信道占用时间内不允许基站发送下行数据。

图3-4 仅支持基站发起信道占用的情况示例

若下行传输突发与之前的传输突发之间的间隔时间超过16μs，则基站在紧邻这个下行传输突发之前至少需要执行信道忙闲检测T_{s1}，如果检测到信道空闲，则基站可以发送这个下行传输突发。

若下行传输突发在上行传输突发之后发送且二者的间隔时间不超过16μs，则基站不需要执行信道忙闲检测就能直接发送这个下行传输突发。

终端在信道占用时间内检测到发送下行传输突发之后可能发送上行传输突发，具体内容如下。

（1）若发送上行传输突发与发送下行传输突发之间的间隔时间至多为16μs，则终端不需要执行信道忙闲检测就可以在发送下行传输突发之后发送上行传输突发。

（2）若上行传输突发与下行传输突发之间的间隔时间大于16μs，则终端需要在一个25μs间隔时间内至少执行信道忙闲检测T_{s1}，检测到信道为空闲后，终端才可以发送这个上行传输突发。

当在终端共享基站的信道占用时间内传输上行传输突发时，并没有针对上行传输突发与下行传输突发之间的间隔时间大于16μs且小于25μs的情况给出规定，基站应避免这种情况的出现。在上行传输突发与下行传输突发之间的时间间隔大于16μs的情况下，间隔时间需要同时满足大于或等于25μs的要求，因为信道忙闲检测T_{s1}需要在25μs间隔时间内执行。

如图3-5所示，在终端在共享基站的信道占用时间内发送上行传输突发的情况下：（1）间隔时间小于或等于16μs，该情况下终端不需要执行信道忙闲检测就可以传输这个上行传输突发；（2）间隔时间大于16μs，同时间隔需要满足大于或等于25μs的要求，在该情况下，终端需要在紧邻这个上行传输的25μs内至少执行信道忙闲检测T_{s1}，且检测到信道空闲后才可以发送这个上行传输突发。

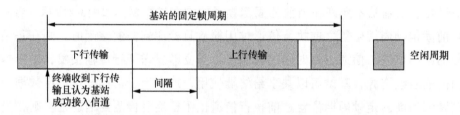

图3-5 终端共享基站的信道占用时间传输对应间隔示例

对于终端共享基站的信道占用时间传输上行传输突发，且没有包含这个上行传输突发与之前同样共享基站信道占用时间的上行传输突发之间的间隔时间大于16μs的规则，从效率角度考虑，终端在相对短的时间内传输非连续的上行传输突发且在非连续的上行传输之间不包含基站的下行传输是较为低效的，因为非连续的传输需要抢占信道，所以并没有针对这种情况给出规则。所有的上行传输是否需要执行信道忙闲检测或者需要执行何种信道忙闲检测都是基于上行传输与基站的下行传输之间的间隔时间来确定的。

对于调度的上行传输突发，基站会指示终端在信道占用时间内在发送调度上行传输突发之前是否需要执行信道忙闲检测或者需要执行何种信道忙闲检测。

基站和终端在基站的固定帧周期的空闲周期内都是不允许传输数据的。

3.3.2 基站和终端发起信道占用

本节描述的内容适用于基站和终端都支持发起信道占用的情况。

在同时配置基站和终端发起信道占用所需要的参数的情况下，基站和终端都可以发起信道占用，且二者的信道占用时间可以有重叠的部分。对于终端和基站的信道占用时间的重叠位置、上行传输对应的信道占用时间或者终端是否需要自己发起信道占用时间，在标准化的过程中都给出了对应的规则，详见后续的描述。

1. 基站发起信道占用

假如基站执行信道忙闲检测且检测到信道为空闲，基站立即在固定帧周期的起始位置发送下行传输突发且这个下行传输突发在这个固定帧周期的空闲周期之前结束，则视为基站在这个固定帧周期内成功发起信道占用，其中执行信道忙闲检测的时间至少为T_{sl}。

假如基站在固定帧周期发起信道占用，则不允许基站在这个固定帧周期的空闲周期内发送任何数据，即使基站在发起信道占用之后共享了终端发起的信道占用，且终端的信道占用时间与基站固定帧周期的空闲周期重叠，也不允许。假如基站没有发起信道占用，仅共享终端发起的信道占用，则基站只需要履行作为响应设备的义务，即不允许在终端发起信道占用对应的固定帧周期的空闲周期内发送数据，在该情况下，基站不需要关注传输是否会与基站的某个固定帧周期对应的空闲周期相冲突。如果基站在发起信道占用的情况下共享终端发起的信道占用，则需要同时履行基站作为发起设备和响应设备的义务。

如图3-6所示，基站和终端先后成功接入信道，若基站在发起信道占用之后共享了终端的信道占用时间，则不允许其在深灰色区域内传输数据，因为基站自己已经发起了信道占用，不再允许在自己的空闲周期内传输数据，这是基站作为发起设备应该履行的义务，也不允许基站在终端发起信道占用对应的终端固定帧周期的空闲周期内传输数据，因为基站共享了终端的信道占用时间，这是基站作为响应设备应该履行的义务，在这种情况下，基站同时需要履行两个义务，即作为发起设备的义务和作为响应设备的义务。

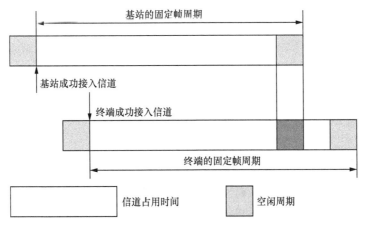

图3-6　基站在发起信道占用的同时共享终端的固定帧周期示例

假如一个上行传输突发或下行传输突发关联到基站发起的信道占用对应的固定帧周期，则具体情况如下。

（1）这个上行传输突发或下行传输突发需要在固定帧周期的空闲周期起始位置之前结束传输。

（2）在固定帧周期内，假如下行传输突发与之前任意的传输突发（含上行传输突发和下行传输突发）之间的发送间隔时间超过16μs，则在立即传输下行传输突发之前执行信道忙闲检测T_{sl}，且在检测到信道为空闲后可以发送这个下行传输突发。

（3）在固定帧周期内，假如下行传输突发与之前任意的上行传输突发之间的发送间隔时间未超过16μs，则可以直接发送下行传输突发而不需要执行信道忙闲检测。

（4）在固定帧周期内，假如上行传输突发与之前任意的下行传输突发之间的发送间隔时间超过16μs，则在立即传输上行传输突发之前的一个25μs的间隔时间内执行信道忙闲检测T_{sl}，且在检测到信道为空闲后可以发送这个上行传输突发。该规则同样隐含：在上行传输突发与之前的下行传输突发之间的发送间隔时间大于16μs的情况下，间隔时间需要同时满足不小于25μs的需求，因为信道忙闲检测T_{sl}需要在一个25μs的间隔时间内执行。

（5）在固定帧周期内，假如上行传输突发与之前的下行传输突发之间的发送间隔时间未超过16μs，则可以直接发送上行传输突发而不需要执行信道忙闲检测。

2. 终端发起信道占用和信道检测流程

与基站发起信道占用类似，假如终端执行信道忙闲检测且检测到信道为空闲后，终端立即在固定帧周期起始位置发送上行传输突发且这个上行传输突发在这个固定帧周期的空闲周期之前结束，则视为终端在这个固定帧周期成功发起信道占用，其中执行信道忙闲检测的时间至少为T_{sl}。

与基站发起信道占用类似，假如终端在固定帧周期发起信道占用，则不允许终端在这个固定帧周期的空闲周期内发送任何数据，即使终端在发起信道占用之后共享了基站发起的信道占用且基站的信道占用时间与终端固定帧周期的空闲周期重叠，也不允许。假如终端没有发起信道占用，仅共享基站发起的信道占用，则终端只需要履行作为响应设备的义务，即不允许在基站发起信道占用对应的固定帧周期的空闲周期内发送数据，在该情况下，终端不需要关注传输是否会与终端的某个固定帧周期对应的空闲周期相冲突。终端在发起信道占用的情况下共享基站发起的信道占用，则需要同时履行终端作为发起设备和响应设备的义务。

如图3-7所示，终端和基站先后成功接入信道，若终端在发起信道占用之后共享了基站的信道占用时间，则不允许终端在深灰色区域内传输数据，因为终端需要履行作为发起设备的义务，不允许在自己的空闲周期内传输数据；同时也不允许终端在基站发起信道占用对应的基站固定帧周期的空闲周期内传输数据，因为终端需要履行作为响应设备的义务，在这种情况下，终端需要同时履行两个义务，即作为发起设备的义务和作为响应设备的义务。

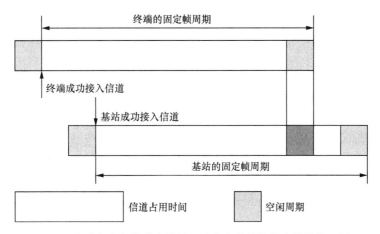

图3-7 终端在发起信道占用的同时共享基站的固定帧周期示例

假如一个上行传输突发或下行传输突发关联到终端发起的信道占用对应的固定帧周期，则具体情况如下。

（1）这个上行传输突发或下行传输突发需要在固定帧周期的空闲周期起始位置之前结束。

（2）在固定帧周期内，假如上行传输突发与之前任意的传输突发（含上行传输突发和下行传输突发）之间的发送间隔时间超过16μs，则在立即传输上行传输突发之前执行信道忙闲检测T_{s1}，且检测到信道为空闲后可以发送这个上行传输突发。

（3）在固定帧周期内，假如上行传输突发与之前任意的下行传输突发之间的发送间隔时间未超过16μs，则可以直接发送上行传输突发而不需要执行信道忙闲检测。

（4）在固定帧周期内，假如下行传输突发与之前任意的上行传输突发之间的发送间隔时间超过16μs，则在立即传输下行传输突发之前的一个25μs的间隔时间内执行信道忙闲检测T_{s1}，且检测到信道为空闲后可以发送这个下行传输突发；该规则同样隐含：在下行传输突发与之前任意的上行传输突发之间的间隔时间大于16μs情况下，间隔时间需要同时满足不小于25μs的要求，因为信道忙闲检测T_{s1}需要在一个25μs的间隔时间内执行。

（5）在固定帧周期内，假如下行传输突发与任意的之前的上行传输突发之间的发送间隔时间未超过16μs，则可以直接发送下行传输突发而不需要执行信道忙闲检测。

3. 配置上行传输关联的信道占用

若终端支持配置上行传输，则终端根据以下流程确定配置上行传输所关联的信道占用是由终端发起还是由基站发起。

假如配置上行传输发生在终端的固定帧周期的起始位置且在这个固定帧周期的空

闲周期之前结束，则以下流程用于配置这个上行传输关联的信道占用。

假如配置上行传输发生在基站的固定帧周期内并在基站固定帧周期的空闲周期之前结束，且假如终端已经确定基站在这个固定帧周期内成功发起信道占用，则终端假定配置上行传输关联到基站发起的信道占用，在该情况下，终端作为响应设备共享基站发起的信道占用发送配置上行传输；否则，终端假定配置上行传输关联到终端发起的信道占用，在该情况下，终端作为发起设备使用自己发起的信道占用发送配置上行传输。

如图3-8所示，对于示例1，终端在传输配置上行传输之前没有检测到下行传输，认为基站没有成功发起信道占用，因此，终端需要发起信道占用，在终端成功发起信道占用之后使用自己发起的信道占用发送配置上行传输；对于示例2，终端在发送配置上行传输之前收到了下行传输，认为基站已经成功发起信道占用，且配置上行传输在基站的固定帧周期的空闲周期之前结束，因此，终端作为响应设备通过共享基站发起的信道占用发送配置上行传输。

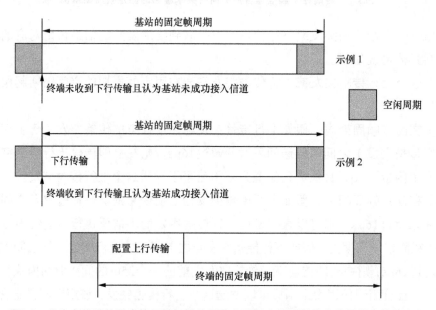

图3-8 发生在终端的固定帧周期起始位置且在该固定帧周期的空闲周期之前结束的配置上行传输的信道占用时间确定示例

假如配置上行传输发生在终端的固定帧周期的起始位置且与固定帧周期的空闲周期相冲突，则以下流程用于确定配置上行传输关联的信道占用。

假如配置上行传输发生在基站的固定帧周期内并在基站固定帧周期的空闲周期之前结束，且假如终端已经确定基站在这个固定帧周期内成功发起信道占用，则终端假定配置上行传输关联到基站发起的信道占用，在该情况下，终端作为响应设备共享基站发起的信道占用发送配置上行传输；否则，终端假定配置上行传输关联到终端发起的信道占用，在该情况下，终端将丢弃配置上行传输。

如图3-9所示，由于配置上行传输的长度大于终端固定帧周期的信道占用时间，因此，在终端固定帧周期起始位置发送配置上行传输的情况下，配置上行传输与终端固定帧周期的空闲周期重叠，导致配置上行传输不能通过终端发起的信道占用进行发送。对应示例1，由于终端在发送配置上行传输之前没有检测到下行传输，因此，终端不能共享基站发起的信道占用发送配置上行传输，且由于终端不能使用自己的信道占用时间发送配置上行传输，终端只能丢弃配置上行传输。对应示例2，由于终端在发送配置上行传输之前接收到下行传输，认为基站成功发起信道占用，且配置上行传输在基站的空闲周期之前结束，因此，终端作为响应设备通过共享基站发起的信道占用发送配置上行传输。

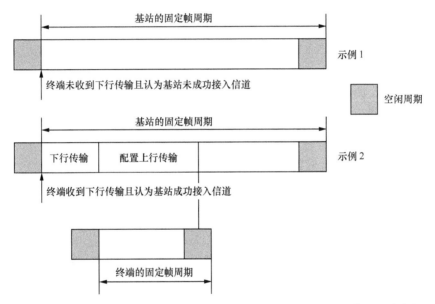

图3-9　发生在终端固定帧周期起始位置且在该固定帧周期的空闲周期之后结束的配置上行传输的信道占用时间确定示例

假如配置上行传输发生在终端固定帧周期的起始位置之后且在固定帧周期的空闲周期之前结束，则以下流程用于确定配置上行传输关联的信道占用。

（1）假如终端在这个固定帧周期内已经发起信道占用，则终端假定这个配置上行传输关联到终端自己发起的信道占用。

（2）假如终端在这个固定帧周期内没有发起信道占用、配置的上行传输发生在基站的固定帧周期内且在基站固定帧周期的空闲周期之前结束传输、终端已经确定基站在固定帧周期成功发起信道占用，则终端假定这个配置上行传输关联到基站发起的信道占用；否则，终端将丢弃配置上行传输。

如图3-10所示，在终端的配置上行传输发生在终端固定帧周期的起始位置之后的情况下，终端优先使用自己发起的信道占用发送配置上行传输，如示例1，终端在当前固定帧周期已经成功发起信道占用的情况下，如果配置上行传输与终端固定帧周期的空闲周期不重叠，则直接使用自己的信道占用时间发送配置上行传输；对于示例2，由于终端未成功发起信道占用且配置上行传输与终端固定帧周期的起始位置没有对齐，因此，配置上行传输不能通过终端发起的信道占用发送。在同时出现示例2和示例3的情况下，由于终端没有可以使用的空闲信道，因此，配置上行传输将被丢弃；在同时出现示例2和示例4的情况下，终端作为响应设备共享基站发起的信道占用发送配置上行传输。

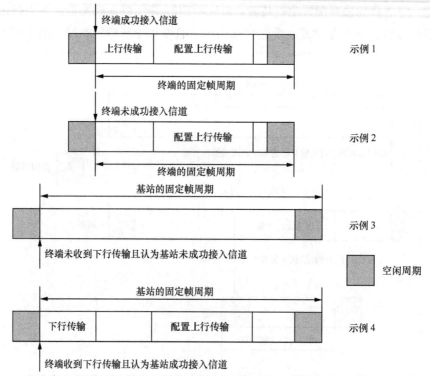

图3-10 发生在终端固定帧周期起始位置之后且在该固定帧周期的空闲周期之后结束的配置上行传输的信道占用时间确定示例

假如配置上行传输发生在终端固定帧周期的起始位置之后且与固定帧周期的空闲周期冲突，则以下流程用于确定配置上行传输关联的信道占用。

（1）假如终端在固定帧周期内没有发起信道占用、配置的上行传输发生在基站的固定帧周期内且在基站固定帧周期的空闲周期之前结束、终端已经确定基站在固定帧周期内成功发起信道占用，则终端假定所述配置上行传输关联到基站发起的信道占用；假如终端在固定帧周期内没有发起信道占用，且不满足以下任一条件：配置的上行传输发生在基站的固定帧周期内且在基站固定帧周期的空闲周期之前结束、终端已经确定基站在固定帧周期内成功发起信道占用，则终端丢弃配置上行传输。

（2）假如终端在固定帧周期内发起信道占用，则终端丢弃配置上行传输。

如图3-11所示，在终端的配置上行传输发生在终端固定帧周期的起始位置之后的情况下，终端仍然优先使用自己的信道占用时间传输配置上行传输，但由于配置上行传输与终端固定帧周期的空闲周期重叠，在终端已经发起信道占用的情况下，终端只能丢弃所述配置上行传输，对应示例1；对于示例2，由于终端未成功接入信道且配置上行传输与终端固定帧周期的起始位置没有对齐，因此，配置上行传输不能通过终端固定帧周期的信道占用时间传输；在同时出现示例2和示例3的情况下，由于终端没有可以使用的空闲信道，因此，配置上行传输将被丢弃；在同时出现示例2和示例4的情况下，终端作为响应设备共享基站发起的信道占用传输配置上行传输。

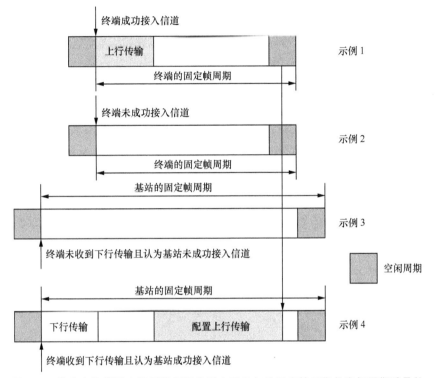

图3-11　发生在终端固定帧周期起始位置之后且与该固定帧周期的空闲周期重叠的配置上行传输的信道占用时间确定示例

假如配置上行传输是一个PUSCH重复类型B的PUSCH且这个PUSCH与终端固定帧周期或者基站固定帧周期的空闲周期不重叠，则前面所描述的流程都可以应用于名义重复，其中，PUSCH重复类型B是一个时隙内可以包含多个PUSCH重复的类型，名义重复指配置的时域资源对应的PUSCH重复，名义重复可以被时隙边界等拆分为多于一个实际重复。PUSCH重复类型B和名义重复的具体定义可以参考文献[6]。

假如配置上行传输是一个PUSCH重复类型B的PUSCH且这个PUSCH与终端固定帧周期或者基站固定帧周期的空闲周期重叠，则以下规则适用于确定相应名义重复关联的信道占用。

（1）假如配置上行传输在终端固定帧周期的起始位置开始发送且同时包含在一个基站的固定帧周期内，那么：

① 假如终端已经确定基站在基站的固定帧周期内发起信道占用，则终端假定配置上行传输关联到基站发起的信道占用。

② 假如终端未确定基站在基站的固定帧周期内发起信道占用，则终端假定配置上行传输关联到终端发起的信道占用。

（2）假如配置上行传输在终端固定帧周期的起始位置之后开始发送且同时包含在一个基站的固定帧周期内，那么：

① 假如终端已经在终端的固定帧周期内发起信道占用，则终端假定配置上行传输关联到终端发起的信道占用。

② 假如终端在终端的固定帧周期内未发起信道占用且已经确定基站在基站的固定帧周期内发起信道占用，则终端假定配置上行传输关联到基站发起的信道占用；否则，终端丢弃配置上行传输。

如图3-12所示，假如配置上行传输与终端固定帧周期的空闲周期重叠，且配置上行传输在终端固定帧周期的起始位置之后开始传输：（1）对应示例2，假如基站已经成功发起信道占用，则配置上行传输共享基站发起的信道占用传输整个名义重复；（2）在同时出现示例1和示例4的情况下，配置上行传输通过终端自己发起的信道占用发送，但由于配置上行传输（名义重复）与终端固定帧周期的空闲周期重叠，因此，只能发送部分名义重复，即实际的发送与示例2的存在差异；（3）如果示例3和示例4同时出现，则配置上行传输会因为无可用资源用于发送而被丢弃。

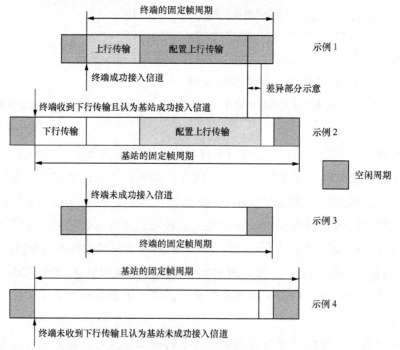

图3-12 发生在终端固定帧周期起始位置之后且与该固定帧周期的空闲周期重叠的配置名义传输的信道占用时间确定示例

4. 调度上行传输关联的信道占用

对于一个DCI调度的上行传输，调度DCI会指示上行传输对应的信道接入参数。基于调度DCI，终端可以确定调度的上行传输关联的信道占用是由基站发起还是由终端自己发起的，同时可以确定是否需要检测信道空闲和发送CPE。

（1）周期内的调度上行传输

周期内的调度上行传输指的是相应的调度DCI与调度上行传输属于基站的同一个固定帧周期。如图3-13所示，DCI-1和PUSCH-1同属于基站FFP-1，PUSCH-1属于周期内的调度上行传输；DCI-2属于基站FFP-1，但PUSCH-2属于基站FFP-2，所以PUSCH-2不属于周期内的调度上行传输，而属于跨周期的调度上行传输。

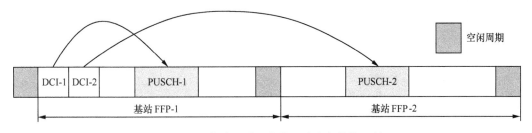

图3-13　周期内和跨周期的调度上行传输示例

若终端被指示调度上行传输关联到一个基站发起的信道占用，且终端被指示执行调度上行传输不需要检测信道是否空闲，则终端发送调度上行传输而不需要执行信道忙闲检测，且终端根据文献[7]确定是否应用CPE。

若终端被指示调度上行传输关联到一个基站发起的信道占用，且终端被指示执行调度上行传输前需要执行信道忙闲检测，假如终端确定上行传输与之前的传输（包括上行传输和下行传输）之间的发送间隔时间不超过16μs，则终端不需要执行信道忙闲检测即可发送所述上行传输；否则，在发送上行传输之前的一个25μs的间隔时间内执行信道忙闲检测T_{s1}，且检测到信道为空闲后再发送所述上行传输。类似的，该规则同样隐含：在上行传输与之前的传输之间的发送间隔时间大于16μs的情况下，间隔时间需要同时满足不小于25μs的要求，因为信道忙闲检测T_{s1}需要在一个25μs的间隔时间内执行。

若终端被指示调度上行传输关联到终端自己发起的信道占用，那么：

① 若上行传输发生在终端固定帧周期的起始位置，则终端在上行传输之前需要执行信道忙闲检测T_{s1}，且检测到信道为空闲后发送上行传输；否则，上行传输将会被丢弃；

② 若上行传输发生在终端固定帧周期的起始位置之后：

A. 假如终端在固定帧周期内没有发起信道占用，则终端需要丢弃上行传输；

B. 假如终端在固定帧周期内已经发起信道占用：

a. 假如终端确定这个上行传输与之前的传输之间的发送间隔时间未超过16μs，则终端不需要执行信道忙闲检测即可传输上行传输；

b. 假如终端确定上行传输与之前的传输之间的发送间隔时间超过16μs，则终端在上行传输之前需要执行信道忙闲检测T_{s1}，且检测到信道为空闲后发送上行传输；否则，上行传输将会被丢弃。

（2）跨周期的调度上行传输

跨周期的调度上行传输指的是调度DCI与调度上行传输不属于基站的同一个固定帧周期，如图3-13中的DCI-2调度的PUSCH-2就属于跨周期的调度上行传输。

若终端被指示调度上行传输关联到基站发起的信道占用，且终端被指示执行调度上行传输而不需要检测信道是否空闲，假如调度上行传输在基站的固定帧周期之后开始，在基站固定帧周期的空闲周期之前结束，并且终端已经确定基站在固定帧周期内发起信道占用，则终端发送调度上行传输而不需要执行信道忙闲检测，如果CPE可用，终端还可以发送CPE；否则，终端将丢弃调度上行传输。

若终端被指示调度上行传输关联到基站发起的信道占用，且在发送调度上行传输之前需要检测信道是否空闲，那么：

① 假如调度上行传输在基站的固定帧周期之后开始，在基站固定帧周期的空闲周期之前结束，且终端已经确定基站在固定帧周期内发起信道占用。

A. 假如终端确定上行传输与之前的传输之间的间隔时间至多为16μs，则终端不需要执行信道忙闲检测即可发送所述上行传输；

B. 假如终端确定上行传输与之前的传输之间的间隔时间超过16μs，则在上行传输之前的一个25μs的间隔时间内执行信道忙闲检测T_{s1}且检测到信道为空闲后发送所述上行传输；否则丢弃调度上行传输。

② 假如调度上行传输不在基站的固定帧周期的信道占用时间内，或者调度上行传输在基站固定帧周期的信道占用时间内，且终端未确定基站在固定帧周期内发起信道占用，则终端丢弃调度上行传输。

若终端被指示调度上行传输关联到终端自己发起的信道占用，那么：

① 若上行传输发生在终端固定帧周期的起始位置，则终端在上行传输之前需要执行信道忙闲检测T_{s1}，且检测到信道为空闲后发送上行传输；否则，上行传输将会被丢弃；

② 若上行传输发生在终端固定帧周期的起始位置之后，且上行传输在固定帧周期的空闲周期之前结束：

A. 终端在固定帧周期内已经发起信道占用：

a. 假如终端确定上行传输与之前的传输之间的发送间隔时间超过16μs，则终端在上行传输之前需要执行信道忙闲检测T_{s1}，且检测到信道为空闲后发送上行传输；否则，上行传输将会被丢弃；

b. 假如终端确定上行传输与之前的传输之间的发送间隔时间未超过16μs，则终端不需要执行信道忙闲检测即可发送上行传输。

　　B. 终端在固定帧周期内未发起信道占用，则终端需要丢弃上行传输。

3.3.3 上行传输流程

　　对于FBE模式，连续的上行调度传输适用以下信道接入规则。

　　假如终端被基站调度发送一个上行传输集合，上行传输集合包含PUSCH或SRS符号，则终端在接入信道发送完首个上行传输之后剩余的上行传输不能应用CPE。

　　假如终端被基站调度发送一个连续的上行传输集合、上行传输集合中的上行传输之间没有间隔，且终端在接入信道之后发送该上行传输集合中的一个上行传输，若在该上行传输集合中还存在其他上行传输，则终端可以继续发送该上行传输集合中剩余的上行传输；该上行传输集合包括一个或多个上行授权调度的PUSCH，和/或一个或多个上行授权调度的PUCCH，和/或一个或多个上行授权调度的SRS。如图3-14所示，PUSCH-1、PUSCH-2、PUSCH-3和PUSCH-4为连续传输，在相邻的PUSCH之间没有间隔，假如在传输PUSCH-1的时候终端没有成功接入信道，在传输PUSCH-2的时候成功接入信道，则在进行PUSCH-2传输之后，可以继续传输PUSCH-3和PUSCH-4，PUSCH-1由于没有成功接入信道而被丢弃。

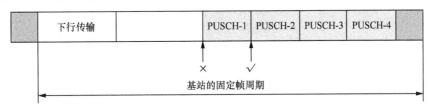

图3-14　连续传输相关的示例

　　对于FBE模式，若终端支持自己发起信道占用，即终端假定将一个上行传输突发中的任何调度或配置上行传输关联到同一个信道占用，则该信道占用可能是由终端发起的，也可能是由基站发起的，即同一个上行传输突发对应的所有上行传输只能关联到同一个信道占用；假如终端被DCI调度发送多个上行传输，则终端假定将DCI调度中指示的关联信道占用信息应用于DCI调度的所有上行传输。

3.3.4 多信道的信道接入

　　对于FBE模式，假如基站/终端准备在一个信道集合C上发送数据，且在信道集合C的相同位置发送这个数据，基站/终端需要在信道集合C的每个信道c_i执行信道接入。以下规则适用于带宽中一个信道上的数据传输。

　　（1）假如这个数据是一个上行传输，且终端接入载波带宽内的信道集合C的任意信道失败，则终端不能在载波带宽内的信道集合C中的信道上发送上行传输，信道集合C中的信道为终端被调度或者配置上行传输的上行资源对应的信道。

（2）假如这个数据是一个上行传输，终端没有在上行带宽部分配置小区内的保护带（参考文献[6]对应的描述）且终端在上行带宽内的任意信道接入失败，则终端不会在载波带宽内的信道上发送上行传输。这条规则与上一条规则的主要区别是参考的信道范围不一样，上一条规则参考的信道范围属于上行传输对应的信道，而本条规则对应的是载波带宽内的任意信道。

（3）假如这个数据是一个PUSCH传输重复类型B的名义重复，终端确定PUSCH传输重复类型B的名义重复对于所有信道均没有关联到同一个信道占用，且名义重复与终端固定帧周期的空闲周期和/或基站的固定帧周期的空闲周期重叠，则这个数据将被丢弃。

（4）假如这个数据是一个下行传输，基站没有在下行带宽部分配置小区内的保护带，且基站在下行带宽内的任意信道均接入失败，则基站不会在这个载波带宽内的信道上发送这个下行传输。

(((•))) 3.4 高频信道接入流程

在高频，即在FR2-2（52.6～71GHz）中的非授权频段，若管制规则要求基站在传输数据之前先检测信道的可用性或者基站指示终端在传输数据之前先执行信道接入流程来检测信道的可用性，则基站/终端需要在传输数据之前执行本小节所述的信道接入流程。

当基站/终端为发送上行或下行数据而检测一个信道的可用性时，检测的信道至少应该包括用于上行或下行传输的激活BWP。这一点与低频（5GHz/6GHz非授权频段）信道接入流程有区别，低频需要在包含上行或下行传输的RB集合对应的LBT信道上执行信道接入流程。

在高频信道接入流程中，在需要执行信道忙闲检测的情况下，基本检测单元或检测时隙T_{s1}为5μs。若基站/终端在检测时隙T_{s1}内检测到的能量低于能量检测门限，则认为信道是空闲的；否则，基站/终端认为信道是被占用的。

在一个上行或下行传输突发中，可能存在一系列上行或下行传输，相邻两个传输之间的最大间隔时间为8μs。若传输间隔时间小于或等于8μs，应该将间隔时间的长度计算到信道占用时间中。反之，如果相邻两个传输之间的间隔时间大于8μs，则可以认为这两个传输分属于两个不同的上行或下行传输突发。

不同于低频信道接入，高频信道接入引入了定向信道接入流程，也可以称为定向LBT。定向LBT可以简单理解为基于波束的LBT，只需要在某一个波束方向上检测信道是否空闲，如果信道空闲，设备就可以在该波束方向上占用信道传输数据；否则在该波束方向上，设备是不允许占用信道资源传输数据的。设备可以根据配置和能力上报等信息确认是否支持定向LBT功能。如果终端指示其具备波束对应能力并且不进行上行波束扫描，那么检测波束即为发送波束。

如果在一次信道占用中，不同波束上的多个传输在空域复用发送，则基站/终端可以执行以下信道检测流程。

（1）在信道占用之前执行单个宽波束方向上的Type 1信道接入流程，该宽波束可以覆盖信道占用中所有传输的波束。对比信道占用中的单个传输的波束，上述检测的单个宽波束是一个较宽的波束。接入信道之后，在信道占用中可以进行不同波束方向上的数据传输。

（2）在信道占用之前在每个检测波束方向上同时执行Type 1信道接入流程，每个检测波束均覆盖信道占用中的一个发送波束。接入信道之后，在信道占用中可以进行不同波束方向上的数据传输。

如果在一次信道占用中，不同波束上的多个传输在时域复用发送，则基站/终端可以执行以下信道检测流程。

（1）在信道占用之前执行单个宽波束方向上的Type 1信道接入流程，该宽波束可以覆盖信道占用中所有传输的波束。在执行Type 1信道接入流程之后，再执行Type 3信道接入流程，才可以进行不同波束方向上的数据传输。

（2）在信道占用之前，在每个检测波束方向上同时执行Type 1信道接入流程。在执行Type 1信道接入流程之后，再执行Type 3信道接入流程，或者在切换到信道占用中的不同波束之前再执行Type 2信道接入流程，才可以进行不同波束方向上的传输。

当终端被调度一组连续的上行传输时，对于彼此之间没有间隔的任意连续上行传输，终端不期望被指示不同的信道接入类型。此外，如果终端没能在最后一个传输之前根据Type 1信道接入流程或者Type 2信道接入流程接入信道，则终端应该根据调度DCI指示的信道接入类型尝试发送下一个传输。如果终端被调度发送一组连续无间隔的上行传输且终端在根据Type 1信道接入流程、Type 2信道接入流程或Type 3信道接入流程接入信道后已发送了该组中一个被调度的上行传输，则终端可以继续发送剩余的上行传输，其中的上行传输包括PUSCH、PUCCH或SRS，可以是一个DCI调度的上行传输，也可以是多个DCI调度的上行传输。

3.4.1 Type 1/2/3信道接入流程

1. Type 1信道接入流程

高频Type 1信道接入机制也可以被称为Category 3 LBT（Cat 3 LBT）。高频Type 1

信道接入流程与低频Type 1信道接入流程类似,执行时间长度是一个随机值,不同点在于高频Type 1信道接入是基于固定竞争窗的信道接入类型,而低频Type 1信道接入是基于可调竞争窗的信道接入类型,该区别反映在Type 1信道接入流程的步骤1。

基站/终端在第一次延迟期T_d内检测到信道空闲且在Type 1信道接入流程的步骤4中的计数器$N=0$之后,可以发送下行或者上行数据。Type 1信道接入流程如图3-15所示,具体步骤如下。

步骤1:设$N=N_{init}$,其中,N_{init}是一个服从$0 \sim CW$均匀分布的随机值,执行步骤4。

步骤2:如果$N > 0$,基站或者终端选择递减计数器,设定$N = N-1$。

步骤3:在额外的检测时隙T_{s1}内检测信道,如果在该T_{s1}中检测到信道为空闲,则执行步骤4;否则,执行步骤5。

步骤4:如果$N = 0$,则停止流程;否则,执行步骤2。

步骤5:检测信道,直到在一个额外的T_d内检测到一个T_{s1}为信道忙,或者在该额外的T_d内检测到所有的T_{s1}均为信道空闲,则执行步骤6。

步骤6:如果在上述额外的T_d内检测到所有的T_{s1}均为信道空闲,则执行步骤4;否则,执行步骤5。

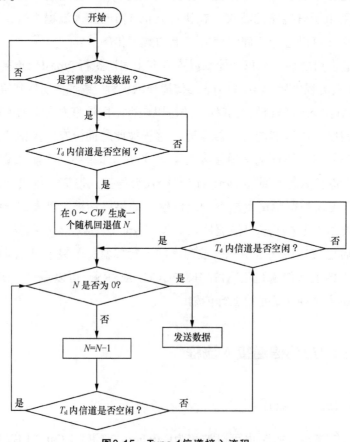

图3-15 Type 1信道接入流程

如果基站/终端在上面的步骤4（$N=0$）之后没有立即发送数据，则在发送数据之前，至少需要保证在一个T_{s1}内检测到信道空闲。如果检测到信道为非空闲状态，则基站/终端需要在一个T_d内检测到信道空闲之后再开始执行步骤1，即重新执行Type 1信道接入流程。对比低频和高频对数据没有立即发送的信道接入要求可以发现，高频信道接入的要求更低。

在上述Type 1信道接入流程中，CW是竞争窗大小，$CW=3$；$T_d=8\mu s$，T_d的最后$5\mu s$为一个T_{s1}，用于执行至少一次信道检测来确定信道是否空闲，标准对$5\mu s$中的信道忙闲检测时长和位置并没有具体的规定，取决于实现。基站/终端占用信道的最大时长为5ms，即最大信道占用时间为5ms。

在上报信道接入能力之前，终端可以被指示应用Type 1信道接入流程来发送上行数据。如果终端不具备执行Type 1信道接入流程的能力，则会丢弃该上行数据。

2. Type 2信道接入流程

Type 2信道接入流程的执行时间长度是一个确定值，该流程用于基站/终端在发送下行或上行数据之前确定信道是否空闲。

基站/终端可能会在执行一个T_d的信道忙闲检测之后立即发送数据，T_d的最后$5\mu s$为一个T_{s1}，用于执行至少一次信道检测来确定信道是否空闲。

在上报信道接入能力之前，终端不期望被指示应用Type 2信道接入流程来发送上行数据。

3. Type 3信道接入流程

对于Type 3信道接入，基站/终端不需要执行信道忙闲检测就可以发送数据。Type 3信道接入流程一般适用于信道占用时间内发送上行或下行传输，该信道占用时间通常通过Type 1信道接入流程来获取，Type 3供信道占用时间内满足间隔要求的传输使用。具体可以参考3.4.2节中的内容。

3.4.2　共享信道接入

如果基站/终端按照Type 1信道接入流程在一个信道上发起信道占用，在最大信道占用时间内，基站/终端发送DL/UL传输之后，后续终端/基站可能存在继续在信道占用时间内发送相反方向的UL/DL数据的需求。对于此类UL/DL传输，信道接入流程存在如下约束。

（1）UL/DL传输对应的发送带宽应该在发起信道占用对应的DL/UL BWP内。

（2）无论UL/DL传输与之前的DL/UL传输之间的发送间隔时间是多少，UL/DL传输都可以在Type 3信道接入流程之后开始。

（3）如果UL/DL传输与之前的DL/UL传输之间的发送间隔时间大于一个门限值，则在Type 2信道接入流程之后开始发送UL/DL传输；否则，所述UL/DL传输在Type 3

信道接入流程之后开始发送，上述门限值由基站确定，且至少为8μs。

如果基站按照Type 1信道接入流程在一个信道上发起信道占用，在最大信道占用时间内发送DL传输后，基站可能需要在信道占用时间内继续进行DL传输。对于后续的DL传输，信道接入流程存在如下约束。

（1）无论DL传输与之前DL传输之间的发送间隔时间是多少，DL传输都可以在Type 3信道接入流程之后开始发送；

（2）如果DL传输和之前的DL传输之间的发送间隔时间超过一个门限值，则DL传输在Type 2信道接入流程之后开始发送，上述门限值由基站确定，且至少为8μs。

如果基站共享终端按照Type 1信道接入流程发起的信道占用，则基站可以在终端UL传输或者配置PUSCH传输之后进行DL传输，但是需要满足基站发送的DL数据必须包含发送给发起信道占用的终端的数据的条件。DL数据可以包含非单播和/或单播传输，其中包含用户面数据的任意一个单播传输只能发送给发起信道占用的终端。

3.4.3 忙闲检测豁免传输

一些地区要求设备在传输之前必须进行信道忙闲检测，同时法规又允许传输短控制信令时可以豁免上述要求。在这些地区基站或者终端可以在不检测信道是否空闲的情况下传输以下信号。

（1）基站发送的发现突发，即发现参考信号。

（2）终端在随机接入流程中的第一个消息（在高层不配置信道检测的情况下），如Msg 1或Msg A。

当基站或者终端使用以上空闲检测豁免进行短控制信令传输时，每100ms内的总传输时间也是有限制的，不得超过10ms。

虽然ETSI在低频5GHz非授权频段规范中同样允许短控制信令豁免这一特殊传输方式（可参考2.2.1节），但是5G NR-U在低频不支持该功能，仅在高频60GHz非授权频段支持该功能。

3.4.4 多信道及多波束的信道接入

对于多信道接入，高频仅支持Type A信道接入机制，即基站/终端在每个信道上独立执行3.4.1节中描述的Type 1信道接入流程。高频不支持Type B多信道接入机制的主要原因如下。首先，与低频不同，ETSI EN 302 567并没有支持Type B多信道接入机制或类似的多信道接入机制；其次，确定主信道会导致设备产生额外的复杂性；最后，一旦主信道执行Type 1信道接入流程失败，其他辅信道均无法使用。

具体来说，当基站/终端打算在一组信道集合C上同时开始数据传输时，高频支持的多信道接入机制包括如下内容。

（1）每次要获取信道占用时间时，基站/终端重新初始化每个信道$c_i \in C$对应的随机回退计数器N。

（2）对于每个信道$c_i \in C$，步骤（1）中的随机回退计数器N独立初始化。

（3）对于每个信道$c_i \in C$，随机回退计数器N独立执行递减过程。

（4）C中所有信道上的信道占用时间在开始时需要对齐。

（5）为获取一个新的信道占用时间，C中每个信道所需要执行的Type 1信道接入流程应在前一个信道占用时间结束后开始。

对于多波束信道接入，高频采用的信道接入机制与Type A多信道接入机制类似。每次基站/终端要获取信道占用时间时，基站/终端按照波束执行独立的LBT忙闲检测，具体包括如下内容。

（1）每个感知波束独立执行Type 1信道接入流程。

（2）基站/终端重新初始化每个波束上相应的随机回退计数器N。

（3）在每个波束上，步骤（1）中的随机回退计数器N独立初始化。

（4）在每个波束上，随机回退计数器N独立执行递减过程。

（5）所有波束上的信道占用时间在开始时刻应对齐。

（6）为获取一个新的信道占用时间，每个波束所需要执行的Type 1信道接入流程应在前一个信道占用时间结束后开始。

3.4.5 能量检测门限

基站/终端在接入信道的时候，应该设定一个能量检测门限X_{Thresh}，X_{Thresh}应该不大于$X_{\text{Thresh\_max}}$，$X_{\text{Thresh\_max}}$根据式（3-1）确定。

$$X_{\text{Thresh\_max}} = -80 + P_{\text{max}} - P_{\text{out}} + 10\lg(BW) \qquad （3-1）$$

其中，P_{max}是射频输出功率上限，单位是dBm；P_{out}是发起信道占用的基站/终端在信道占用过程中用于传输的最大EIRP限制，单位是dBm，且$P_{\text{out}} \leqslant P_{\text{max}}$。$BW$是信道带宽，单位是MHz。

((·)) 参考文献

[1] ETSI EN 301 893 V2.1.1. Harmonized European Standard, 5GHz High Performance

RLAN.

[2] 3GPP R1-2110653. Summary#6-Enhancements for IIoT/URLLC on Unlicensed Band. Moderator.

[3] 3GPP TS 37.213. Physical Layer Procedures for Shared Spectrum Channel Access.

[4] 3GPP TS 38.300. NR; NR and NG-RAN Overall Description.

[5] 3GPP TS 38.213. Physical Layer Procedures for Control.

[6] 3GPP TS 38.214. NR; Physical Layer Procedures for Data.

[7] 3GPP TS 38.211.NR; Physical Channels and Modulations.

[8] 3GPP R1-2007391. Summary#5 on Enhancements for Unlicensed Band URLLC/IIoT for R17. Moderator.

[9] 3GPP R1-2009781. Summary#4 on Enhancements for URLLC/IIoT on Unlicensed Band. Moderator.

[10] 3GPP R1-2102175. Summary#6-URLLC/IIoT Operation on Unlicensed Band. Moderator.

[11] 3GPP R1-2103960. Summary#5-Enhancements for IIoT/URLLC on Unlicensed Band. Moderator.

[12] 3GPP R1-2106048. Summary#5-Enhancements for IIoT/URLLC on Unlicensed Band. Moderator.

[13] 3GPP R1-2108304. Summary#4-Enhancements for IIoT/URLLC on Unlicensed Band. Moderator.

[14] 3GPP R1-2112549. Summary#5-Enhancements for IIoT/URLLC on Unlicensed Band. Moderator.

[15] 3GPP R1-2200694. Summary#4-Enhancements for IIoT/URLLC on Unlicensed Band. Moderator.

[16] 3GPP R1-2202537. Summary#1-Enhancements for IIoT/URLLC on Unlicensed Band. Moderator.

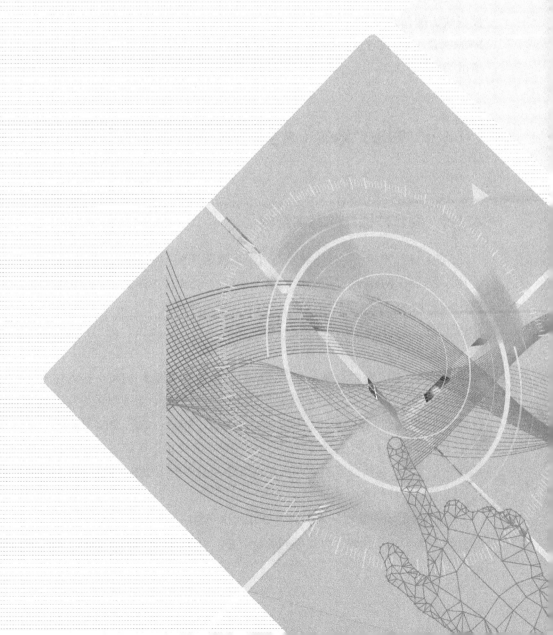

第4章

5G NR-U初始接入设计

UE获取5G服务的第一步是执行小区搜索，它通过小区搜索过程获得小区标识（Cell ID）、频率同步和下行时间同步。小区搜索过程涉及主同步信号、辅同步信号以及物理广播信道的检测和获取，上述信号和信道的联合信号在5G中被称为同步信号/物理广播信道块（SSB），简称同步广播块。在成功解码物理广播信道之后，UE就完成了小区搜索和下行时间同步过程。第二步，UE会通过接收系统信息块1（SIB1）来获得随机接入信道的配置信息，从而对小区发起随机接入，建立起与网络的RRC。SIB1由下行控制信道调度，并通过下行共享信道来承载发送。另外，无线资源管理（RRM）测量是UE评估小区信号质量、确定是否接入小区、在接入小区之后辅助网络进行调度决策和移动性管理的重要依据。无线链路监测（RLM）是UE持续监测和评估服务小区的无线链路质量的重要手段。

5G NR-U在NR授权频谱初始接入设计的基础之上，结合非授权频谱的特性，对NR授权频谱的初始接入设计进行了增强，包括初始接入信号与信道、初始接入过程以及RRM测量/RLM过程等的增强。本章重点介绍5G NR-U初始接入设计相对于NR授权频谱的增强。

((·)) 4.1 同步广播块（SSB）

4.1.1 同步广播块的基本结构

UE要接入5G网络，首先需要通过小区搜索来获得小区标识和时频同步。为了实现上述操作，5G NR定义了一个新的参考信号——SSB。SSB是由主同步信号（PSS）、辅同步信号（SSS）、物理广播信道（PBCH）及其解调参考信号（DMRS）组合而成的[1]。UE可以通过检测SSB中的3种信号与信道来执行小区搜索，并且基于其中的SSS进行RRM测量和RLM。

在LTE后期演进中，很多公司在推动LTE LAA双连接（DC）接入模式立项时，也曾提出可以把PBCH与发现参考信号（DRS）进行绑定，组成新的发现参考信号。新的发现参考信号可以包括如下组成信号，即PSS、SSS、CRS、PBCH及可选的CSI-RS。但由于LTE LAA DC接入模式并没有在3GPP立项成功，后续也没有其他合适的议题来推动这个方案，最后并没有被写入LTE标准。5G NR中的SSB与上述新发现参考信号的设计思想是一脉相承的。

如图4-1所示，从时域来看，一个5G NR SSB由4个OFDM符号组成，在SSB内部编号分别为OFDM符号#0、#1、#2和#3。其中，OFDM符号#0发送PSS，OFDM符号#1和

OFDM符号#3发送PBCH及相应的DMRS，OFDM符号#2发送SSS、PBCH及相应的DMRS。

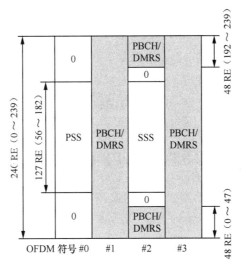

图4-1 SSB的组成信号和信道

从频域来看，一个5G SSB由20个RB或240个连续的子载波组成，在SSB内部编号为子载波#0～#239。参数k和l分别表示频域子载波和时域符号的序号。在图4-1和表4-1中，标记为"0"的资源元素上的复值为0。表4-1中的参数v由$v = N_{ID}^{cell} \bmod 4$得到[1]。

表4-1 SSB中PSS、SSS、PBCH及DMRS占用的资源

信道或信号	相对于SSB开始位置的OFDM符号序号l	相对于SSB开始位置的子载波序号k
PSS	0	56, 57, ···, 182
SSS	2	56, 57, ···, 182
"0"	0	0, 1, ···, 55, 183, 184, ···, 239
	2	48, 49, ···, 55, 183, 184, ···, 191
PBCH	1, 3	0, 1, ···, 239
	2	0, 1, ···, 47, 192, 193, ···, 239
DMRS	1, 3	$0+v, 4+v, 8+v, ···, 236+v$
	2	$0+v, 4+v, 8+v, ···, 44+v,$ $192+v, 196+v, ···, 236+v$

在LTE LAA时期，由于发现参考信号内部各组成信号之间时域的不连续性，在发送发现参考信号时，基站需要执行多次LBT，在此期间，基站有可能丢失非授权信道的使用权，因此，3GPP曾讨论设计一个内部各组成信号与信道之间连续的发现参考信号，但最终决定交给基站实现（例如，基站可以在组成信号之间的空白符号上发送一些无用信号）。从图4-1和表4-1中可以看出，Rel-15 NR SSB的组成信号和信道（PSS、SSS、PBCH、DMRS）在时域上是连续的，在频域上也是连续的。Rel-16/17 NR-U没

有必要改变SSB内部各组成信号和信道的相对时/频域位置。因此，Rel-16/17 NR-U SSB的基本结构与上述Rel-15 NR SSB相同，与图4-1和表4-1一致。

公共RB N_{CRB}^{SSB}中子载波0到SSB中子载波0的子载波偏移用参数k_{SSB}表示，其中N_{CRB}^{SSB}由高层参数offsetToPointA给出。k_{SSB}根据如下机制确定。

（1）对于FR2-2非授权频段的Rel-17 NR-U，以及授权频段（包括FR1、FR2-1和FR2-2）的信道接入，k_{SSB}的最低4比特由MIB中的高层参数ssb-SubcarrierOffset给出。对于FR1授权频段的SSB，k_{SSB}的另外的最高1比特由PBCH有效载荷中的$\bar{a}_{\bar{A}+5}$承载。需要注意的是，FR2频段的k_{SSB}只有4比特。

（2）对于FR1非授权频段的Rel-16 NR-U的信道接入，$\bar{k}_{SSB}$的最低4比特由MIB中的高层参数ssb-SubcarrierOffset给出，另外的最高1比特由PBCH有效载荷中的$\bar{a}_{\bar{A}+5}$承载。如果$\bar{k}_{SSB} \geqslant 24$，则$k_{SSB} = \bar{k}_{SSB}$；否则，$k_{SSB} = 2\lfloor \bar{k}_{SSB}/2 \rfloor$。

（3）如果没有提供高层参数ssb-SubcarrierOffset，则k_{SSB}由SSB和Point A之间的频率差得到。

FR2-2非授权频段的Rel-17 NR-U没有对MIB中的高层参数ssb-SubcarrierOffset所指示的4比特进行任何增强，与FR2-1/FR2-2授权频段操作相同，这4比特仍然都用来指示k_{SSB}。而FR1非授权频段的Rel-16 NR-U k_{SSB}之所以采取了不同于授权频段的计算方式，是因为在Rel-16 NR-U中，高层参数ssb-SubcarrierOffset的最低1比特被用来指示波束数目（或准共站址关系），不能再被用来指示k_{SSB}。因此，UE接收到高层参数ssb-SubcarrierOffset之后，在计算k_{SSB}时，假设其最低比特为0（假设$\bar{k}_{SSB}$的最低比特为0），因此Rel-16 NR-U中的k_{SSB}总是等于偶数个子载波。

对于SSB，还存在如下一些设计。

（1）端口：PSS、SSS、PBCH及DMRS使用的天线端口$p=4000$。

（2）基本参数：PSS、SSS、PBCH及DMRS使用相同的CP和子载波间隔。

（3）SSB类型及k_{SSB}：

① 对于SSB type A，$\mu \in \{0,1\}$、$k_{SSB} \in \{0,1,2,\cdots,23\}$。$k_{SSB}$和$N_{CRB}^{SSB}$都是用15kHz的子载波间隔来表示的。SSB type A用于FR1频段，包括Rel-16 NR-U在内；

② 对于FR2-1频段的SSB type B，$\mu \in \{3,4\}$、$k_{SSB} \in \{0,1,2,\cdots,11\}$。$k_{SSB}$按照高层参数subCarrierSpacingCommon中提供的子载波间隔来表示，而N_{CRB}^{SSB}按照60kHz的子载波间隔来表示。Rel-16 NR-U和Rel-17 NR-U均不工作在该频段，因此均不适用该条；

③ 对于FR2-2频段的SSB type B，$\mu \in \{3,5,6\}$、$k_{SSB} \in \{0,1,2,\cdots,11\}$。$k_{SSB}$用SSB的子载波间隔来表示，而$N_{CRB}^{SSB}$用60kHz的子载波间隔来表示。工作于FR2-2非授权频段的Rel-17 NR-U适用该设计。

在Rel-17 FR2-2中，CORESET#0的子载波间隔与关联的SSB的子载波间隔相同，原本在MIB中用于指示CORESET#0的子载波间隔的高层参数subCarrierSpacingCommon

被改作指示波束数目，因此这里k_{SSB}用SSB的子载波间隔来表示。

（4）准共站址：如果所发送的SSB具备相同的SSB序号，并且有相同的中心频率，那么UE可以认为这些SSB在多普勒扩展、多普勒偏移、平均增益、平均时延、时延扩展及可能的空间接收参数等方面是准共站址的。

4.1.2　同步广播块集合

当5G NR系统工作在毫米波频段的时候，往往需要使用波束赋形技术来提高小区的覆盖。与此同时，由于受到硬件条件的限制，基站往往不能同时发送覆盖整个小区的所有波束，因此，5G NR系统使用波束扫描技术来解决这一问题。

波束扫描是指基站在某一个时刻只发送一个或几个波束方向，通过多个时刻可以发送覆盖整个小区所需要的所有波束方向。同步广播块集合（SSB burst set）就是针对波束扫描而设计的，用于在多个时刻的波束方向上发送SSB，如图4-2所示（每个SSB对应一个波束方向）。当5G NR系统工作在低频，不需要使用波束扫描技术的时候，使用SSB集合仍然对提高小区覆盖有好处，这是因为终端在接收SSB集合内的多个时分复用的SSB时可以累积更多的能量[2, 3]。

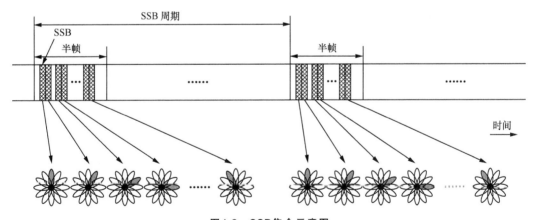

图4-2　SSB集合示意图

在5G NR系统中，一个SSB集合被限制在一个5ms的半帧内，并且从这个半帧的第一个时隙开始。Rel-15 NR授权频段一共支持5种SSB集合图样[4]，这些图样与当前系统工作的频段有关[4~6]。因为运营商的需求和推动，相对于Rel-15 NR早期版本，后续图样适用的频段有一定的变更。

非授权频段Rel-16 NR-U、Rel-17 NR-U SSB集合图样主要基于授权频段5种SSB集合图样进行设计和增强，并且也考虑了非授权频段的特性和需求。因此，在介绍Rel-16 NR-U、Rel-17 NR-U SSB集合图样之前，首先来回顾授权频段这5种SSB集合图样及设计考虑。

1. Rel-15 NR SSB集合

（1）SSB集合图样A

SSB集合图样A适用于15kHz的子载波间隔的SSB，如图4-3所示。

① 当载频小于或等于3GHz时，1个SSB集合包含4个SSB，占用半帧中前2个时隙（前2ms）。

② 当载频大于3GHz但仍位于FR1频段时，1个SSB集合包含8个SSB，占用半帧中前4个时隙（前4ms）。

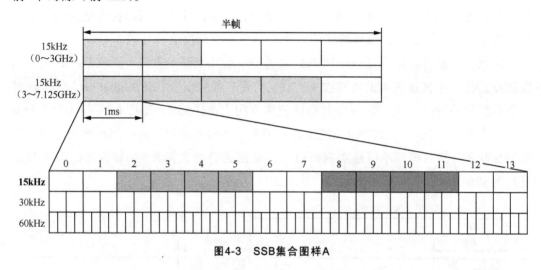

图4-3 SSB集合图样A

每个1ms的时隙包含2个SSB，这2个SSB在时隙中的起始符号分别为符号#2、符号#8。

SSB集合使用了非连续映射的方式，即SSB在时间上并不是连续映射到各个OFDM符号上的。1个时隙内的前2个OFDM符号（OFDM符号#0、OFDM符号#1）可以用于传输下行控制信道，后2个符号（OFDM符号#12、OFDM符号#13）可以用于传输上行控制信道（包括上行信号与下行信号之间的保护时间）。OFDM符号#6、符号#7不映射SSB的原因是为了考虑与30kHz的子载波间隔的共存，即符号#6对应2个30kHz的子载波间隔的OFDM符号可以用于传输上行控制信道（包括上行信号与下行信号之间的保护时间）;符号#7对应2个30kHz的子载波间隔的OFDM符号可以用于传输下行控制信道。这种设计可以保证无论数据及其相应的控制信道使用15kHz的子载波间隔还是30kHz的子载波间隔，都可以最大限度地减少SSB的传输对数据传输的影响。

（2）SSB集合图样B

SSB集合图样B适用于30kHz的子载波间隔的SSB，如图4-4所示。

① 当载频小于或等于3GHz时，1个SSB集合包含4个SSB，占用半帧中前2个时隙（前1ms）。

② 当载频大于3GHz但仍位于FR1频段时，1个SSB集合包含8个SSB，占用半帧中前4个时隙（前2ms）。

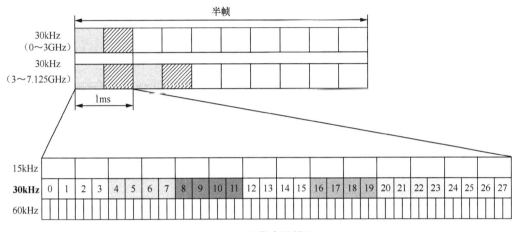

图4-4　SSB集合图样B

总长度为1ms的2个时隙包含4个SSB，这4个SSB在两个时隙（共28个符号）中的起始符号分别为符号#4、符号#8、符号#16（在单个时隙内序号为#2）、符号#20（在单个时隙内序号为#6）。

通过图4-4可以看到，在奇数、偶数时隙内，SSB所映射的符号是有区别的，其目的主要是与控制信道的资源进行合理复用，具体考虑如下。

① 偶数时隙的前4个30kHz的子载波间隔的OFDM符号对应2个15kHz的子载波间隔的OFDM符号。在30kHz的子载波间隔的SSB与15kHz的子载波间隔的数据信道或控制信道共存时，这2个OFDM符号可以用于传输下行控制信道。

② 奇数时隙的后4个30kHz的子载波间隔的OFDM符号对应2个15kHz的子载波间隔的OFDM符号。在30kHz的子载波间隔的SSB与15kHz的子载波间隔的数据信道或控制信道共存时，这2个OFDM符号可以用于传输上行控制信道（包括上行信号与下行信号之间的保护时间）。

③ 偶数时隙的后2个30kHz的子载波间隔的OFDM符号可以用于传输30kHz的子载波间隔的上行控制信道（包括上行信号与下行信号之间的保护时间）。

④ 奇数时隙的前2个30kHz的子载波间隔的OFDM符号可以用于传输30kHz的子载波间隔的下行控制信道。

（3）SSB集合图样C

SSB集合图样C适用于30kHz的子载波间隔的SSB，如图4-5所示。

① 对于成对频谱：

当载频小于或等于3GHz时，1个SSB集合包含4个SSB，占用半帧中前2个时隙（前1ms）；

当载频大于3GHz但仍位于FR1频段时，1个SSB集合包含8个SSB，占用半帧中前4个时隙（前2ms）。

② 对于非成对频谱：

当载频小于或等于1.88GHz时，1个SSB集合包含4个SSB，占用半帧中前2个时隙（前1ms）；

当载频大于1.88GHz但仍位于FR1频段时，1个SSB集合包含8个SSB，占用半帧中前4个时隙（前2ms）。

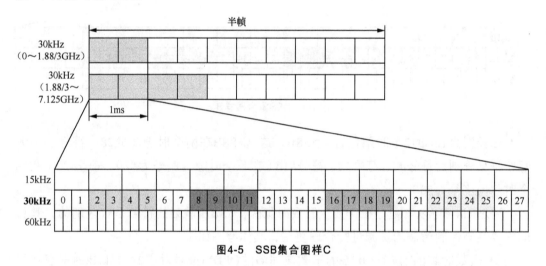

图4-5　SSB集合图样C

每个0.5ms的时隙包含2个SSB，这2个SSB在时隙中的起始符号分别为符号#2、符号#8。

实际上，SSB集合图样C的设计考虑与SSB集合图样A是相同的，主要考虑与相同子载波间隔、更大子载波间隔的信道与信号的共存。1个时隙内的前2个OFDM符号（OFDM符号#0、OFDM符号#1）可以用于传输下行控制信道，后两个符号（OFDM符号#12、OFDM符号#13）可以用于传输上行控制信道（包括上行信号与下行信号之间的保护时间）。符号#6、符合#7不映射SSB的原因是考虑到与60kHz的子载波间隔的共存，即符号#6对应2个60kHz的子载波间隔的OFDM符号可以用于传输上行控制信道（包括上行信号与下行信号之间的保护时间）；符号#7对应2个60kHz的子载波间隔的OFDM符号可以用于传输下行控制信道。这种设计可以保证无论数据及其相应的控制信道使用30kHz的子载波间隔还是60kHz的子载波间隔，都可以最大限度地降低SSB的传输对数据传输的影响。

（4）SSB集合图样D

SSB集合图样D适用于120kHz的子载波间隔的SSB，如图4-6所示。

使用SSB集合图样D的载频需要位于FR2-1频段中，1个SSB集合包含64个SSB，共占用32个时隙或16个时隙对。每个时隙包含2个SSB。每个时隙对包含2个时隙、4个SSB。4个时隙对为1组，每组之间间隔2个时隙（1个时隙对），这样4组SSB对就可以均匀地分布在1个5ms的半帧内。

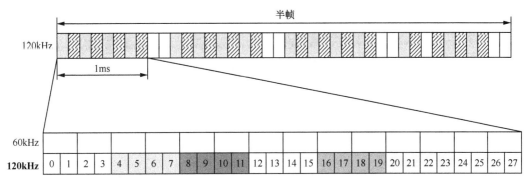

图4-6 SSB集合图样D

SSB集合图样D的1个时隙对中的4个SSB图样和SSB集合图样B实际上是相同的，这4个SSB在1个时隙对（2个时隙，共28个符号）中的起始符号分别为符号#4、符号#8、符号#16（在单个时隙内序号为#2）、符号#20（在单个时隙内序号为#6）。

当载波频率位于FR2-1频段时，数据信道及控制信道只可以使用60kHz或120kHz的子载波间隔。因此，只需要考虑SSB与60kHz或120kHz的子载波间隔的控制信道共存即可。SSB集合图样D的1个时隙对内的SSB的设计原则与SSB集合图样B相同，主要考虑与相同子载波间隔、更小子载波间隔的信道和信号的共存。

（5）SSB集合图样E

SSB集合图样E适用于240kHz的子载波间隔的SSB，如图4-7所示。

使用SSB集合图样E的载频需要位于FR2-1频段，1个SSB集合包含64个SSB，共占用32个时隙或8个时隙对。每个时隙对包含4个时隙、8个SSB。4个时隙对为1组，每组之间间隔4个时隙（1个时隙对）。

当载波频率位于FR2-1频段时，数据信道及控制信道只可以使用60kHz或120kHz的子载波间隔。因此，只需要考虑SSB集合图样E的SSB与60kHz或120kHz的子载波间隔的控制信道共存即可。SSB集合图样E的1个时隙对内的SSB的设计原则与SSB集合图样B或SSB集合图样D类似，主要考虑与更小的子载波间隔（60kHz和120kHz）的信道和信号的共存。但是，与SSB集合图样B或SSB集合图样D不同的是，SSB集合图样E不需要考虑与SSB子载波间隔（240kHz）相同的信道和信号的发送。

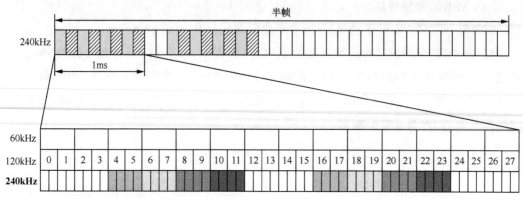

图4-7　SSB集合图样E

2. Rel-16 NR-U SSB集合

（1）时隙内的SSB集合图样

Rel-16 NR-U的工作频段为5GHz和6GHz非授权频段,这两个频段都隶属于NR的频率范围FR1（450MHz ~ 7.125GHz）,因此,3GPP主要基于上述Rel-15 NR SSB集合图样A、SSB集合图样B、SSB集合图样C这3种已有图样来考虑如何设计Rel-16 NR-U SSB集合图样。

Rel-16 NR-U SSB可以使用的子载波间隔与Rel-15 NR使用的子载波间隔相同,即15kHz和30kHz这两种。基站通过高层参数来配置SSB采用子载波间隔15kHz还是30kHz。如果高层没有配置SSB的子载波间隔,那么UE假设SSB采用的子载波间隔为30kHz。在标准的讨论过程中,曾有极少数公司建议引入新的SSB子载波间隔,即60kHz,但由于支持者较少,并且该方案会带来较大的标准化影响,因此并没有被引入Rel-16 NR-U。

在SSB集合图样A、SSB集合图样B、SSB集合图样C这3种图样中,SSB集合图样B首先被排除用于Rel-16 NR-U。排除的原因包括如下两方面。首先,SSB集合图样B在包含SSB的每个时隙内,同一时隙中的两个SSB之间没有间隙,对于Rel-16 NR-U来说,SSB之间需要留有一定的间隙,用于LBT侦听。其次,SSB集合图样B的设计思想主要是考虑30kHz的子载波间隔的SSB与15kHz的子载波间隔的控制信道的共存。例如,SSB集合图样B的偶数时隙的前4个OFDM符号对应2个15kHz的子载波间隔的OFDM符号,这2个OFDM符号可以用于传输下行控制信道。但是在Rel-16 NR-U中,Type-0 PDCCH与SSB采用相同的子载波间隔。

在标准的讨论过程中,对于Rel-16 NR-U SSB集合在时隙内的图样,有两个主要设计方案,如图4-8所示。

方案1：两个SSB分别位于时隙中的OFDM符号#2、#3、#4、#5和OFDM符号#8、#9、#10、#11中。

方案2：两个SSB分别位于时隙中的OFDM符号#2、#3、#4、#5和OFDM符号#9、#10、#11、#12中。

图4-8　Rel-16 NR-U SSB集合在时隙内的图样设计方案

方案1实际上是重用Rel-15 NR的SSB集合图样A和SSB集合图样C在时隙内的SSB集合图样。SSB集合图样A和SSB集合图样C在时隙内的SSB位置是相同的，只是对应的子载波间隔不同。方案1的优点是不需要额外的标准化。缺点是同一个时隙中两个SSB时域位置不对称，不利于按照半时隙结构进行操作，例如SSB的重发。另外，如果限定SSB、Type-0 PDCCH及SIB1（RMSI）位于同一个时隙中，那么方案1中的时隙内的第一个SSB相对应的SIB1可用的时频资源较少。

方案2采用的是一种新的SSB集合图样。在方案2中，时隙中的第一个SSB位置与方案1中的第一个SSB位置相同，第二个SSB位置相对于方案1中的第二个SSB位置后移了一个OFDM符号。方案2的优点是同一个时隙中的两个SSB的时域位置对称，有利于SSB或DRS按照半时隙结构进行操作。相比较于方案1，方案2中SSB对应的SIB1（RMSI）可用的时频资源相对较多，其缺点是需要修改标准，还需要考虑与短PUCCH、PRACH RO的联合发送问题。

Rel-16 NR-U标准化后期将SSB集合图样和Type-0 PDCCH检测图样放在一起讨论。由于各个厂家对上述两个方案哪个更合适一直争执不下，3GPP在RAN1 #97次会议决定不再讨论SSB和Type-0 PDCCH的图样问题，除非各厂家就此达成一致意见。尽管在后几次RAN1会议上，少数公司仍然坚持采用新的SSB图样，即采用上述方案2，但实际上，RAN1会议直到工作项目结束也未再讨论和进行决策，最终Rel-16 NR-U标准自然而然采用了方案1，即重用Rel-15 NR SSB集合图样A、SSB集合图样C中时隙内的SSB集合图样，两个SSB分别位于一个时隙中的OFDM符号#2、#3、#4、#5和OFDM符号#8、#9、#10、#11。

（2）半帧内的SSB集合图样

Rel-15 NR SSB集合图样包括SSB集合图样A、SSB集合图样B、SSB集合图样C、

SSB集合图样D、SSB集合图样E共5种类型，SSB集合图样A的子载波间隔为15kHz，SSB集合图样C的子载波间隔为30kHz。Rel-16 NR-U在一个时隙内的SSB集合图样与Rel-15 NR SSB集合图样A和SSB集合图样C相同。本节主要讨论Rel-16 NR-U在半帧窗内如何增加SSB的发送机会。

Rel-16 NR-U的工作频段为5GHz和6GHz非授权频段，隶属于FR1并且大于3GHz。在Rel-15 NR中，该频段可以支持在8个波束上发送SSB，即在一个半帧内，候选SSB位置有8个，每一个候选SSB位置实际上均对应一个波束。如图4-9所示，Rel-15 NR SSB集合图样A中的8个候选SSB占据了半帧的前4ms，而Rel-15 NR SSB集合图样C中的8个候选SSB占据了半帧的前2ms。SSB集合图样A和SSB集合图样C中的8个候选SSB编号都是#0～#7。

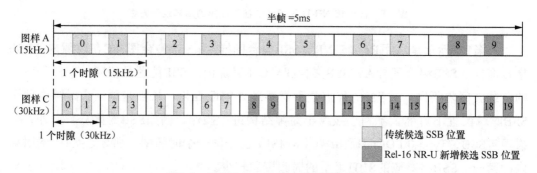

图4-9　半帧内Rel-16 NR-U SSB的发送

在非授权频谱通信中，基站在发送SSB之前需要执行LBT。如果LBT失败，会导致SSB在预设的发送位置上不能成功发出，这会影响UE执行初始接入和测量。特别是在Rel-15 NR中，每个波束在半帧内实际上只有一次发送SSB的机会。为了增加SSB在窗内的发送机会，Rel-16 NR-U考虑增加SSB集合的最大窗长和窗内候选SSB的位置。

Rel-15 NR SSB集合的最大窗长为半帧，即5ms。有一些公司认为可以增加窗长使得它大于5ms且小于10ms，然后在新长度的窗内再定义一些新的候选SSB位置。例如，将窗长增加到8ms，子载波间隔为15kHz的SSB集合图样A可以增加候选SSB位置到16个，而子载波间隔为30kHz的SSB集合图样C可以增加候选SSB位置到32个。因为窗长与测量间隔相关，更多的公司认为不宜扩大目前的最大窗长，因此，标准并没有接纳增加窗长的方案。

标准维持半帧的SSB集合最大窗长不变，研究如何在半帧内增加SSB的发送机会。根据图4-9可以看出，原本SSB集合图样A只占用了半帧中的前4ms，因此最后1ms可以再放置2个候选SSB位置，如此半帧内一共包括10个候选SSB。原本SSB集合图样C只占用了半帧中的前2ms，因此最后3ms可以再放置12个候选SSB位置，如此半帧内一共包括20个候选SSB。Rel-16 NR-U新图样A半帧内包括的10个候选SSB的编号分别为#0~#9，其中候选SSB #8和候选SSB #9是新增加的2个候选SSB。新图样C半帧内包括的20个候选SSB编号分别为#0~#19，其中候选SSB #8~候选SSB #19是新增加的12个候选SSB[4]。

3. Rel-17 NR-U SSB集合

Rel-17 NR-U的工作频段位于FR2-2（52.6~71GHz）中的非授权频段。在该工作频段，SSB除了支持FR2-1频段已经支持的120kHz的子载波间隔外，还支持480kHz和960kHz这两种新的子载波间隔。其中，不能将960kHz的子载波间隔用于初始接入。因此，Rel-17 NR-U SSB集合图样设计主要针对这3种子载波间隔。

（1）时隙内的SSB集合图样

对于120kHz的子载波间隔，由于FR2-1已经支持并且有明确的SSB集合图样设计，即SSB集合图样D，因此，3GPP RAN1很快同意FR2-2的120kHz的子载波间隔对应的时隙（或时隙对）内SSB集合图样沿用FR2-1的SSB集合图样D，即一个时隙对（2个时隙，共28个符号）中的4个SSB的起始符号分别为符号#4、符号#8、符号#16（在单个时隙内序号为#2）、符号#20（在单个时隙内序号为#6），如图4-6和图4-10所示。

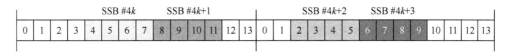

图4-10　Rel-17 NR-U的120kHz的子载波间隔SSB集合在时隙（时隙对）内的图样

对于Rel-17 FR2-2新支持的480kHz和960kHz的子载波间隔，时隙（或时隙对）内的SSB集合图样主要有3种设计方案。

方案1：2个SSB在时隙中的起始符号分别为符号#2、符号#8。这里的方案1与Rel-16 NR-U方案1相同，如图4-8所示。

方案2：2个SSB在时隙中的起始符号分别为符号#2、符号#9。这里的方案2与Rel-16 NR-U方案2相同，如图4-8所示。

方案3：4个SSB在时隙对（包括2个时隙）中的起始符号分别为符号#4、符号#8、符号#16（在单个时隙内序号为#2）、符号#20（在单个时隙内序号为#6）。这里的方案3与SSB集合图样B、SSB集合图样D中的SSB集合图样相同，如图4-10所示。

方案3和方案1都是重用现有的时隙或时隙对内的SSB集合图样，标准化影响较小。然而，对于FR2-2的480kHz和960kHz的子载波间隔，循环前缀变得更短，波束切换很可能无法在这么短的循环前缀时间内完成，因此有可能需要占用额外的空白符号。由于方案3在一个时隙内的2个SSB之间连续无间隙，因此方案3首先被排除。

方案1与方案2的优劣对比可参考前面介绍的内容。除前面提及的优劣之外，方案2在一个时隙内可以支持2个长度为2个符号的CORESET#0，这2个CORESET#0的起始符号分别为符号#0、符号#7，且后一个CORESET#0与前一个SSB之间还留有1个符号的间隔，可用于波束切换。方案2的CORESET#0的复用灵活性更高。方案1在上述方面存在缺陷，因此，更多公司支持方案2。

3GPP标准最终支持方案2。对于480kHz和960kHz这两种子载波间隔，两个SSB分别位于时隙中的OFDM符号#2、#3、#4、#5和OFDM符号#9、#10、#11、#12。

（2）半帧内的SSB集合图样

FR2-2与FR2-1相同，最多支持64个SSB波束。因此，对于FR2-2授权频段，在半帧内只需要定义64个候选SSB位置，分别与64个波束相对应即可。然而，对于FR2-2非授权频段，是否有必要采用类似于Rel-16 NR-U的机制，在半帧内定义更多个候选SSB位置，来提高SSB成功发送的概率？

支持者认为Rel-17 NR-U采用类似于Rel-16 NR-U的机制是一件自然而然的事情，两者之间并没有本质区别。即使对于FR2-2非授权频段，增加候选SSB位置也能显著提升SSB的发送概率。此外，对于480kHz和960kHz这两种子载波间隔，64个候选SSB位置只会占据半帧中的一小部分时间，在半帧内，会有大量的空白时隙或符号可以用来定义额外的候选SSB位置。

反对者认为首先FR2-2频率较高，数据发送具备高定向性，LBT不成功或出现发送碰撞的概率较低。其次，480kHz和960kHz这两种子载波间隔的SSB可以采用短控制信令发送方式，不需要执行LBT。120kHz子载波间隔的SSB如果采用短控制信令发送方式进行发送，可能有部分SSB会超过短控制信令发送方式的管制要求（可参考第2.2节），只有这些超出管制要求的少数SSB才有必要使用LBT。而对于120kHz的子载波间隔，根据SSB集合图样D，半帧内很难再定义更多个候选SSB位置。另外最重要的一点是，Rel-16 NR-U增加的新的候选SSB编号可以通过PBCH有效载荷中的空闲比特携带。而对于Rel-17 NR-U来说，PBCH有效载荷中已无空闲比特可用于指示它新增的候选SSB编号。如果使用其他的比特来指示新增的候选SSB编号，则会存在较大的标准化影响。

综合上述引入额外候选SSB位置所带来的利弊，3GPP决定无论是120kHz、480kHz还是960kHz的子载波间隔，在半帧内都只支持64个候选SSB位置，即不引入额外的候选SSB。

在获得上述结论之后，一个随之而来的问题是如何在半帧内放置这64个候选SSB。

对于120kHz的子载波间隔，由于FR2-1已经支持并且有明确的SSB集合图样设计，即SSB集合图样D，因此，3GPP RAN1同意FR2-2完全重用SSB集合图样D。如图4-6所示，在FR2（包括FR2-1及FR2-2），1个SSB集合包含64个SSB，共占用32个时隙或16

个时隙对。每个时隙包含2个SSB。每个时隙对包含2个时隙、4个SSB。4个时隙对为一组，每组之间间隔2个时隙（1个时隙对），这样4组SSB对就可以均匀地分布在一个5ms的半帧内。

对于480kHz和960kHz的子载波间隔，部分公司认为可以采用类似SSB集合图样D的方案，每隔一组SSB时隙则间隔一些空白时隙，用于发送上行控制信息或短时的上行传输。另外一些公司认为480kHz和960kHz的子载波间隔对应的时隙长度较短。即使不留有空白时隙，64个SSB占用的32个连续时隙时长也只有1ms，与SSB集合图样D相比，上行控制信息或短时上行传输的时延并没有增加。另外，如果中间留有空白时隙，上下行来回的切换时间使得难以有效利用上行资源。还有公司提出留有间隙可能会导致与某些TDD图样不一致[7]。

虽然上述两个方案的支持者数量相近，然而支持前者的公司并没有就SSB时隙组大小，以及SSB时隙组之间如何留有空白时隙达成一致意见，各个公司提供的间隔方案不尽相同且分歧较大。因此，3GPP最终决定在480kHz和960kHz的子载波间隔的SSB集合内部不需要间隔空白时隙，即64个候选SSB占用32个连续的时隙。

3GPP为FR2-2的480kHz和960kHz这两种子载波间隔新定义的SSB集合图样F、SSB集合图样G分别如图4-11和图4-12所示。由于FR2-2非授权频谱并没有在半帧中增加额外的候选SSB位置，因此，FR2-2授权频谱和非授权频谱的SSB集合图样完全相同。

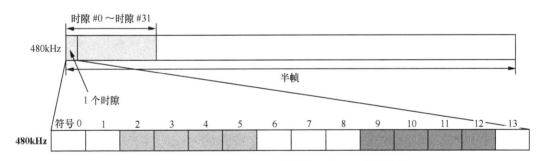

图4-11 FR2-2的480kHz的子载波间隔的SSB集合图样F

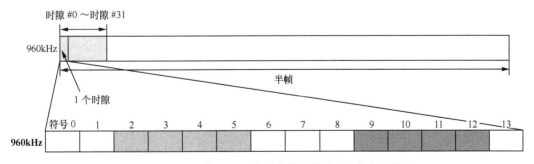

图4-12 FR2-2的960kHz的子载波间隔的SSB集合图样G

4.1.3 同步广播块的发送

SSB编号可以定义为具备相同准共站址关系的SSB的统一编号，候选SSB编号可以被定义为半帧内处于不同时域位置上的候选SSB的编号。对于授权频谱，SSB编号等同于候选SSB编号，因为两者是一一对应的。例如在Rel-15 NR中，SSB编号实际上等效于候选SSB编号。候选SSB#0～候选SSB#7分别对应于SSB#0～SSB#7或波束#0～波束#7（标准并不直接定义波束，SSB编号可以隐式地表征波束编号）。然而，对于非授权频谱，SSB编号却不等同于候选SSB编号。不同候选SSB编号的SSB可能具备相同的SSB编号。

1. SSB的发送过程

在Rel-16 NR-U中，5GHz/6GHz非授权频段的最大波束数目不再固定为8，还有可能为1、2和4。波束数目是可配置的，如之前的章节所介绍，在一个半帧内，15kHz的子载波间隔对应的候选SSB从8个增加到了10个，候选SSB编号为#0～#9；30kHz的子载波间隔对应的候选SSB从8个增加到了20个，候选SSB编号为#0～#19。如何在这些候选SSB位置上用不同波束发送SSB？在Rel-16 NR-U标准的讨论过程中，存在如下两个主要方案。

方案1：如果在前一个候选SSB位置上LBT失败，则在下一个候选SSB位置上继续尝试用相同波束发送SSB，其他波束的SSB发送依次平移。

如图4-13所示，以30kHz的子载波间隔为例，Rel-16 NR-U在半帧内一共有20个候选SSB位置，候选SSB编号依次为#0～#19。假设配置的波束数目$Q = 4$。基站尝试在候选SSB#0处用波束#0发送SSB。

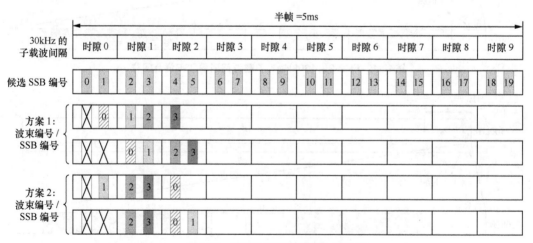

图4-13 NR-U SSB在波束上的发送

如果LBT失败,基站在候选SSB #1处继续尝试用波束#0发送SSB。如果LBT成功,则在候选SSB #1、候选SSB #2、候选SSB #3、候选SSB #4位置上,分别用波束#0、波束#1、波束#2、波束#3发送SSB,如果在候选SSB #1处LBT再次失败,则它继续平移到候选SSB#2处尝试用波束#0发送SSB;如果LBT成功,则在候选SSB#2、候选SSB#3、候选SSB#4、候选SSB#5位置上,分别用波束#0、波束#1、波束#2、波束#3发送SSB。

第一个实际发送的SSB位置取决于LBT成功的时刻。如果实际发送的SSB携带的是候选SSB编号,则需要考虑如何将SSB对应的波束编号或SSB编号发送给UE,用于波束管理。如果实际发送的SSB携带的是波束编号或SSB编号,则需要考虑如何将SSB对应的候选SSB编号发送给UE,用于定时估计。

方案2:一旦配置波束数目Q,候选SSB位置(候选SSB编号)和SSB编号之间的映射关系就被固定了,不受LBT失败的影响。

如果在前一个候选SSB位置上LBT失败,则在该候选SSB位置上放弃用对应波束发送SSB。在下一个候选SSB位置上尝试用下一个候选SSB位置对应的波束发送SSB。在这一轮波束发送结束后,在后面的候选SSB位置上按顺序在相应波束上补发前面由于LBT失败而没有成功发送的SSB。

如图4-13所示,同样以30kHz的子载波间隔、波束数目$Q = 4$为例。基站尝试在候选SSB#0处用波束#0发送SSB,如果LBT失败,则放弃在该候选位置处用波束#0发送SSB。

基站在候选SSB#1处继续尝试发送SSB。如果LBT成功,则在候选SSB#1、候选SSB#2、候选SSB#3位置上,分别用波束#1、波束#2、波束#3发送SSB,在候选SSB#4位置上用波束#0发送SSB,如果在候选SSB#1处LBT失败,则在候选SSB#2处尝试发送SSB。如果LBT成功,则在候选SSB#2、候选SSB#3位置上,分别用波束#2、波束#3发送SSB,在候选SSB#4、候选SSB#5位置上,分别用波束#0、波束#1发送SSB。

方案2面临着与方案1相类似的问题,即实际发送的SSB携带的是候选SSB编号还是SSB编号。从图4-13可以看出,方案2的SSB编号与候选SSB编号之间实际上存在着有规律的联系,而不是像方案1那样,完全取决于不可预见的LBT成功时刻。因此,在方案2中,实际发送的SSB可以携带候选SSB编号,而该实际发送的SSB对应的SSB编号可以通过候选SSB编号与配置的波束数目运算得到。

方案1在哪一个波束上发送SSB与候选SSB位置之间存在不确定性,需要更为复杂的标准化。方案2更接近于Rel-15 NR的做法,并且对标准化影响相对较小。参与讨论的绝大部分公司支持方案2,因此,标准最终确定Rel-16 NR-U采用方案2来发送SSB。上述发送过程在标准中主要体现在候选SSB编号指示、候选SSB编号与SSB编号之间的关系上。

Rel-17 NR-U FR2-2在半帧中的候选SSB位置有64个，波束数目可配置，因此面临与上述Rel-16 NR-U同样的问题。Rel-17 NR-U很自然地沿用了Rel-16 NR-U的上述做法，即实际发送的SSB携带的是候选SSB编号，而该SSB对应的SSB编号通过候选SSB编号与配置的波束数目运算得到。

2. 发现突发发送窗（DBTW）

Rel-16 NR-U、Rel-17 NR-U将包括SSB在内的一系列初始接入信号与信道的联合信号称为发现参考信号（又可被称为发现突发，可参考4.7节），UE会认为半帧中SSB的发送位于发现参考信号发送窗内。发现参考信号发送窗从半帧的第一个时隙的第一个OFDM符号开始。发现参考信号发送窗又可被称为发现突发发送窗。

服务小区可以通过高层参数为UE配置发现参考信号发送窗的时长。Rel-16 NR-U（15kHz和30kHz的子载波间隔）和Rel-17 NR-U（120kHz的子载波间隔）发现参考信号发送窗时长的可配置值包括5ms、4ms、3ms、2ms、1ms和0.5ms。Rel-17 NR-U（480kHz和960kHz的子载波间隔）发现参考信号发送窗时长的可配置值包括1.25ms、1ms、0.75ms、0.5ms、0.25ms和0.125ms。由于Rel-17 NR-U的波束数目Q最终仅支持64和32，因此，480kHz和960kHz的子载波间隔的发现参考信号发送窗时长为0.125ms实际上并不适合。但是因为有关发现参考信号发送窗时长的结论在确定波束数目Q之前达成，不适合的问题可以通过配置来解决，在标准的讨论后期也就没有重新讨论。

如果服务小区没有配置发现参考信号窗时长或UE没有收到该配置，无论对于哪一种子载波间隔，UE都会假定发现参考信号发送窗的时长为5ms。对于服务小区来说，UE认为发现参考信号发送窗的周期与SSB集合所在半帧的周期相同。

4.1.4　同步广播块准共站址

1. 准共站址与SSB编号获取

对于一个服务小区，UE确定SSB之间的准共站址（QCL）关系至少可以用于以下方面。

（1）初始小区搜索过程中的SSB合并。

（2）服务小区的RRM测量。

（3）实际发送的SSB与速率匹配。

UE可以假设在相同或不同DRS发送窗内检测到的SSB在平均增益、QCL类型A和QCL类型D（如果适用）等方面具有QCL关系，只要这些SSB计算结果的值相等，即value = (A mod Q)。其中，Q为基站指示给UE的波束数目，A的定义存在两个可能选项，即候选SSB编号或者PBCH DMRS序列编号。

对于Rel-16 NR-U，如果Q的取值集合为{1, 2, 3, 4, 5, 6, 7, 8}，那么只能将A定义为候选SSB编号。但是因为Rel-16 NR-U允许Q的取值集合为{1, 2, 4, 8}，因此，按照候选SSB编号或者PBCH DMRS序列编号对波束数目Q取模的结果实际上是相等的。考虑到候选SSB编号需要在PBCH有效载荷被解码后才能获得，而DMRS序列编号不需要解码PBCH即可获得，因此3GPP同意将Rel-16 NR-U中的A定义为PBCH DMRS序列编号。

Rel-16 NR-U同时也规定SSB编号等于PBCH DMRS序列编号对波束数目Q取模或者等于候选SSB编号对波束数目Q取模。具备相同SSB编号的候选SSB具有相同的QCL关系。

对于Rel-17 FR2-2 NR-U，波束数目Q的最大值为64，A不能再被定义为PBCH DMRS序列编号，原因是PBCH DMRS序列编号仅为0~7，PBCH DMRS序列编号对波束数目Q取模不能完全且准确地表示QCL关系。因此，在Rel-17 FR2-2 NR-U中，A被定义为候选SSB编号。SSB编号也只能由候选SSB编号对波束数目Q取模而获取，而不能通过PBCH DMRS序列编号对波束数目Q取模得到。

2. SSB编号关联的SSB发送指示

Rel-15 NR通过高层参数ssb-PositionsInBurst（在SIB1或ServingCellConfigCommon中配置）来指示是否发送SSB。在ServingCellConfigCommon中，包括4比特shortBitmap、8比特mediumBitmap及64比特longBitmap这3种选项，分别对应3种频段或3种不同的最大波束数目。SIB1通过8比特inOneGroup和8比特groupPresence进行联合配置。

对于Rel-16 NR-U、Rel-17 NR-U，高层参数ssb-PositionsInBurst直接指示的实际上是SSB编号，再由SSB编号得到相应的候选SSB编号。UE在这些候选SSB位置上检测或不检测SSB。

如果高层参数ssb-PositionsInBurst在ServingCellConfigCommon中配置，对于工作在FR1中的Rel-16 NR-U，只使用8比特的位图mediumBitmap。对于工作在FR2-2中的Rel-17 NR-U，只使用64比特的位图longBitmap。下面对这种配置方式进行介绍。

如果高层参数将ssb-PositionsInBurst的第k比特（$k \geqslant 1$，从最左边起）设置为1，那么UE会假设发现参考信号发送窗内与SSB编号#（$k-1$）对应的候选SSB中的一个SSB可能会被发送（最终是否发送还取决于LBT结果）；如果将第k比特设置为0，那么UE假设与SSB编号#（$k-1$）对应的这些候选SSB都不会被发送，并且在ssb-PositionsInBurst中，$k>Q$的比特需要被设置为0。Q为波束数目，可以由MIB配置得到。

如图4-14所示，以Rel-16 NR-U的15kHz的子载波间隔为例，半帧窗内一共存在10个候选SSB，假设波束数目$Q=4$，则8比特ssb-PositionsInBurst（mediumBitmap）中的第5~8（$k>Q$）这4比特需要被设置为0。前4比特分别与SSB编号#0、SSB编号#1、SSB

编号#2、SSB编号#3对应，如果第k比特为1，则说明SSB编号#（$k-1$）对应的候选SSB
中的一个SSB会被发送。例如，如果8比特ssb-PositionsInBurst的第1比特为1，则说明
SSB编号#0对应的候选SSB #0、候选SSB#4、候选SSB#8中的1个SSB会被gNB发送；如
果8比特ssb-PositionsInBurst的第4比特为1，则说明SSB编号#3对应的候选SSB#3、候选
SSB#7中的1个SSB会被gNB发送；如果8比特ssb-PositionsInBurst的第2比特和第3比特
为0，则说明SSB编号#1和SSB编号#2对应的所有候选SSB都不会被发送。

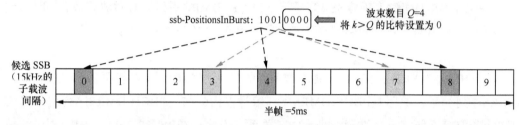

图4-14　SSB发送指示"ssb-PositionsInBurst"

如果在SIB1中配置，对于工作在FR1中的Rel-16 NR-U，只使用8比特的位图
inOneGroup，UE将该域当作ServingCellConfigCommon中的mediumBitmap来解读。并且，
UE会假设将inOneGroup中的$k>Q$的比特设置为0。对于工作在FR2中的Rel-17 NR-U，
如果$m>Q/8$，则UE将groupPresence中的第m比特设置为0。

无论是FR1中的Rel-16 NR-U，还是FR2中的Rel-17 NR-U，UE都会假设在一个发现
参考信号发送窗内的服务小区中发送的SSB总数不会大于波束数目Q，并且具备相同
SSB编号的SSB最多只发送1个。此外，UE需要在发现参考信号发送窗内同一个SSB编号
对应的所有候选SSB资源上对PDSCH（这里的PDSCH承载的是RMSI之外的信息）进行
速率匹配。

(((•))) 4.2　物理广播信道（PBCH）

4.2.1　主信息块（MIB）

1. Rel-16 NR-U SSB的波束数目Q及MIB指示

对于大于1.8GHz/3GHz但仍位于FR1的频段，Rel-15 NR SSB波束数目Q（或SSB的
QCL关系数目）固定为8，分别对应半帧中的8个候选SSB。因此，不需要向UE通知波
束数目Q，具体在哪几个波束上发送SSB，可以通过高层参数ssb-PositionsInBurst提供

的比特位图来配置。授权频段不存在能不能发送SSB的问题，只要配置了发送SSB，基站就可以在相应的候选SSB位置通过对应的波束发送SSB，UE根据高层参数ssb-PositionsInBurst提供的比特位图进行检测。

在Rel-16 NR-U中，如果波束数目Q仍固定为8，即使增加了候选SSB位置，那么在半帧窗内每个波束能够发送SSB的机会仍然有限，例如将15kHz的子载波间隔增强后，一共只有10个候选SSB位置，除了波束#0和波束#1有两次发送SSB的机会外，波束#2～波束#7仍只有一次发送SSB的机会。在很多情况下，波束数目不一定需要达到8。波束数目可配置不仅增加了灵活性，还能够提高在半帧内发送SSB的机会。

3GPP同意Rel-16 NR-U波束数目可配置，Rel-16 NR-U的波束数目Q的具体取值存在如下两个方案。

方案1：波束数目$Q = \{1, 2, 3, 4, 5, 6, 7, 8\}$

方案2：波束数目$Q = \{1, 2, 4, 8\}$

从技术层面来讲，这两个方案并没有太大的本质差异。方案1支持了波束数目Q的所有可能取值，因此该配置具有最大的灵活性。方案2支持的波束数目虽然没有遍历所有可能取值，但也能满足绝大部分场景的需要。波束数目的可能取值越少，实现复杂度越低。方案2只需要2比特就能通知波束数目Q，而方案1需要3比特才能通知波束数目Q。另外，这两个方案对QCL关系的获取也有一定的影响，方案1只能通过候选SSB编号对波束数目Q取模才能获取QCL关系，而后者通过候选SSB编号对Q取模或者通过PBCH DMRS序列编号对波束数目Q取模，都可以获取QCL关系。

虽然支持方案1和支持方案2的公司数量相近，但经过讨论，标准最终支持了方案2，即Rel-16 NR-U的波束数目$Q = \{1, 2, 4, 8\}$。

对于基站如何为UE指示本小区的波束数目Q，Rel-16 NR-U存在如下几个方式。

方式1：MIB

方式2：系统信息块1（SIB1）

方式3：PBCH载荷

其中，在MIB中指示波束数目Q的优势如下。（1）MIB中存在1个空闲比特（spare）；（2）RAN1已经同意SSB与CORESET #0采用相同的子载波间隔，因此MIB中用于指示CORESET #0子载波间隔的1比特（subCarrierSpacingCommon）可以用于指示波束数目Q；（3）由于Rel-16 NR-U限制了CORESET #0的频域资源，其只能为48个RB或96个RB。因此，使用8比特（pdcch-ConfigSIB1）来指示CORESET #0和搜索空间的配置有些多余，其中一些比特可用于指示波束数目Q；（4）承载其他信息的比特用于指示波束数目Q。例如，在MIB中，用于指示SSB与CORESET#0子载波偏移（ssb-SubcarrierOffset）的部分比特。使用MIB的缺点是现有MIB中仅有1比特空闲，并且这空闲的1比特能否用于指示波束数目Q仍需要RAN2的确认。指示波束数目Q至少需要2比特，因此不可避免地需要改变Rel-15 NR对MIB中一些现有信令的定义和用途。

与MIB相比，SIB1的优点是具备足够的灵活性和比特资源来承载Q值，但是UE在解调SIB1之前就有可能用到波束数目Q信息，因此如果通过SIB1来指示Q值则显得相对滞后。另外，我们在前面章节提到，PBCH载荷中的2个空闲的比特会被用于发送候选SSB编号，因此，在PBCH载荷中也没有足够的空闲比特来指示波束数目Q。

经过充分的讨论，RAN1最终同意在MIB中指示Rel-16的波束数目Q的取值为{1,2,4,8}，但存在两个候选子方式，需要RAN2进一步确认。若RAN2同意使用MIB中的空闲比特，则选择子方式2；否则选择子方式1。

子方式1：MIB中的如下2比特用于指示Rel-16 NR-U的波束数目Q的取值。

（1）subCarrierSpacingCommon（1比特）。

（2）LSB of ssb-SubcarrierOffset（1比特）。

子方式2：MIB中的如下2个域（各1比特）用于指示Rel-16 NR-U的波束数目Q的取值。

（1）subCarrierSpacingCommon（1比特）。

（2）spare（1比特）。

RAN2并没有就使用MIB中的唯一空闲比特来指示波束数目Q达成一致意见。RAN1根据之前的结论及RAN2对此问题的回复，最终决定使用子方式1来指示本小区的波束数目Q。Rel-16 NR-U通过MIB来指示波束数目Q，如表4-2所示，在3GPP TS 38.213中，用参数 N_{SSB}^{QCL} 来表示波束数目Q。

表4-2　Rel-16 NR-U（FR1频段）SSB波束数目Q指示

subCarrierSpacingCommon	ssb-SubcarrierOffset最低位	N_{SSB}^{QCL}
"scs15or60"	0	1
"scs15or60"	1	2
"scs30or120"	0	4
"scs30or120"	1	8

2. Rel-17 NR-U SSB的波束数目Q及MIB指示

对于Rel-17 FR2-2 NR-U，SSB的最大波束数目Q为64。各家公司对于波束数目Q可配置这一点没有产生分歧。RAN1最初将可配置的波束数目Q定为{16, 32, 64}，并认为可通过MIB中1比特subCarrierSpacingCommon和1比特spare来指示。将Q的集合定为3个值的原因主要在于各家公司对于第4个值为8、24还是48争执不下，并且部分公司认为可以预留一个码点用于指示其他信息，譬如授权频谱/非授权频谱、需要LBT/不需要LBT等。

然而，RAN2在给RAN1的回复中，第二次拒绝了RAN1使用MIB中的spare比特来指示波束数目Q。因此，RAN1将Rel-17 NR-U波束数目Q重定为{32, 64}，并通过MIB中的1比特subCarrierSpacingCommon来进行唯一指示，如表4-3所示。

表4-3 Rel-17 NR-U（FR2-2频段）SSB波束数目Q指示

subCarrierSpacingCommon	N_{SSB}^{QCL}
"scs15or60"	32
"scs30or120"	64

另外，对于FR2-2频段，UE在译码MIB之前有可能无法获知是工作在授权频谱还是非授权频谱，为了防止UE误判，标准规定如果工作在授权频谱，基站需要将MIB中的subCarrierSpacingCommon配置为"scs30or120"。尽管UE在收到该配置后，可能仍然无法区分频谱属性，但不会导致错误的操作；反之，UE会认为工作在非授权频谱，并且SSB波束数目Q被配置为32，从而导致接下来错误的操作。

3. 其他RRC IEs中的指示

对于UE处在空闲态、非激活态或连接态下的邻区RRM测量，标准还支持通过服务小区为邻区指示波束数目Q，包括服务小区通过广播RRC信令（*SIB2/4*）和/或专用RRC信令（*MeasObjectNR*）为每个载频指示一个公共的Q值，对于这个公共的Q值，3GPP TS 38.331-h10版本中规定总是通知FR1非授权频谱中的Q值，是否通知FR2-2非授权频谱中的Q值是可选的。服务小区还可以通过广播RRC信令（SIB3/4）和/或专用RRC信令（MeasObjectNR）为列表中的邻区指示专属的Q值，若该Q值不同于之前指示的公共Q值，则用该Q值修改公共Q值。而对于SCell添加、SCG添加及同步的重配置等，小区的Q值总是通过专用RRC信令，即ServingCellConfigCommon中的ssb-PositionQCL指示给UE。除MIB外，用于指示波束数目Q的RRC信令和参数名总结如下。

（1）SIB2:: ssb-PositionQCL-Common

（2）SIB3:: ssb-PositionQCL

（3）SIB4:: ssb-PositionQCL-Common

（4）SIB4:: ssb-PositionQCL

（5）MeasObjectNR:: ssb-PositionQCL-Common

（6）MeasObjectNR:: ssb-PositionQCL

（7）ServingCellConfigCommon:: ssb-PositionQCL

4.2.2 物理广播信道有效载荷

基站发送的SSB直接携带的是候选SSB编号。在FR1中的高频段（如3~7.125GHz），在Rel-15 NR半帧内一共包括8个候选SSB，编号分别为#0～#7。8个候选SSB编号对应的3比特由SSB中PBCH的DMRS序列来承载，UE只需要根据检测到的DMRS序列就能确定候选SSB编号，从而获取下行定时。

Rel-16 NR-U半帧中的候选SSB个数增加到了10（15kHz的子载波间隔）和20（30kHz的子载波间隔），分别需要4比特和5比特才能表示。8个PBCH DMRS序列最多只能承载3比特信息，因此无法表示10个或20个候选SSB编号。

经过讨论，3GPP决定维持最大8个PBCH DMRS序列数目不变，Rel-16 NR-U候选SSB编号的最低3比特仍然由这些PBCH DMRS序列来承载。对于15kHz的子载波间隔，候选SSB编号的最高1比特由PBCH有效载荷中的$\bar{a}_{\bar{A}+7}$来表示。对于30kHz的子载波间隔，候选SSB编号的最高2比特由PBCH有效载荷中的$\bar{a}_{\bar{A}+6}$、$\bar{a}_{\bar{A}+7}$来表示。在Rel-15 NR中的FR1，PBCH有效载荷中的$\bar{a}_{\bar{A}+6}$和$\bar{a}_{\bar{A}+7}$这2比特是空闲比特，它们并没有被使用，因此可以用来发送候选SSB的编号。

工作于FR2-2非授权频谱的Rel-17 NR-U半帧内的候选SSB位置仍然为64个，与FR2中的授权频谱相同。虽然很多公司建议增加到80个（120kHz的子载波间隔）或128个（480kHz、960kHz的子载波间隔），但是标准化的复杂性较高，3GPP并没有同意，具体原因可参考4.1.2节中内容。因此，Rel-17 NR-U候选SSB编号的指示方式与Rel-15 NR相同，候选SSB编号#0～#63仍然是通过PBCH DMRS序列（3比特）和PBCH有效载荷（3比特）来指示的。

((o)) 4.3 类型0-物理下行控制信道（Type0-PDCCH）

4.3.1 CORESET#0

为了降低标准化的复杂度，标准同意在同一个载波上SSB和相应的CORESET#0（Type0-PDCCH）的子载波间隔相同，这不仅适用于5GHz/6GHz非授权频段，也适用于FR2-2频段。Rel-16 NR-U支持的{SSB, CORESET#0}的子载波间隔为{15, 15}kHz、{30, 30}kHz。Rel-17 NR-U支持的{SSB, CORESET#0}的子载波间隔为{120, 120}kHz、{480, 480}kHz和{960, 960}kHz。

在Rel-16 NR-U中，考虑到需要满足非授权频谱规则中的占用信道带宽要求，CORESET#0在频域中的占用需要大于或等于20MHz标称带宽的80%。因此，30kHz子载波间隔的CORESET#0占用48个RB；15kHz子载波间隔的CORESET#0占用96个RB。由于在Rel-16 NR-U的讨论初期绝大部分公司都倾向于将SSB和相应的CORESET#0限制在同一个时隙中，并且第一个SSB占用的OFDM符号为#2、#3、#4和#5，因此，Rel-16 NR-U只支持1个或2个OFDM符号长度的CORESET#0。Rel-16 NR-U CORESET#0的配置可参考表4-4和表4-5。

Rel-17 FR2-2定义的CORESET#0配置既适用于授权频段，又适用于非授权频段。如表4-6所示，120kHz、480kHz和960kHz CORESET#0使用同一张配置表。与FR2-1 {120, 120}kHz（3GPP TS 38.213中表13-8）相比，表4-6中48个RB的CORESET#0增加了新的偏移（RB）——0和28。另外，还增加了96个RB的CORESET#0用以提高FR2-2的PDCCH覆盖。

表4-4　当非授权频谱中{SSB, PDCCH}的子载波间隔为{15, 15}kHz时，CORESET#0占用的RB及OFDM符号数目

序号	SSB和CORESET复用图样	RB的数目 $N_{RB}^{CORESET}$	OFDM符号数目 $N_{symb}^{CORESET}$	偏移（RB）
0	1	96	1	10
1	1	96	1	12
2	1	96	1	14
3	1	96	1	16
4	1	96	2	10
5	1	96	2	12
6	1	96	2	14
7	1	96	2	16
8～15	保留位			

表4-5　当非授权频谱中{SSB, PDCCH}的子载波间隔为{30, 30}kHz时，CORESET#0占用的RB及OFDM符号数目

序号	SSB和CORESET复用图样	RB的数目 $N_{RB}^{CORESET}$	OFDM符号数目 $N_{symb}^{CORESET}$	偏移（RB）
0	1	48	1	0
1	1	48	1	1
2	1	48	1	2
3	1	48	1	3
4	1	48	2	0
5	1	48	2	1
6	1	48	2	2
7	1	48	2	3
8～15	保留位			

表4-6 当FR2-2频段{SSB, PDCCH}的子载波间隔为{120, 120}kHz、{480, 480}kHz或{960, 960}kHz时，CORESET#0占用的RB及OFDM符号数目

序号	SSB和CORESET复用图样	RB的数目 $N_{RB}^{CORESET}$	OFDM符号数目 $N_{symb}^{CORESET}$	偏移（RB）
0	1	24	2	0
1	1	24	2	4
2	1	48	1	0
3	1	48	1	14
4	1	48	1	28
5	1	48	2	0
6	1	48	2	14
7	1	48	2	28
8	1	96	1	0
9	1	96	1	76
10	1	96	2	0
11	1	96	2	76
12	3	24	2	$-20, k_{SSB}=0$ $-21, k_{SSB}>0$
13	3	24	2	24
14	3	48	2	$-20, k_{SSB}=0$ $-21, k_{SSB}>0$
15	3	48	2	48

4.3.2 Type0-PDCCH公共搜索空间

如果UE工作于非授权频谱且SSB和CORESET#0采用复用图样1，则UE在包含与SSB关联的Type0-PDCCH检测时刻的时隙检测PDCCH，这些SSB与提供CORESET#0配置的SSB在平均增益、QCL类型A和QCL类型D（如果适用）[8]等方面具有QCL关系。对于候选SSB编号$\bar{i}$，两个时隙包含相关的Type0-PDCCH检测时刻，其中$0 \leqslant \bar{i} \leqslant \bar{L}_{max}-1$，$\bar{L}_{max}$为半帧中候选SSB的位置数目。UE根据式（4-1）计算得到时隙n_0的序号。

$$n_0 = \left(O \cdot 2^{\mu} + \left\lfloor \bar{i} \cdot M \right\rfloor \right) \bmod N_{slot}^{frame,\mu} \quad （4-1）$$

时隙n_0位于系统帧号为SFN_C的无线帧中，SFN_C需要满足$SFN_C \bmod 2 = 0$，$\left\lfloor \left(O \cdot 2^{\mu} + \left\lfloor \bar{i} \cdot M \right\rfloor / N_{slot}^{frame,\mu} \right) \right\rfloor \bmod 2 = 0$；或$SFN_C \bmod 2 = 1$，$\left\lfloor \left(O \cdot 2^{\mu} + \left\lfloor \bar{i} \cdot M \right\rfloor / N_{slot}^{frame,\mu} \right) \right\rfloor \bmod 2 = 1$，其中，$\mu$为CORESET#0子载波间隔对应的配置序号，且$\mu \in \{0, 1, 3, 5, 6\}$。

（1）如果$\mu \in \{0, 1\}$，对于候选SSB编号$\bar{i}$，两个包含关联的Type0-PDCCH检测时刻的时隙为时隙n_0和时隙n_0+1。M、O和CORESET#0在时隙n_0和时隙n_0+1中第一个符号的序号可参考表4-7。表4-7适用于FR1授权频段和FR1非授权频段（Rel-16 NR-U）。当

$N_{\text{SSB}}^{\text{QCL}} = 1$时，不给UE配置$M = 1/2$或$M = 2$。

表4-7 当UE工作于FR1，SSB和CORESET#0采用复用图样1时Type0-PDCCH CSS配置参数

序号	O	每个时隙搜索空间集的数目	M	第一个符号序号
0	0	1	1	0
1	0	2	1/2	$\{0,\,$如果i是偶数$\}$，$\{N_{\text{symb}}^{\text{CORESET}}$，如果$i$是奇数$\}$
2	2	1	1	0
3	2	2	1/2	$\{0,\,$如果i是偶数$\}$，$\{N_{\text{symb}}^{\text{CORESET}}$，如果$i$是奇数$\}$
4	5	1	1	0
5	5	2	1/2	$\{0,\,$如果i是偶数$\}$，$\{N_{\text{symb}}^{\text{CORESET}}$，如果$i$是奇数$\}$
6	7	1	1	0
7	7	2	1/2	$\{0,\,$如果i是偶数$\}$，$\{N_{\text{symb}}^{\text{CORESET}}$，如果$i$是奇数$\}$
8	0	1	2	0
9	5	1	2	0
10	0	1	1	1
11	0	1	1	2
12	2	1	1	1
13	2	1	1	2
14	5	1	1	1
15	5	1	1	2

（2）如果$\mu=3$，对于候选SSB编号$\bar{i}$，两个包含关联的Type0-PDCCH检测时刻的时隙为时隙n_0和时隙$n_0 +1$。M、O和CORESET#0在时隙n_0和时隙$n_0 +1$中第一个符号的序号可参考表4-8。表4-8适用于FR2-1频段、FR2-2授权频段和非授权频段（Rel-17 NR-U）。

表4-8 当UE工作于FR2-1或工作于FR2-2且{SSB, PDCCH}的子载波间隔为{120, 120}kHz，SSB和CORESET#0采用复用图样1时Type0-PDCCH CSS配置参数

序号	O	每个时隙搜索空间集的数目	M	第一个符号序号
0	0	1	1	0
1	0	2	1/2	$\{0,\,$如果i是偶数$\}$，$\{7,\,$如果i是奇数$\}$
2	2.5	1	1	0
3	2.5	2	1/2	$\{0,\,$如果i是偶数$\}$，$\{7,\,$如果i是奇数$\}$
4	5	1	1	0
5	5	2	1/2	$\{0,\,$如果i是偶数$\}$，$\{7,\,$如果i是奇数$\}$

续表

序号	O	每个时隙搜索空间集的数目	M	第一个符号序号
6	0	2	1/2	{0，如果i是偶数}，{$N_{symb}^{CORESET}$，如果i是奇数}
7	2.5	2	1/2	{0，如果i是偶数}，{$N_{symb}^{CORESET}$，如果i是奇数}
8	5	2	1/2	{0，如果i是偶数}，{$N_{symb}^{CORESET}$，如果i是奇数}
9	7.5	1	1	0
10	7.5	2	1/2	{0，如果i是偶数}，{7，如果i是奇数}
11	7.5	2	1/2	{0，如果i是偶数}，{$N_{symb}^{CORESET}$，如果i是奇数}
12	0	1	2	0
13	5	1	2	0
14、15	保留位			

（3）如果$\mu = 5$，对于候选SSB编号$\bar{i}$，两个包含关联的Type0-PDCCH检测时刻的时隙为时隙n_0和时隙$n_0 +4$。M、O和CORESET#0在时隙n_0和时隙$n_0 +4$中第一个符号的序号可参考表4-9，其中$X = 1.25$。表4-9适用于FR2-2授权频段和非授权频段（Rel-17 NR-U）。

（4）如果$\mu = 6$，对于候选SSB编号$\bar{i}$，两个包含关联的Type0-PDCCH检测时刻的时隙为时隙n_0和时隙$n_0 +8$。M、O和CORESET#0在时隙n_0和时隙$n_0 +8$中第一个符号的序号可参考表4-9，其中$X = 0.625$。

表4-9　当UE工作于FR2-2且{SSB, PDCCH}的子载波间隔为{480, 480}kHz或{960, 960}kHz，SSB和CORESET#0采用复用图样1时Type0-PDCCH CSS配置参数

序号	O	每个时隙搜索空间集的数目	M	第一个符号序号
0	0	1	1	0
1	0	2	1/2	{0，如果i是偶数}，{7，如果i是奇数}
2	X	1	1	0
3	X	2	1/2	{0，如果i是偶数}，{7，如果i是奇数}
4	5	1	1	0
5	5	2	1/2	{0，如果i是偶数}，{7，如果i是奇数}
6	0	2	1/2	{0，如果i是偶数}，{$N_{symb}^{CORESET}$，如果i是奇数}
7	X	2	1/2	{0，如果i是偶数}，{$N_{symb}^{CORESET}$，如果i是奇数}
8	5	2	1/2	{0，如果i是偶数}，{$N_{symb}^{CORESET}$，如果i是奇数}

续表

序号	O	每个时隙搜索空间集的数目	M	第一个符号序号
9	$5+X$	1	1	0
10	$5+X$	2	1/2	{0，如果i是偶数}，{7，如果i是奇数}
11	$5+X$	2	1/2	{0，如果i是偶数}，{ $N_{\text{symb}}^{\text{CORESET}}$ ，如果i是奇数}
12	0	1	2	0
13	5	1	2	0
14、15	保留位			

从上述内容可以看出，当$\mu \in \{0, 1, 3\}$时，两个包含关联的Type0-PDCCH检测时刻的时隙是连续的；当$\mu \in \{5, 6\}$时，这两个时隙是不连续的，原因是对于15kHz、30kHz、120kHz的子载波间隔，UE支持基于时隙粒度的PDCCH检测；对于480kHz、960kHz的子载波间隔，UE并不支持基于时隙粒度的PDCCH检测，而支持基于时隙组的PDCCH检测。480kHz的子载波间隔对应的时隙组默认包括4个时隙，960kHz的子载波间隔对应的时隙组默认包括8个时隙。

当工作于非授权频谱且SSB和CORESET#0采用复用图样3时，UE在包含与SSB关联的Type0-PDCCH检测时刻的时隙里检测PDCCH，这些SSB与提供CORESET#0配置的SSB在平均增益、QCL类型A和QCL类型D（如果适用）等方面有QCL关系。对于候选SSB编号$\bar{i}$（$0 \leqslant \bar{i} \leqslant \bar{L}_{\max} - 1$），包含相关联的Type0-PDCCH检测时刻的时隙的周期与候选SSB的周期相同。UE根据表4-10和表4-11确定时隙序号n_c和系统帧号SFN_C。对于FR2-2中的非授权频谱，两个表格中的i需要换成$\bar{i}$。

表4-10　当{SSB, PDCCH}的子载波间隔为{120, 120}kHz，SSB和CORESET#0采用复用图样3时Type0-PDCCH的检测时刻

序号	PDCCH检测时刻（SFN和时隙号）	第一个符号序号($k = 0, 1, \cdots, 15$)
0	$\text{SFN}_C = \text{SFN}_{\text{SSB},i}$ $n_c = n_{\text{SSB},i}$	4, 8, 2, 6（$i = 4k, i = 4k+1, i = 4k+2, i = 4k+3$）
1~15	保留位	

表4-11　当{SSB, PDCCH}的子载波间隔为{480, 480}kHz或{960, 960}kHz，SSB和CORESET#0采用复用图样3时Type0-PDCCH的检测时刻

序号	PDCCH检测时刻（SFN和时隙号）	第一个符号序号($k = 0, 1, \ldots, 31$)
0	$\text{SFN}_C = \text{SFN}_{\text{SSB},i}$ $n_c = n_{\text{SSB},i}$	2, 9（$i = 2k, i = 2k+1$）
1~15	保留位	

4.4 系统信息块1（SIB1）

4.4.1 SIB1与SSB的复用

在Rel-16 NR-U的讨论过程中，RAN1曾讨论将SSB、CORESET#0（Type0-PDCCH）、及SIB1都纳入发现参考信号中，并且限制在一个或半个时隙内。但是在一个或半个时隙内，如果排除掉SSB和CORESET#0所占用的资源，剩余可被用于发送SIB1的时频资源并不是很多。

在Rel-15 NR中，如果接收到用SI-RNTI加扰的PDCCH调度的PDSCH，并且将DCI中的系统信息指示设置为0（意味着PDSCH承载的是SIB1），UE会假设在用于接收PDSCH的资源元素上不会发送SSB。这个假设使得gNB不会在SSB占用的资源元素上调度SIB1。由于SIB1采用的是连续资源调度方式，如果SIB1与SSB在相同时隙发送，按照Rel-15 NR的方式，SIB1要么调度在非SSB占用的OFDM符号上，要么调度在SSB频域位置的上侧或下侧，这会使得该时隙内只有少量资源元素能够用于发送SIB1。

以30kHz的子载波间隔、包含51个PRB的20MHz带宽的载波为例，存在如下几个候选方案。

基线方案：将SSB放置于20MHz带宽的中间。重用Rel-15 NR机制，即SIB1不对SSB占用的时频资源进行速率匹配，SIB1只能调度在带宽内SSB频域位置的上侧或下侧。

方案1：将SSB放置于20MHz带宽的边缘（假定SSB相对于带宽的边界偏移为0）。重用Rel-15 NR机制，即SIB1不对SSB占用的时频资源进行速率匹配，SIB1调度在带宽内SSB频域位置的另一侧。

方案2：SIB1对SSB占用的时频资源进行速率匹配。方案2与SSB在载波带宽内的位置无关。

表4-12总结了当4、5、6、11和12个OFDM符号被调度用于发送SIB1时可用的资源元素数目，以及这些资源元素上可以承载的SIB1比特数目（注意表4-12中没有考虑DMRS的开销）。由表4-12可以发现，如果SSB被放置于带宽的边缘（方案1），可利用的资源元素和比特数几乎是SSB被放置于带宽中间（基线方案）的两倍，即使此时方案1并没有使用速率匹配机制。然而，方案1中可利用的资源元素和比特数仍然少于使用了速率匹配机制的方案2，并且随着SIB1 PDSCH的OFDM符号数目增多，两个方案之间的差距变得越来越大。

表4-12 可利用的资源元素及可承载的SIB1比特数

BW=20MHz SCS=30kHz		4个OFDM符号SIB1	5个OFDM符号SIB1	6个OFDM符号SIB1	11个OFDM符号SIB1	12个OFDM符号SIB1
基线方案	RE	720	900	1080	1980	2160
	比特数	168	210	253	462	506
方案1	RE	1488	1860	2232	4092	4464
	比特数	348	435	523	959	1046
方案2	RE	1488	2100	2712	5772	6384
	比特数	348	492	635	1352	1496

在Rel-16 NR-U讨论该问题的开始阶段,绝大部分公司支持方案2,同时将方案1可能对SSB同步栅格产生的影响通知给RAN4。RAN4同意在5GHz非授权频段只对每一个20MHz的子带引入单个同步栅格,并且该同步栅格能够保证将SSB放置于子带的边缘,并留有少量的保护带宽。由于RAN4率先得出了结论,并且方案2需要重新标准化SIB1与SSB的速率匹配机制,因此,在RAN1的后续讨论中,大部分公司转向支持方案1。最终,Rel-16 NR-U仍不支持SIB1对SSB时频资源进行速率匹配,依然沿用Rel-15 NR中的机制。

Rel-17 FR2-2 NR-U既没有限定FR2-2非授权载波中的同步栅格在RB集合中唯一,也没有讨论SIB1 PDSCH与SSB复用的增强机制。上述问题实际上属于优化问题,因此,Rel-17 FR2-2 NR-U在上述方面没有引入新的增强。

4.4.2 SIB1长度指示值

承载SIB1的PDSCH起始和长度指示值(SLIV)与SSB、CORESET#0的时域图样相关。

在Rel-16 NR-U的最初几次RAN1会议上,由于SSB和CORESET#0的图样未定,各家公司都根据自己建议的图样来推不同的SIB1 SLIV方案,因此,SIB1 SLIV方案一直没有收敛。RAN1最终决定对于默认PDSCH时域资源分配(TDRA)A表(正常循环前缀),不支持2、4、7个OFDM符号以外的新的Type-B PDSCH长度,并且同意把该表中第9行$S=5$、$L=2$换成$S=6$、$L=7$。Rel-15 NR支持$S=5$、$L=2$的主要原因是考虑要避开LTE CRS,但是在Rel-16 NR-U中没有这个需求,因此,$S=5$、$L=2$被替换为$S=6$、$L=7$。

Rel-17 NR为480kHz和960kHz这两种新的子载波间隔引入了新的SSB图样,即图样F和图样G。在这两种图样中,两个SSB分别位于一个时隙内的OFDM符号#2、#3、#4、#5和#9、#10、#11、#12。对于SSB与CORESET#0复用图样3,CORESET#0与SSB频域复用且占用符号#2、#3和#9、#10。为了匹配上述新的SSB与CORESET#0图样,Rel-17

NR为FR2-2在默认PDSCH TDRA C表增加了一行新的SLIV（$S=11$，$L=2$）。FR2-2授权频段与非授权频段均适用这一新的SLIV。

4.5　ANR与物理小区标识冲突

隶属于不同运营商的相邻或重叠覆盖小区有可能使用相同的物理小区标识。在授权频谱通信中，这些小区使用不同的频段或载波进行通信，因此，物理小区标识相同并不会产生冲突问题。然而，在非授权频谱通信中，这些隶属于不同运营商的小区可以共享同一个非授权载波进行数据传输。而无论在网络部署阶段还是在网络运行阶段，不同运营商之间都很难进行协调操作。因此，如果这些小区的物理小区标识相同，就会导致产生物理小区标识碰撞或物理小区标识混淆问题。

ANR可以作为一种方案来解决物理小区标识碰撞和物理小区标识混淆问题。然而，ANR功能的运行依赖于对RMSI的检测，而目前UE只会在PCell上接收RMSI。为了支持通过ANR来解决物理小区标识碰撞和物理小区标识混淆问题，RMSI和调度它的CORESET#0/Type0-PDCCH应该被允许能够在PCell和SCell上发送。

为了支持ANR和物理小区标识冲突检测，gNB可以配置UE对一个在或不在同步栅格上的SSB进行CGI测量。如果SSB位于同步栅格上，UE可以利用授权频谱现有机制，即根据检测到的SSB的频域位置、MIB中通知的SSB与CORESET#0的频域偏移（RB级）、MIB和PBCH载荷通知的SSB与CORESET#0的频域偏移（RE级）k_{SSB}来确定CORESET#0的频域位置。但是，如果SSB没有位于同步栅格上，这时候应该如何确定CORESET#0的频域位置？

对于上述问题，Rel-17 NR-U与Rel-16 NR-U采用了不同的机制。Rel-17 NR-U工作在FR2-2非授权频段，在一个载波内可以有多个同步栅格，SCell发送的用于CGI测量的SSB可以配置在PCell发送的用于初始接入的SSB所在同步栅格之外的同步栅格上。因此，Rel-17 NR-U可以使用与授权频谱相同的方法。Rel-16 NR-U工作在5GHz/6GHz非授权频段，在一个20MHz的载波内只有一个同步栅格，SCell发送的用于CGI测量的SSB只能配置在非同步栅格上。因此，对于Rel-16 NR-U来说，针对上述问题，必须要找到一个合适的解决方案。

下面主要介绍Rel-16 NR-U的讨论过程和解决方案。

如果实际发送的SSB没有位于同步栅格上，在Rel-16 NR-U讨论中，主要形成如下两种方案来确定CORESET#0的频域位置。

方案1：公共资源块（CRB）与位于同步栅格上的SSB之间的RE级频率偏移是k_{SSB}。

对于方案1，UE不需要借助实际发送的SSB频域位置来确定CORESET#0的频域位置，即使测量配置通过ssbFrequency指示了该SSB的频域位置。无论是MIB中指示的RB级频率偏移，还是MIB和PBCH载荷联合指示的RE级频率偏移k_{SSB}，都是相对于同步栅格上的SSB。这时候同步栅格上的SSB可能并没有实际发送出去，但是由于在每个20MHz子带内只存在一个同步栅格，因此，该SSB的频域位置是确定的。方案1比较简单直接，缺点是需要修改k_{SSB}的定义。目前k_{SSB}是CRB与实际发送的SSB之间的RE级频率偏移，无论该SSB是否位于同步栅格上。

方案2：CRB与实际发送的SSB之间的RE级频率偏移是k_{SSB}。

对于方案2，不需要修改k_{SSB}的定义，k_{SSB}仍是CRB与实际发送的SSB之间的RE级频率偏移，如图4-15所示。不过MIB中通知的RB级频率偏移是相对于同步栅格上的SSB。UE需要根据实际发送的SSB与同步栅格上的SSB之间的RB级频率偏移（O2）、MIB中指示的RB级频率偏移（O1）、RE级频率偏移（k_{SSB}）来确定CORESET#0的频域位置。

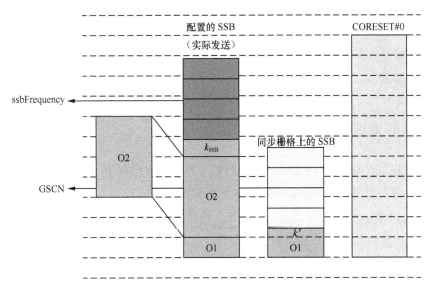

图4-15　非同步栅格上的SSB与CORESET#0之间的频率偏移

考虑到不宜更改k_{SSB}现有的定义，Rel-16 NR-U最终采用了方案2。在Rel-16 NR-U中，UE根据如下过程决定CORESET#0最小RB序号到与SSB第一个RB重叠的CRB中最小RB序号的偏移。

（1）如果SSB在同步栅格上发送，那么上述偏移直接根据3GPP TS 38.213中的表13-1A和表13-4A得到（图4-15中的O1）。

（2）如果SSB不在同步栅格上发送，并且它的频域位置由测量配置中的ssbFrequency提供，那么上述偏移根据如下的第一偏移和第二偏移之和得到。

① 第一偏移由3GPP TS 38.213中的表13-1A和表13-4A得到，即图4-15中的O1。

② 第二偏移为与测量配置ssbFrequency指示的SSB第一个RB重叠的CRB中最小RB序号到与位于同步栅格上的SSB第一个RB重叠的CRB中最小RB序号之间的偏移，即图4-15中的O2。上述同步栅格与用于Rel-16 NR-U信道接入过程的SSB位于相同信道。

(((•))) 4.6　寻呼（Paging）

在非授权频谱通信中，寻呼的发送机会会受到LBT结果的严重影响。在Rel-16 NR-U研究初期，RAN1和RAN2都认为有必要增加寻呼的发送机会。之后Rel-16 NR-U寻呼增强主要由RAN2来研究和标准化，RAN1仅在收到RAN2 LS之后才会有相应讨论。

下面将简要介绍Rel-16 NR-U对寻呼的一些讨论和增强之处。Rel-17 NR-U并没有对寻呼进行研究和增强。

4.6.1　寻呼发送机会

在一个DRX周期内，存在多个寻呼时刻（PO）。在此期间，一个UE一般只会检测一个PO，不同的UE根据UE ID检测不同位置上的PO。

在Rel-15 NR中，一个PO是一组"S"个连续的PDCCH检测时刻（MO），并且可以由多个时间长度组成（例如子帧或OFDM符号）。其中，"S"是实际发送的SSB的数量。PO中第K个PDCCH检测时刻对应第K个发送的SSB。寻呼帧（PF）是一个无线帧，它可以包含一个或多个PO，也可以是PO的起始位置。如果是多波束操作，PO可以执行发送波束扫描。

图4-16是一个Rel-15 NR PO的示例，该PO由"2"个用于寻呼的PDCCH检测时刻组成。从图4-16中可以看出，寻呼的搜索空间配置具体如下。

```
Periodicity: 5 slots;
Offset: 0;
duration: 1 slots;
monitoringSymbolsWithinSlot: 100010000000000;
CORESET-time-duration: 2 OFDM symbols.
```

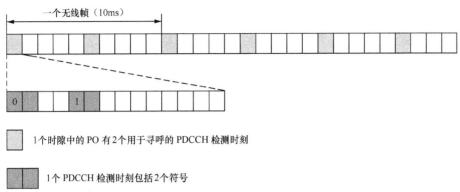

图4-16　Rel-15 NR中的PO示例

为了降低NR-U中LBT的影响，RAN2同意在一个DRX周期内为终端增加更多寻呼传输的机会。采用的方法是在PO内增加更多PDCCH检测时刻。将PO重新定义为"$S \times X$"个用于寻呼的PDCCH检测时刻。其中，"S"仍是实际发送的SSB的数量，X是每个SSB对应的PDCCH检测时刻，即在Rel-15 NR中，X的取值相当于1，而在Rel-16 NR-U中，X的取值可以大于1，从而增加了用于寻呼的PDCCH检测时刻。

图4-17是NR-U一个PO示例，该PO由"2×2"个用于寻呼的PDCCH检测时刻组成。从图4-17中可以看出，寻呼的搜索空间配置具体如下。

```
Periodicity: 5 slots;
Offset: 0;
duration:1 slots;
monitoringSymbolsWithinSlot: 10001000100010;
CORESET-time-duration: 2 OFDM symbols.
```

我们对比图4-16和图4-17可以看到，在一个PO中，PDCCH检测时刻的数目增加了2倍（$X=2$）。

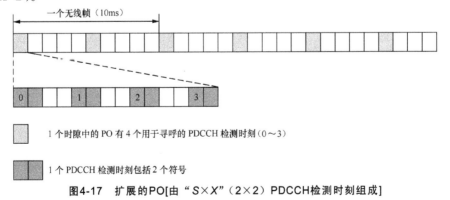

图4-17　扩展的PO[由"$S \times X$"（2×2）PDCCH检测时刻组成]

4.6.2　寻呼检测停止机制

在一个PO中，所有波束上发送的是相同的寻呼信息。尽管对于一个UE来说，PO

中存在多个PDCCH检测时刻，但为了降低UE的功耗，如果UE检测到gNB已经接入载波，并且这种检测结果可靠，则UE可以在PO中停止检测上述额外的PDCCH检测时刻。P-RNTI加扰的控制信道可以用于上述目的，即如果UE已经在PO中解调到P-RNTI加扰的PDCCH，则它在接下来的PDCCH检测时刻不需要再检测寻呼信息。

3GPP还曾讨论是否存在其他的下行信道或信号能够可靠地用于UE在PO中停止检测寻呼信息的目的，对此各个厂家观点不一。

文献[9~11]认为P-RNTI加扰的PDCCH已经足够，不需要定义其他的信号和信道用于上述目的。其中，文献[9]认为对于处于空闲态、非激活态的UE来说，它们不会检测GC-PDCCH，因此无法依靠GC-PDCCH来判断gNB是否接入载波。除此之外，其他可能用于检测载波占用状态的信号和信道包括SSB、SI-RNTI加扰的PDCCH、承载RMSI/OSI的PDSCH等。但是上述任意一种信号或信道都不能代替P-RNTI加扰的PDCCH来使UE停止检测PO中接下来的寻呼信息，其理由如下。

第一，使用其他信号和信道会降低gNB调度的灵活性。如果该载波负载较重，执行LBT成功后，gNB一般都会先调度高优先级的数据。如图4-18所示，gNB在LBT成功后的第一个可用的下行传输时刻（PDCCH检测时刻No.2）发送更高优先级的数据，而在最后一个PDCCH检测时刻（PDCCH检测时刻No.3）发送寻呼信息。如果UE检测到任意下行传输信号，并成功判断gNB接入载波，就在接下来的PDCCH检测时刻上停止检测寻呼信息，那么UE只能等下一个PO，这实际上引入了额外的时延。

第二，如果强行将其他信号和信道的发送位置、PO及PDCCH检测时刻的位置进行捆绑，不仅会限制信号和信道配置的灵活性，还会产生很多新的问题，如定时或QCL关系等。另外，也需要进一步研究这些信号和信道的检测性能。

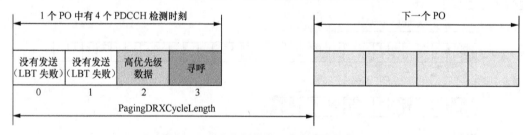

图4-18　高优先级数据与寻呼信息的发送

文献[12, 13]认为，任何具备CRC加扰的信道都能够可靠地用于UE停止检测寻呼信息，如任意类型的PDCCH或PBCH。

尽管3GPP认为存在其他信号或信道能够具备与P-RNTI加扰的PDCCH类似的可靠性（例如其他类型RNTI加扰的PDCCH），但是在哪一种其他信号或信道能够用于UE在PO剩余的PDCCH检测时刻停止检测这一问题上并没有获得一致意见。因此，实际上，P-RNTI加扰的PDCCH仍然是用于上述目的的唯一信道。

4.7 发现参考信号（DRS）

蜂窝网络在LTE-A课题"小小区打开/关闭及发现"研究阶段引入了发现参考信号（DRS），LTE LAA对发现参考信号进行了进一步的增强。在非授权频谱中支持发现参考信号除了能够有助于UE发现小区外，还有以下好处。

（1）在频域上能够更好地满足占用信道带宽的要求。

（2）在时域上将多个零散且独立的信号组成一个整体进行发送，从而减少信道接入次数；并且，可以压缩组成信号总时长以获得更短的信道占用时间。

（3）能够支持独立组网的NR-U部署。

（4）能够支持自动邻区关系（ANR）功能。

（5）有助于解决NR-U场景中物理小区标识混淆问题。

在Rel-16 NR-U中，发现参考信号被命名为发现突发（DB）[14]。一个发现突发是指包含了一系列信号和/或信道的下行突发，这些信号和/或信道限制在一个时间窗内，并且会被配置一个周期。发现突发至少包括一个SSB（由PSS、SSS、PBCH及相应的DMRS组成），还可能包括承载SIB1的PDSCH、调度上述PDSCH的PDCCH、NZP-CSI-RS。

Rel-16 NR-U定义发现突发并不意味着承载SIB1的PDSCH、PDCCH和NZP-CSI-RS只能作为发现突发的组成信号发送，也不意味着在所有NR-U发现突发中这些信道和信号都必须存在。换句话说，上述信道和信号可以独立存在和发送。Rel-16 NR-U还讨论了发现突发中包含其他信道和信号的可能性，譬如OSI和寻呼，但最终没有得出结论。

上述发现突发的功能在FR2-2非授权频段依旧适用。因此，Rel-17 FR2-2 NR-U同样支持发现突发，其定义和信号组成与Rel-16 NR-U相同。另外，Rel-16 NR-U、Rel-17 NR-U发现突发发送窗（DBTW）的定义和配置可参考本书4.1.3节中的内容。

4.8 随机接入（Random Access）

随机接入过程是初始接入过程中非常重要的过程，NR随机接入过程除了实现上行同步、切换等传统功能外，还增加了上行波束对齐、系统消息请求等功能。

4.8.1 低频随机接入信道

LTE LAA仅支持载波聚合场景且将非授权载波作为辅小区。虽然LTE LAA对随机接入过程进行了讨论，并且得出了一些结论，但是最终并没有标准化。Rel-16 NR-U引入了5种部署场景，包括载波聚合、LTE和NR-U之间的双连接、独立组网、下行在非授权载波/上行在授权载波、NR和NR-U之间的双连接。独立组网的NR-U设备需要通过非授权载波进行上行接入，因此，Rel-16 NR-U支持设备在非授权载波上发起随机接入过程，由此带来的随机接入增强标准化需求也随之增加。

Rel-16 NR-U是以Rel-15 NR作为基线来进行讨论的，当前Rel-15 PRACH支持两种长度的序列，分别是839和139的ZC序列。839 ZC序列主要用于大覆盖和高速移动场景，而139 ZC序列主要用于小覆盖和低速移动场景。考虑到NR-U的主要应用场景是微小区，所以仅将139 ZC序列用于非授权载波。此外，根据当前Rel-15的设计，对于15kHz的子载波间隔，前导码序列的占用带宽为2.085MHz，对于30kHz的子载波间隔，其占用带宽为4.17MHz，所占用信道带宽占20MHz的系统带宽的比例是10.425%或者20.85%，如图4-19所示，该比例不能满足ETSI规定的信号占用带宽占总的名义信道带宽的80%的要求。因此，对于序列139需要进行相应的增强。

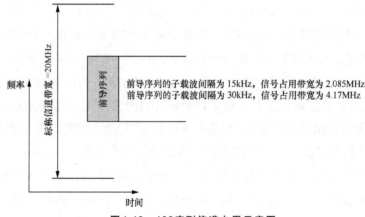

图4-19　139序列信道占用示意图

1. 候选方案对比

为了满足ETSI规定的占用信道带宽的要求，在Rel-16 NR-U SI阶段，提出了基于交错的候选方案和非交错的候选方案，如图4-20所示。

下面给出具体的4种方案。

方案1：PRB级别的均匀交织

将每个PRACH序列映射到一个或多个等间隔交织的所有PRB上。每个映射的PRB中，可以映射部分RE或全部RE。

方案2：PRB级别的非均匀交织

将每个PRACH序列映射到不等子载波间隔交织的部分或所有PRB上。在每个映射的PRB中，可以映射部分RE或全部RE。

方案3：RE级别的均匀交织

PRACH序列在频域是类似梳状的映射，所有使用的RE都是等间隔的。

方案4：非交织方案

将PRACH序列映射到多个连续的PRB上，类似于Rel-15 NR。为了满足占用信道带宽需求，PRACH序列在频域上重复映射，在重复映射之间可以有间隔。

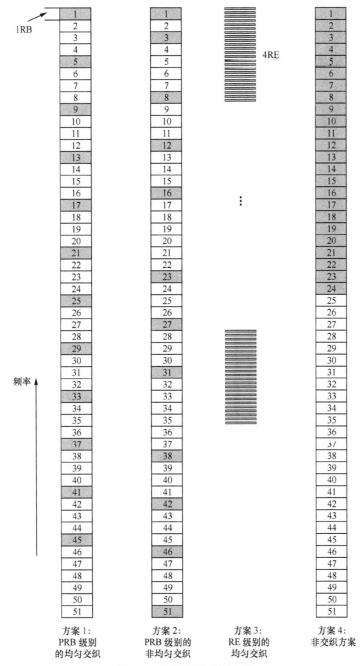

图4-20　不同频域映射方案

对于上面的方案1和方案3等间隔的PRB和RE映射，由于不能与其他信道复用，因此，它们在标准讨论初期被排除。方案4在标准讨论过程中主要是PRACH序列的重复映射和长序列。因此，PRACH候选方案的评估主要是针对PRB级别的非均匀交织、PRACH序列的重复映射和长序列。

在标准讨论过程中，对非均匀交织、PRACH序列重复、长序列3种候选方案的评估主要基于覆盖能力、漏检率、虚警率、定时估计、峰均比及小区级容量等性能方面。3种方案的仿真评估可以参考文献[2]，基于仿真结果对仿真性能进行了总结，不同PRACH序列方案性能对比如表4-13所示。

表4-13　不同PRACH序列方案性能对比

方案	139 ZC序列	非均匀交织方案	PRACH序列重复方案	长序列方案
漏检率	良好	差	优	优
虚警率	良好	差	良好	良好
定时误差估计	良好	差	优	优
峰均比	良好	差	优	良好
网络级容量	低	低	低	高
小区级容量	高	低	低	低
覆盖能力	良好	差	优	优
标准化影响	无	小	小	中

除了考虑方案本身的性能外，对现有标准化协议的影响通常也是决定最终采纳哪种方案进行标准化的因素之一，表4-14给出了PRACH不同频域映射方案的标准化影响。从该表可以看出，交织方案对协议影响最小，长序列方案对协议影响最大。

表4-14　PRACH不同频域映射方案的标准化影响

方案	139 ZC序列	非均匀交织方案	PRACH序列重复方案	长序列方案
是否需要新的逻辑根序列与根序列索引的映射关系	否	否	否	是
是否需要进行循环移位表格的制定	否	否	否	是
是否进行子载波间隔与数据子载波之间的组合、相应的频域偏移等参数的制定	否	否	否	是
需要进行频域位置、重复次数等相关规定的制定	否	否	是	否

基于交织方案的序列设计方案标准化影响较小，但是其相对于其他方案在性能方面没有优势，如表4-13所示，交织方案在漏检率、虚警率、定时估计、峰均比、覆盖能力方面均差于其他候选方案。另外，交织方案在兼容性方面也有缺陷，主要体现在PRACH与其他采用交织方案但序列长度不同的上行信道之间的复用问题。因此，在标

准讨论初期就排除了基于交织方案的序列设计方案。

长序列和序列重复两种方案各有优劣，相对于基线方案性能更优。因此，这两种方案都在标准化过程中进行了长时间的讨论和重点评估，其中长序列方案在标准化过程中需要确定长度选择的问题；而序列重复方案需要进一步确定映射次数及重复序列之间的间隔等问题[16]。最终，由于多数公司支持长序列方案，因此，标准确定使用长序列方案作为NR-U的PRACH增强方案，其中当子载波间隔为15kHz时，PRACH的序列长度为1151；而当子载波间隔为30kHz时，PRACH的序列长度为571。

2. 长序列标准化

长序列对于NR是一个新序列，沿用了Rel-15 NR短序列所对应的PRACH前导码格式，即A1、A2、A3、A1/B1、A2/B2、A3/B3、B1、B4、C0和C2。此外，由于序列长度的变化，相应的逻辑根序列的映射表格、循环移位表格及PRACH和PUSCH的载波间隔之间的映射关系需要进行相应的更新[17]。

（1）逻辑根序列的映射

考虑到NR-U的主要应用场景是室内或者微小区场景，因此在制定逻辑根序列的映射表格时沿用与NR中139 ZC序列相同的原则即可。新引入的长序列与139 ZC序列采用相同特性的ZC序列，也仅考虑自然的ZC根序列的物理根序列的对称性。

物理根序列索引u与逻辑根序列索引i之间的关系通过式（4-2）和式（4-3）可以得到。

$$u(i) = y(i), i = 0, 1, \cdots, N_{ZC} - 2 \qquad （4-2）$$

$$y(2k) = k + 1, y(2k+1) = N_{ZC} - k - 1 \qquad （4-3）$$

其中，i是逻辑根序列索引，u是物理根序列索引，$k = 0, 1, 2, \cdots, \left\lfloor \dfrac{N_{ZC}}{2} \right\rfloor$。

对于序列571和序列1151，其根序列分别为$N_{ZC}=571$和$N_{ZC}=1151$。采用上述原则得出其逻辑根序列与物理根序列之间的对应关系，详见表4-15和表4-16。

表4-15　对于序列1151，逻辑根序列索引i与物理根序列索引u的映射表

i	与逻辑根序列索引i相对应的物理根序列索引u																		
0～19	1	1150	2	1149	3	1148	4	1147	5	1146	6	1145	7	1144	8	1143	9	1142	10	1141
20～39	11	1140	12	1139	13	1138	14	1137	15	1136	16	1135	17	1134	18	1133	19	1132	20	1131
40～59	21	1130	22	1129	23	1128	24	1127	25	1126	26	1125	27	1124	28	1123	29	1122	30	1121
60～79	31	1120	32	1119	33	1118	34	1117	35	1116	36	1115	37	1114	38	1113	39	1112	40	1111
80～99	41	1110	42	1109	43	1108	44	1107	45	1106	46	1105	47	1104	48	1103	49	1102	50	1101
100～119	51	1100	52	1099	53	1098	54	1097	55	1096	56	1095	57	1094	58	1093	59	1092	60	1091
120～139	61	1090	62	1089	63	1088	64	1087	65	1086	66	1085	67	1084	68	1083	69	1082	70	1081
140～159	71	1080	72	1079	73	1078	74	1077	75	1076	76	1075	77	1074	78	1073	79	1072	80	1071

续表

i	与逻辑根序列索引i相对应的物理根序列索引u																		
160~179	81	1070	82	1069	83	1068	84	1067	85	1066	86	1065	87	1064	88	1063	89	1062	90	1061
180~199	91	1060	92	1059	93	1058	94	1057	95	1056	96	1055	97	1054	98	1053	99	1052	100	1051
200~219	101	1050	102	1049	103	1048	104	1047	105	1046	106	1045	107	1044	108	1043	109	1042	110	1041
220~239	111	1040	112	1039	113	1038	114	1037	115	1036	116	1035	117	1034	118	1033	119	1032	120	1031
240~259	121	1030	122	1029	123	1028	124	1027	125	1026	126	1025	127	1024	128	1023	129	1022	130	1021
260~279	131	1020	132	1019	133	1018	134	1017	135	1016	136	1015	137	1014	138	1013	139	1012	140	1011
280~299	141	1010	142	1009	143	1008	144	1007	145	1006	146	1005	147	1004	148	1003	149	1002	150	1001
300~319	151	1000	152	999	153	998	154	997	155	996	156	995	157	994	158	993	159	992	160	991
320~339	161	990	162	989	163	988	164	987	165	986	166	985	167	984	168	983	169	982	170	981
340~359	171	980	172	979	173	978	174	977	175	976	176	975	177	974	178	973	179	972	180	971
360~379	181	970	182	969	183	968	184	967	185	966	186	965	187	964	188	963	189	962	190	961
380~399	191	960	192	959	193	958	194	957	195	956	196	955	197	954	198	953	199	952	200	951
400~419	201	950	202	949	203	948	204	947	205	946	206	945	207	944	208	943	209	942	210	941
420~439	211	940	212	939	213	938	214	937	215	936	216	935	217	934	218	933	219	932	220	931
440~459	221	930	222	929	223	928	224	927	225	926	226	925	227	924	228	923	229	922	230	921
460~479	231	920	232	919	233	918	234	917	235	916	236	915	237	914	238	913	239	912	240	911
480~499	241	910	242	909	243	908	244	907	245	906	246	905	247	904	248	903	249	902	250	901
500~519	251	900	252	899	253	898	254	897	255	896	256	895	257	894	258	893	259	892	260	891
520~539	261	890	262	889	263	888	264	887	265	886	266	885	267	884	268	883	269	882	270	881
540~559	271	880	272	879	273	878	274	877	275	876	276	875	277	874	278	873	279	872	280	871
560~579	281	870	282	869	283	868	284	867	285	866	286	865	287	864	288	863	289	862	290	861
580~599	291	860	292	859	293	858	294	857	295	856	296	855	297	854	298	853	299	852	300	851
600~619	301	850	302	849	303	848	304	847	305	846	306	845	307	844	308	843	309	842	310	841
620~639	311	840	312	839	313	838	314	837	315	836	316	835	317	834	318	833	319	832	320	831
640~659	321	830	322	829	323	828	324	827	325	826	326	825	327	824	328	823	329	822	330	821
660~679	331	820	332	819	333	818	334	817	335	816	336	815	337	814	338	813	339	812	340	811
680~699	341	810	342	809	343	808	344	807	345	806	346	805	347	804	348	803	349	802	350	801
700~719	351	800	352	799	353	798	354	797	355	796	356	795	357	794	358	793	359	792	360	791
720~739	361	790	362	789	363	788	364	787	365	786	366	785	367	784	368	783	369	782	370	781
740~759	371	780	372	779	373	778	374	777	375	776	376	775	377	774	378	773	379	772	380	771
760~779	381	770	382	769	383	768	384	767	385	766	386	765	387	764	388	763	389	762	390	761
780~799	391	760	392	759	393	758	394	757	395	756	396	755	397	754	398	753	399	752	400	751
800~819	401	750	402	749	403	748	404	747	405	746	406	745	407	744	408	743	409	742	410	741
820~839	411	740	412	739	413	738	414	737	415	736	416	735	417	734	418	733	419	732	420	731
840~859	421	730	422	729	423	728	424	727	425	726	426	725	427	724	428	723	429	722	430	721
860~879	431	720	432	719	433	718	434	717	435	716	436	715	437	714	438	713	439	712	440	711
880~899	441	710	442	709	443	708	444	707	445	706	446	705	447	704	448	703	449	702	450	701

续表

i	与逻辑根序列索引i相对应的物理根序列索引u																			
900~919	451	700	452	699	453	698	454	697	455	696	456	695	457	694	458	693	459	692	460	691
920~939	461	690	462	689	463	688	464	687	465	686	466	685	467	684	468	683	469	682	470	681
940~959	471	680	472	679	473	678	474	677	475	676	476	675	477	674	478	673	479	672	480	671
960~979	481	670	482	669	483	668	484	667	485	666	486	665	487	664	488	663	489	662	490	661
980~999	491	660	492	659	493	658	494	657	495	656	496	655	497	654	498	653	499	652	500	651
1000~1019	501	650	502	649	503	648	504	647	505	646	506	645	507	644	508	643	509	642	510	641
1020~1039	511	640	512	639	513	638	514	637	515	636	516	635	517	634	518	633	519	632	520	631
1040~1059	521	630	522	629	523	628	524	627	525	626	526	625	527	624	528	623	529	622	530	621
1060~1079	531	620	532	619	533	618	534	617	535	616	536	615	537	614	538	613	539	612	540	611
1080~1099	541	610	542	609	543	608	544	607	545	606	546	605	547	604	548	603	549	602	550	601
1100~1119	551	600	552	599	553	598	554	597	555	596	556	595	557	594	558	593	559	592	560	591
1120~1139	561	590	562	589	563	588	564	587	565	586	566	585	567	584	568	583	569	582	570	581
1140~1149	571	580	572	579	573	578	574	577	575	576	—	—	—	—	—	—	—	—	—	—

表4-16　对于序列571，逻辑根序列索引i与物理根序列索引u之间的映射表

i	与逻辑根序列索引i相对应的物理根序列索引u																			
0~19	1	570	2	569	3	568	4	567	5	566	6	565	7	564	8	563	9	562	10	561
20~39	11	560	12	559	13	558	14	557	15	556	16	555	17	554	18	553	19	552	20	551
40~59	21	550	22	549	23	548	24	547	25	546	26	545	27	544	28	543	29	542	30	541
60~79	31	540	32	539	33	538	34	537	35	536	36	535	37	534	38	533	39	532	40	531
80~99	41	530	42	529	43	528	44	527	45	526	46	525	47	524	48	523	49	522	50	521
100~119	51	520	52	519	53	518	54	517	55	516	56	515	57	514	58	513	59	512	60	511
120~139	61	510	62	509	63	508	64	507	65	506	66	505	67	504	68	503	69	502	70	501
140~159	71	500	72	499	73	498	74	497	75	496	76	495	77	494	78	493	79	492	80	491
160~179	81	490	82	489	83	488	84	487	85	486	86	485	87	484	88	483	89	482	90	481
180~199	91	480	92	479	93	478	94	477	95	476	96	475	97	474	98	473	99	472	100	471
200~219	101	470	102	469	103	468	104	467	105	466	106	465	107	464	108	463	109	462	110	461
220~239	111	460	112	459	113	458	114	457	115	456	116	455	117	454	118	453	119	452	120	451
240~259	121	450	122	449	123	448	124	447	125	446	126	445	127	444	128	443	129	442	130	441
260~279	131	440	132	439	133	438	134	437	135	436	136	435	137	434	138	433	139	432	140	431
280~299	141	430	142	429	143	428	144	427	145	426	146	425	147	424	148	423	149	422	150	421
300~319	151	420	152	419	153	418	154	417	155	416	156	415	157	414	158	413	159	412	160	411
320~339	161	410	162	409	163	408	164	407	165	406	166	405	167	404	168	403	169	402	170	401
340~359	171	400	172	399	173	398	174	397	175	396	176	395	177	394	178	393	179	392	180	391
360~379	181	390	182	389	183	388	184	387	185	386	186	385	187	384	188	383	189	382	190	381
380~399	191	380	192	379	193	378	194	377	195	376	196	375	197	374	198	373	199	372	200	371
400~419	201	370	202	369	203	368	204	367	205	366	206	365	207	364	208	363	209	362	210	361

i	与逻辑根序列索引i相对应的物理根序列索引u																			
420～439	211	360	212	359	213	358	214	357	215	356	216	355	217	354	218	353	219	352	220	351
440～459	221	350	222	349	223	348	224	347	225	346	226	345	227	344	228	343	229	342	230	341
460～479	231	340	232	339	233	338	234	337	235	336	236	335	237	334	238	333	239	332	240	331
480～499	241	330	242	329	243	328	244	327	245	326	246	325	247	324	248	323	249	322	250	321
500～519	251	320	252	319	253	318	254	317	255	316	256	315	257	314	258	313	259	312	260	311
520～539	261	310	262	309	263	308	264	307	265	306	266	305	267	304	268	303	269	302	270	301
540～559	271	300	272	299	273	298	274	297	275	296	276	295	277	294	278	293	279	292	280	291
560～569	281	290	282	289	283	288	284	287	285	286	—	—	—	—	—	—	—	—	—	—

（2）循环移位

对于长度为1151的序列，若循环移位可以灵活地选择任意正数，则需要11比特指示。为了减少信令开销，在进行NR设计时预先定义已量化的循环移位为数目为16的参数集，将信令开销减少到4比特。

序列571和序列1151的循环移位表格沿用了NR中的长度为839的ZC序列设计原则，具体如式（4-4）。

$$N_{cs}(k) = \begin{cases} \left\lfloor N_{cs} \middle/ \left\lceil N_{SPR}(0) \cdot a^k + \dfrac{a}{1+a}\left(a^k-1\right) \right\rceil \right\rfloor, & k=0,1,2,\cdots,14 \\ 0, & k=15 \end{cases} \qquad (4\text{-}4)$$

其中，$\lceil \cdot \rceil$表示的是舍入到最接近的整数，$N_{SPR}(0)=64$，a=0.8561，具体取值详见表4-17。

表4-17　序列长度为139、571和1151的循环移位表格

零自相关的区域配置	N_{CS}值		
	序列长度为139	序列长度为571	序列长度为1151
0	0	0	0
1	2	8	17
2	4	10	21
3	6	12	25
4	8	15	30
5	10	17	35
6	12	21	44
7	13	25	52
8	15	31	63
9	17	40	82
10	19	51	104
11	23	63	127
12	27	81	164
13	34	114	230
14	46	190	383
15	69	285	575

（3）PRACH和PUSCH载波间隔之间的映射关系

当PRACH的子载波间隔为15kHz时，对应的PRACH序列长度为1151，占用频域连续的96个RB，其对应频域偏移值为{0,1}，具体标准化的值为1；当PRACH的子载波间隔为30kHz时，对应的PRACH序列长度为571，占用频域连续的48个RB，其对应频域偏移值为{0,1,2,3,4,5}，具体标准化的值为2。表4-18是增强NR-U PRACH序列后的参数表，包括PRACH以PUSCH RB个数计量的所占频率宽度和对应的频域偏移。值得注意的是，Rel-16阶段对于NR-U的标准化主要在5GHz FR1低频段，因此，长序列的PRACH最多支持30kHz的子载波间隔，与之对应的PUSCH子载波间隔最高为60kHz。

表4-18 PRACH和各种子载波间隔组合下的频率资源分配及偏移

序列长度	PRACH子载波间隔 Δf_{RA}（kHz）	PUSCH子载波间隔 Δf（kHz）	分配频率资源大小 N_{RB}^{RA}，以PUSCH的RB为单位	频域偏移 $\bar{k}$
839	1.25	15	6	7
839	1.25	30	3	1
839	1.25	60	2	133
839	5	15	24	12
839	5	30	12	10
839	5	60	6	7
139	15	15	12	2
139	15	30	6	2
139	15	60	3	2
139	30	15	24	2
139	30	30	12	2
139	30	60	6	2
139	60	60	12	2
139	60	120	6	2
139	120	60	24	2
139	120	120	12	2
571	30	15	96	2
571	30	30	48	2
571	30	60	24	2
1151	15	15	96	1
1151	15	30	48	1
1151	15	60	24	1

4.8.2 高频随机接入信道

在52.6～71GHz的频率范围内，即FR2-2，可以将120kHz、480kHz和960kHz的子载波间隔应用于随机接入信道，也需要进一步考虑与之相关的一些问题，比如长序列是否可以应用于120kHz、480kHz和960kHz的子载波间隔支持的序列、如何确定其相应的时域的随机接入资源的位置。另外，较高子载波间隔的引入对于RA-RNTI/MSGB-RNTI的影响也需要考虑。

1. 序列

根据Rel-15、Rel-16协议，120kHz的子载波间隔支持长度为139的序列，但不支持长度为571和1151的序列。下面将讨论120kHz的子载波间隔是否支持长序列及480kHz和960kHz的子载波间隔支持的序列。

在FR2-2内，也包含了非授权频谱。与FR1非授权频谱类似，FR2-2非授权频谱也有PSD和EIRP的限制，比如，最大23dBm/MHz的PSD限制和最大40dBm的EIRP限制。当终端使用最大的EIRP时，即40dBm，在23dBm/MHz的PSD限制下，其使用的传输带宽至少为50MHz。表4-19给出了不同子载波间隔、不同序列长度下的传输带宽。

表4-19　不同子载波间隔、不同序列长度下的传输带宽

子载波间隔（kHz）	序列长度	带宽（MHz）
120	139	16.7
	571	68.5
	1151	138.1
480	139	66.7
	571	274.1
	1151	552.5
960	139	133.4
	571	548.2
	1151	1105.0

从表4-19可以看出，3种子载波间隔都可以支持长度为139的序列，同时，120kHz的子载波间隔可以支持长度为571和1151的序列。另外，根据定义的480kHz和960kHz的子载波间隔的最小带宽为400MHz，再基于表4-19，对于960kHz的子载波间隔，长度为1151和571所占用带宽均超过了400MHz，因此标准不支持；对于480kHz的子载波间隔，长度为1151的序列所占用带宽也超过了最小带宽，因此标准也不支持。最终，对于上述3种不同的子载波间隔，标准支持的序列如表4-20所示。

表4-20　不同子载波间隔支持的序列长度

子载波间隔（kHz）	序列长度
120	139
	571
	1151
480	139
	571
960	139

在FR2 2频段，由于120kHz的子载波间隔支持了长度为571和1151的序列，480kIIz的子载波间隔支持长度为139和571的序列，960kHz的子载波间隔支持长度为139的序列，所以PRACH和各种子载波间隔组合下的频率资源分配表需要进行相应的更新。其中，表4-18中的$\overline{k}$是为了使PRACH序列在频域两边的保护子载波尽可能平衡。相对于低频，高频的晶振误差增加，多普勒频偏较高，因此需要较大的保护间隔。考虑到这些因素，对于新增的$\overline{k}$，文献[1]给出式（4-5）来进行计算。若计算出来的$\overline{k}$较小，则通过增加1个RB来增加$\overline{k}$值。

$$\overline{k} = \left\lfloor \frac{\left(\left(12N_{RB}^{RA}-1\right)\times\Delta f - \left(L_{RA}-1\right)\right)\times\Delta f_{RA}}{2\Delta f_{RA}} \right\rfloor \qquad （4-5）$$

最终标准化的频域资源分配如表4-21所示。

表4-21　标准化的频域资源分配

PRACH序列长度	PRACH子载波间隔 Δf_{RA}（kHz）	PUSCH子载波间隔 Δf（kHz）	分配频率资源大小 N_{RB}^{RA}，以PUSCH的RB为单位	频率偏移 $\overline{k}$
839	1.25	15	6	7
839	1.25	30	3	1
839	1.25	60	2	133
839	5	15	24	12
839	5	30	12	10
839	5	60	6	7
139	15	15	12	2
139	15	30	6	2
139	15	60	3	2
139	30	15	24	2
139	30	30	12	2
139	30	60	6	2
139	60	60	12	2
139	60	120	6	2

续表

PRACH 序列长度	PRACH子载波间隔 Δf_{RA}（kHz）	PUSCH子载波间隔 Δf（kHz）	分配频率资源大小 N_{RB}^{RA}， 以PUSCH的RB为单位	频率偏移 $\bar{k}$
139	120	60	24	2
139	120	120	12	2
139	120	480	3	1
139	120	960	2	23
139	480	120	48	2
139	480	480	12	2
139	480	960	6	2
139	960	120	96	2
139	960	480	24	2
139	960	960	12	2
571	30	15	96	2
571	30	30	48	2
571	30	60	24	2
571	120	120	48	2
571	120	480	12	1
571	120	960	7	47
571	480	120	192	2
571	480	480	48	2
571	480	960	24	2
1151	15	15	96	1
1151	15	30	48	1
1151	15	60	24	1
1151	120	120	97	6
1151	120	480	25	23
1151	120	960	13	45

2. PRACH传输机会

在FR2-2频段，由于没有增加接入容量的需求，因此PRACH时域的密度与120kHz的子载波间隔的密度相同。此外，由于接入容量没有增加，因此PRACH的周期最小值还是10ms。在FR2-1频段，随机接入配置表是以60kHz的子载波间隔为参考子载波间隔，对于480kHz和960kHz的子载波间隔，为了不引入新的表格，依然以60kHz的子载波间隔为参考子载波间隔。在60kHz的子载波间隔的时隙内，对于120kHz的子载波间隔，可以有1个或2个PRACH时隙。当只有1个PRACH时隙时，其PRACH时隙在第2个时隙上。对于480kHz和960kHz的子载波间隔，由于它们与120kHz的子载波间隔有相同的密度，这就意味着在60kHz的子载波间隔的时隙内，也有1个或2个PRACH时隙。当有1个PRACH时隙时，则与120Hz的子载波间隔类似，固定在最后一个时隙上。对于480kHz和960kHz的子载波间隔，在60kHz的子载波间隔内分别有8个和16个时隙，其PRACH时隙固定在第7个和第15个时隙上，即 n_{slot}^{RA} 为7和15，如图4-21所示。图4-21是以PRACH配置索引71为例，其相应的PRACH时域配置如表4-22所示。

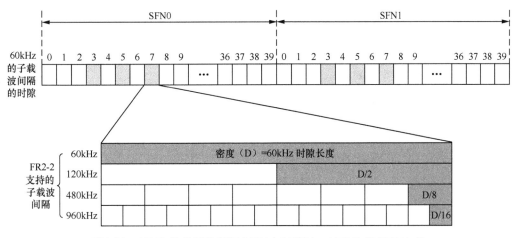

图4-21　60kHz的子载波间隔内有1个时隙时，480kHz和960kHz的
子载波间隔下的PRACH时隙

表4-22　非对称频谱下FR2的PRACH时域配置表

| PRACH配置索引 | 前导格式 | n_f mod x=y | | 子帧号 | 起始符号 | 子帧内PRACH时隙个数 | PRACH时隙内时域传输机会的个数 $N_t^{RA,slot}$ | PRACH符号长度 N_t^{RA} |
		x	y					
68	A3	2	1	4,9,14,19,24,29,34,39	0	2	2	6
69	A3	2	1	3,7,11,15,19,23,27,31,35,39	0	1	2	6
70	A3	1	0	19,39	7	1	1	6
71	A3	1	0	3,5,7	0	1	2	6

　　当60kHz的子载波间隔时隙内有2个PRACH时隙时，对于480kHz的子载波间隔，其PRACH时隙位于第3和7个时隙上；对于960kHz的子载波间隔，其PRACH时隙位于第7和第15个时隙上，具体如图4-22所示。

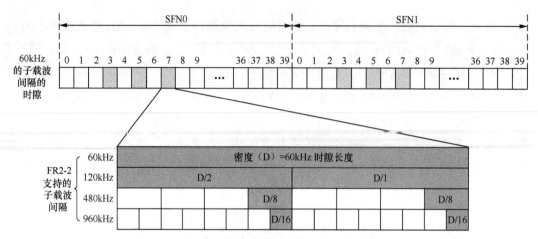

图4-22 当60kHz的子载波间隔内有2个时隙时，480kHz和960kHz的
子载波间隔下的PRACH时隙

3. PRACH传输机会间隔

在Rel-16 NR-U标准化期间，讨论了是否要在连续的PRACH传输机会之间引入间隔。对于该问题，可以通过配置不连续的PRACH传输机会或者在失败情况下重发前导码来解决，且考虑到该问题仅仅是一个优化，所以最终没有标准化。在FR2-2内，引入间隔的主要原因是需要执行LBT和波束切换。对于LBT，首先，在FR2-2内由于使用窄波束，LBT失败的概率降低。其次，在高频引入了LBT和不执行LBT，所以在有些情况下不需要执行LBT。最后，前导码和MSGA已经作为短控制信令，即在100ms内的传输时间不满足10%的条件下，在传输之前不需要执行LBT。基于上述分析，且考虑到可以通过配置来避免连续的PRACH传输机会配置等，所以从LBT角度来看，预留间隔的必要性不大。对于波束切换，在终端侧，由于终端在某一时隙只会发送一次前导码，没有波束切换问题；在基站侧，由于波束切换时间为59ns，小于960kHz的子载波间隔的CP长度，所以波束切换也不是问题，若在某些情况下，波束切换时间超过了CP长度，则基站可以忽略在波束切换过程中获得的样点，通过后面的样点来接收前导码（在图4-23中，PRACH格式A3有6次重复）。

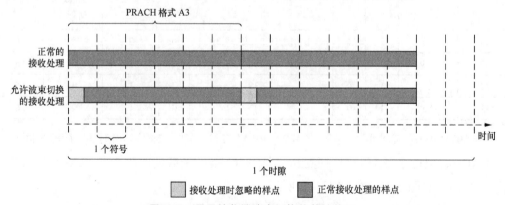

图4-23 用于接收端波束切换的基站处理

4. RNTI影响

当将480kHz和960kHz的子载波间隔用于PRACH信道，RA-RNTI/MSGB-RNTI的最大值可由文献[27]中的公式计算得到，其最大值如表4-23所示。

表4-23 不同子载波间隔下RA-RNTI/MSB-RNTI的最大值

子载波间隔	t_{id}范围	RA-RNTI/MSGB-RNTI的最大值
120kHz	$0 \leqslant t_{id} < 80$	17920/35480
480kHz	$0 \leqslant t_{id} < 320$	71680/89600
960kHz	$0 \leqslant t_{id} < 640$	143360/161280

由表4-23可以看出，在480kHz和960kHz的子载波间隔，RA-RNTI/MSGB-RNTI的最大值都超过当前RNTI的最大值——65535。为了不影响当前的RNTI取值，建议不扩展RNTI的范围。基于此，在标准讨论过程中，解决方案主要有如下3种[18]。

方案1：模操作。

通过模操作，RNTI的取值不超过65535，公式的具体修改如式（4-6）。

$$
\begin{aligned}
RA-RNT1 = \Big(1 + s_{id} + 14 \cdot s_{id} + 14 \cdot \max\left(80, N_{slot}^{frame,\mu}\right) \cdot f_{id} + \\
14 \cdot \max\left(80, N_{slot}^{frame,\mu}\right) \cdot 8 \cdot ul_{carrier\text{-}id}\Big) \bmod\left(2^{16}\right)
\end{aligned}
\tag{4-6}
$$

方案2：将一个无线帧内的时隙分段，120kHz子载波间隔的时隙个数作为一个分段。该方案不需要修改公式，仅通过DCI向终端通知分段索引。

方案3：公式不变，对于480kHz和960kHz的子载波间隔，仅修改t_{id}。

该方案将包含PRACH传输机会的120kHz的子载波间隔的时隙索引作为480kHz和960kHz的子载波间隔的t_{id}。

虽然方案1可以解决RNTI取值不超过65535的问题，但是会增大冲突概率。此外，修改公式对协议的影响比较大。方案2有比较好的前向兼容性，即使随机接入传输机会的密度增加也不会增大冲突概率，但需要在DCI增加字段指示。方案3适用于随机接入传输机会密度不增大的情况，对协议影响较小，但若后续版本有增加随机接入传输机会密度的需求，该方案会增大冲突概率。最终，考虑到不增大随机接入传输机会密度和对协议影响较小，选择方案3。

4.8.3 随机接入过程

1. 多传输机会

随机接入过程中的前导码传输可能会受到LBT的影响，一旦LBT失败，传输将不能执行，进而影响随机接入时延，因此，在标准讨论初期，对于PRACH传输增强，从时域和频域角度提出了多种潜在的增强方案，具体内容如下。

方案1：在多个载波或LBT子带上配置PRACH资源。

通过在多个载波、LBT子带或BWP上配置多个PRACH资源，一旦触发随机接入过程，终端可以在多个频域上选择PRACH资源，以便在多个频域资源上尝试执行LBT。终端在执行LBT成功的载波、LBT子带或者BWP上发送前导码。

方案2：通过DCI或寻呼指示调度PRACH资源。

在连接态下，基站通过DCI指示额外的PRACH资源给终端，终端可以在基站发起的信道占用时间内发送前导码，减少LBT的影响。在空闲或非激活态，基站可以通过寻呼消息指示额外的PRACH资源给终端，类似的，终端可以在基站发起的信道占用时间内发送前导码。

方案3：在接收Msg2之前多次传输前导码。

终端在随机接入响应窗开启之前多次发送前导码，基站根据接收到的前导码来发送Msg2。多次前导码传输可以增加前导码的传输机会。

方案1在RAN2进行过讨论，对于多个BWP方案，考虑到多个激活BWP的复杂性，不建议引入。多个LBT子带的方案在高层讨论后不建议在Rel-16中引入。方案2和方案3仅在SI阶段提出，后续没有再对它们进行讨论。

2. SFN最低比特位

与前导码传输类似，随机接入响应消息也会受到LBT的影响，一旦LBT失败，便会影响到随机接入时延。为了减少LBT的影响，可以考虑通过扩展随机接入响应窗的最大值来接收Msg2。根据RAN2的讨论，随机接入响应窗的最大值将扩展到40ms。由于RA-RNTI/MSGB-RNTI的计算基于一个SFN，因此当进行随机接入响应窗扩展时，不同SFN的RA-RNTI/MSGB-RNTI可能相同。若发送的前导码也相同，则会引起冲突，即随机接入响应窗扩展增大了冲突概率。为了解决这个问题，基站通过DCI来指示发送前导码的SFN的最低比特位。考虑到将随机接入响应窗扩展为40ms，DCI增加2比特指示即可。另外，当随机接入响应窗小于或等于10ms时，与Rel-15 NR类似，没有扩展引入的冲突概率问题，因此，仅当随机接入响应窗大于10ms时，指示SFN的最低比特位。

当终端在随机接入响应窗内检测到RA-RNTI/MSGB-RNTI加扰的PDCCH时，需要判断DCI指示的SFN的最低比特位是否与发送前导码的SFN的最低比特位相匹配，若匹配，则将PDSCH消息指示给MAC层来进行解析。

3. LBT类型指示

与其他上行消息类似，对于4步随机接入过程中的Msg3初始传输或者2步随机接入过程中的回退消息中的PUSCH传输，基站通过表4-24中的信道接入指示来指示PUSCH

传输使用的信道接入信息，该指示占用PUSCH频域资源分配指示域中的2比特。Msg3重传授权所使用的LBT类型和CP值通过DCI 0_0中的2比特来指示。在FR1非授权频段，信道接入信息包含LBT类型和CP值；在FR2-2非授权频段且channelAccessMode2-r17被配置时，信道接入信息包含LBT类型。

表4-24 随机接入响应授权域

授权域	比特数
跳频指示	1
PUSCH频域资源分配	在FR1的非授权频段或在FR2-2的非授权频段且channelAccessMode2-r17被配置情况下，比特数为12；否则，比特数为14
PUSCH时域资源分配	4
调制编码方式	4
发送功率控制指示	3
CSI请求	1
信道接入信息指示	在FR1的非授权频段或在FR2-2的非授权频段且channelAccessMode2-r17被配置的情况下，比特数为2；否则，比特数为0

另外，在4步随机接入过程中，Msg4的PUCCH反馈所使用的信道接入信息通过DCI中的2比特来指示，而在2步随机接入过程中，MSGB的PUCCH反馈所使用的信道接入信息是通过成功随机接入响应消息中预留的2比特来指示的，具体如图4-24和表4-25所示。

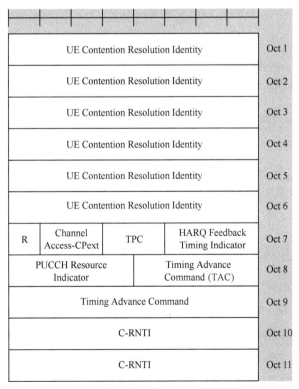

图4-24 成功随机接入响应消息结构

表4-25　成功随机接入响应消息内容字段

字段	长度与含义
终端CRID	48比特，竞争解决ID，为前序传输的MsgA中包含的CCCH消息前的48位，用于竞争解决
信道接入相关指示	2比特，指示用于非授权频段的相关信道接入信息。在FR1非授权频段，信道接入信息包括LBT类型和CP值；在FR2-2非授权频段且channelAccessMode2-r17被配置的情况下，信道接入信息包含LBT类型
TPC	2比特，传输功率控制命令，用于MsgB HARQ反馈的功率控制
HARQ反馈时机指示	3比特，用于指示MsgB的HARQ反馈时间点
PUCCH资源指示	4比特，用于指示MsgB的HARQ 反馈的传输资源
TAC	12比特，用于调整时间提前量
C-RNTI	16比特，用于在小区内唯一标识单一用户

当随机接入响应消息的授权域中的频域资源指示域变为12比特时，也需要对频域资源指示的带宽的划分进行修改。当BWP小于或等于某一门限时，使用截断方式来指示所有的情况。根据公式 $2^{12} = n(n+1)/2$ 计算得出n为90。因此，对于非授权载波，当BWP小于或等于90个RB时，使用截断方式，以12比特来指示所有可能的频域资源。

(°) 4.9　RRM测量与RLM测量

4.9.1　RRM测量

5G NR Rel-15授权频谱中的RRM测量主要包括参考信号接收功率（RSRP）、参考信号接收质量（RSRQ）和参考信号接收强度指示（RSSI）等测量[15]。其中，RSSI测量在3GPP TS 38.215 Rel-15版本中并没有单独定义，而是定义在RSRQ（SS-RSRQ/CSI-RSRQ）中，作为测量SS-RSRQ/CSI-RSRQ而需要测得的中间量，UE可以不用上报给基站。

1. Q值指示与RRM测量窗

Rel-16 NR-U和Rel-17 FR2-2 NR-U的SSB波束数目（或SSB的QCL关系数目）Q可以在MIB中指示给UE，用于服务小区的RRM测量。对于UE处在空闲态、非激活态或连接态下的邻区RRM测量，标准还支持服务小区通过广播RRC信令（SIB2/3/4）和/或专用RRC信令（MeasObjectNR或ServingCellConfigCommon）为UE指示邻区Q值，具体可参考4.2.1节。

Rel-15 NR定义的SSB测量定时配置（SMTC）可用于RRM测量，它可以通过如下信息单元SSB-MTC来配置[19]。

```
SSB-MTC ::=                     SEQUENCE {
    periodicityAndOffset        CHOICE {
        sf5                         INTEGER (0..4),
        sf10                        INTEGER (0..9),
        sf20                        INTEGER (0..19),
        sf40                        INTEGER (0..39),
        sf80                        INTEGER (0..79),
        sf160                       INTEGER (0..159)
    },
    duration                    ENUMERATED { sf1, sf2, sf3, sf4, sf5 }
}
```

可以看出，SSB-MTC窗的周期、偏移及窗长都是可配置的。其中，周期范围是5~160ms，窗长范围是1~5ms。为了避免引入新的字段对其他已有字段及测量间隔造成影响，如intraFreqCellReselectionInfo、InterFreqCarrierFreqInfo和MeasObjectNR等已有字段，3GPP同意Rel-15 NR SSB-MTC窗可以不进行任何修改，直接用于配置Rel-16 NR-U的RRM测量窗。Rel-17 FR2-2对此没有讨论，默认重用Rel-15、Rel-16所定义的机制。

2. SS-RSRQ

Rel-17 FR2-2引入了两种新的子载波间隔，即480kHz和960kHz，并为这两种子载波间隔设计了新的SSB集合图样，即一个时隙中的两个SSB分别位于时隙中的OFDM符号#2、#3、#4、#5和#9、#10、#11、#12。时隙中第一个SSB与Rel-15 SSB集合图样A、SSB集合图样C相同，而第二个SSB与Rel-15 SSB集合图样A、SSB集合图样C中的第二个SSB相比延后了一个OFDM符号。据此，有观点[20]认为NR RSSI测量（在3GPP TS 38.215 5.1.3 SS-RSRQ中定义）也应进行相应修改，以匹配上述新的SSB集合图样。如图4-25所示，对于FR2-2，配置#0和配置#1与Rel-15相同；配置#2从Rel-15 {0, 1, …, 7}修改为{0, 1, …, 8}；配置#3从Rel-15{0, 1, …, 11}修改为{0, 1, …, 12}。

尽管绝大部分公司认为这属于优化问题，并且120kHz、240kHz的子载波间隔及其他类型SSB集合图样没有进行相应优化，但是经过多次会议反复讨论和博弈，最终标准决定对于FR2-2，仅支持配置#3的修改，配置#2与Rel-15 NR相同，不进行修改，仍为{0, 1, …, 7}。另外，需要注意本部分所描述的RSSI测量（在Rel-15中已有相关定义）与NR-U专门引入的RSSI测量不同。

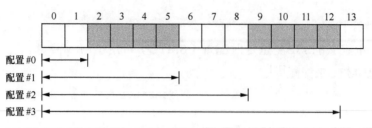

图4-25　FR2-2 NR载波RSSI测量的配置方案

3. NR-U RSSI测量

为了衡量非授权载波上的干扰程度，同时为了更好地解决隐藏节点和负载均衡问题，3GPP在Rel-16 NR-U中引入了两个新的测量量，即RSSI和信道占用率（CO）。需要注意的是在Rel-16 NR-U中定义的RSSI测量不同于在Rel-15 NR授权频谱中定义的RSSI测量。两者之间的差别不仅体现在测量配置方面，并且两者测量结果上报机制也有所不同。在LTE LAA阶段，Rel-16 NR-U的两个新测量量RSSI和CO均已经被讨论和标准化，因此，实际上Rel-16 NR-U是延续了LTE LAA的做法。Rel-17 NR-U对RSSI进行了进一步的增强。

在Rel-16 NR-U、Rel-17 NR-U中，RSSI被定义为UE在每个配置的OFDM符号和测量带宽上全部接收功率的线性平均。其中，Rel-16 NR-U与Rel-17 NR-U关于测量带宽的配置方法不同，下面在介绍参数配置时有相关描述。

测量带宽的中心频点通过ARFCN-valueNR来配置。RSSI包含所有资源上的接收功率，包括共道的服务小区和非服务小区、邻道干扰及热噪声等。CO在Rel-16 NR-U中被定义为在一段时间（报告周期）内的测量时刻上的接收信号强度大于一定阈值的百分比。

RSSI测量时长中的层1平均时长被固定为1个OFDM符号，该OFDM符号对应的子载波间隔和循环前缀由高层参数ref-SCS-CP-r16（Rel-16 NR-U）和ref-SCS-CP-v1700（Rel-17 NR-U）配置。在测量时长内，物理层为每个层1平均时长上报一个RSSI采样值给高层（不需要额外的层1滤波），由于层1平均时长只存在唯一值，因此该参数不需要通过高层来配置。

高层可以为终端配置参考基础参数、测量时长、周期、子帧偏移、测量中心频点、测量带宽等RSSI测量参数，下面对这些参数进行介绍。

（1）参考基础参数

参考基础参数包括子载波间隔和循环前缀。Rel-16 NR-U的可配置参考基础参数为15kHz、30kHz、60kHz+NCP、60kHz+ECP。Rel-17 NR-U的可配置参考基础参数为120kHz、480kHz和960kHz。

（2）测量时长

Rel-16 NR-U的测量时长可以配置为1、14或12、28或24、42或36、70或60个OFDM

符号。或者说，测量时长可以是1个OFDM符号、1个时隙、2个时隙、3个时隙、5个时隙。在1个时隙中包括14个OFDM符号还是12个OFDM符号取决于循环前缀是NCP还是ECP。OFDM符号对应的子载波间隔和循环前缀由参考基础参数决定。对于Rel-17 NR-U，测量时长除了仍然可以配置上述值外，120kHz的子载波间隔还可以配置为140个OFDM符号，480kHz的子载波间隔还可以配置为{140，560}个OFDM符号，960kHz的子载波间隔还可以配置为{140，560，1120}个OFDM符号。

如果RSSI测量的频域资源位于下行激活BWP中，在测量时长内，UE根据下行激活BWP的基础参数来执行RSSI测量；否则，UE使用的RSSI测量的参考基础参数取决于UE实现，并且UE不期望被配置非整数个OFDM符号（按照下行激活BWP的基础参数来计算）进行RSSI测量。例如，ref-SCS-CP-r16配置的子载波间隔为30kHz、OFDM符号数为1。如果下行激活BWP的子载波间隔为15kHz，那么30kHz的子载波间隔的1个OFDM符号相当于15kHz的子载波间隔的0.5个OFDM符号，UE不期望出现这样的配置。

（3）周期

Rel-16 NR-U、Rel-17 NR-U测量周期可配置为40ms、80ms、160ms、320ms及640ms，上述取值与LTE LAA相同。

（4）子帧偏移

Rel-16 NR-U、Rel-17 NR-U子帧偏移取值范围为0～639ms，与LTE LAA相同。

（5）中心频点

gNB可以通过ARFCN-valueNR来配置RSSI测量带宽的中心频点。

（6）测量带宽

Rel-16 NR-U RSSI测量带宽为3GPP TS 37.213定义的信道带宽（也即LBT带宽），典型值为20MHz。因此，Rel-16 NR-U RSSI测量带宽不再需要高层信令来指示。Rel-17 NR-U RSSI测量带宽由新定义的高层信令rmtc-Bandwidth-r17来指示，可指示的带宽包括100MHz、400MHz、800MHz、1600MHz及2000MHz。

从上面对RSSI测量的介绍中可以看出，RSSI的定义和很多参数配置都参考了LTE LAA的方式。RSSI和CO也都支持周期性的测量上报方式。图4-26给出了一个Rel-16 NR-U RSSI测量和CO测量的示例。

在Rel-16 NR-U对RSSI和CO的标准化过程中，讨论的主要焦点为是否支持事件触发的RSSI/CO，以及是否引入新的触发方式[21]。事件触发的RSSI/CO有利于基站及时发现干扰，从而采取相应解决措施。然而，3GPP虽然在测量报告中为事件触发的RSSI/CO预留了IE，但是实际上并没有针对RSSI和CO支持新的事件类型得到结论。当RSRP/RSRQ等测量满足某个事件被触发上报时，UE可以顺便上报RSSI和CO。Rel-17 NR-U没有对RSSI/CO的事件触发再展开讨论。

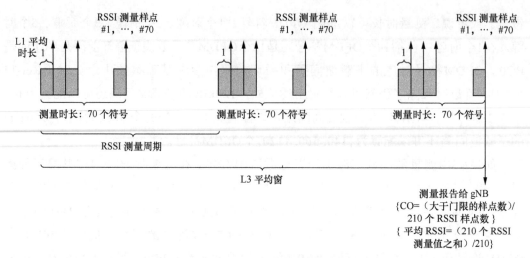

图4-26　Rel-16 NR-U中的RSSI测量和CO测量

Rel-17 NR-U工作在FR2-2内，因此还需要考虑UE如何获取RSSI测量资源的QCL假设，具体包括如下标准化内容。

对于在FR2-2上执行同频RSSI测量，UE可以假设配置的RSSI测量资源与在RMTC配置中提供的TCI状态相关联的DL RS具有相同的QCL类型D关系。如果在RMTC配置中没有提供TCI状态，UE可以假设配置的RSSI测量资源与在本载波中激活BWP上最近接收的PDSCH或最近检测的CORESET具有相同的QCL类型D关系。

对于在FR2-2上执行异频RSSI测量，UE可以假设配置的RSSI测量资源与在RMTC配置中提供的TCI状态相关联的DL RS具有相同的QCL类型D关系。如果配置的RSSI测量资源不在任何一个服务小区的带宽中，UE可以假设配置的RSSI测量资源与提供RMTC配置的载波中激活BWP上的TCI状态相关联的DL-RS具有相同的QCL类型D关系。如果在RMTC配置中没有提供TCI状态，UE可以假设配置的RSSI测量资源与提供RMTC配置的载波中激活BWP上最近接收的PDSCH或最近检测的CORESET具有相同的QCL类型D关系。

4.9.2　RLM测量

RLM通过监测RLM参考信号（RLM-RS）的信号质量来判断UE与服务小区之间的无线链路处于同步（IS）状态还是失步（OOS）状态。

SSB和CSI-RS都可以作为RLM-RS。RLM-RS可以被显式地配置给UE。如果它们没有被显式配置，UE使用TCI状态中包含的CSI-RS来进行RLM监测。在评估周期（例如200ms）内，如果有一个或多个RLM-RS的信号质量高于阈值，物理层将向RRC发送IS指示。如果所有的RLM-RS的信号质量都低于阈值，物理层将向RRC发送OOS指示。

在RRC收到一个OOS指示后，随即启动T310定时器。在T310定时器计时期间，如果RRC收到n311个连续的IS指示，RRC会认为无线链路已经恢复，并停止T310定时器的计时。在T310定时器计时期间，如果RRC收到n310个连续的OOS指示，RRC会认为无线链路失败，进而触发RRC重建过程[22]。

在Rel-16 NR-U中，对于基于SSB的RLM测量，UE会假设RLM测量窗与发现参考信号发送窗配置相同。发现参考信号发送窗如何配置可参考4.1.3节。上述结论意味着基于SSB的RLM-RS不会落到RLM测量窗外。如果将CSI-RS用作RLM-RS，它可以落在基于SSB的RLM测量窗（发现参考信号发送窗）之内或之外，并且这两种情况都可以用于评估无线链路处于IS状态还是OOS状态。

另外，在非授权频谱通信中，LBT的失败会导致RLM-RS发送不出去。相应的，UE就无法监测到RLM-RS，造成RLM-RS非信道质量原因的丢失。UE在进行无线链路监测时，如果监测不到RLM-RS，则会认为接收信号质量低于阈值。当监测不到的RLM-RS达到一定数量之后，就会触发OOS的上报，进而引起无线链路失败。在不同信道负荷（分为轻负荷、中负荷及重负荷）条件下，文献[23]通过仿真分别模拟边缘用户和中心用户无线链路失败的概率。在仿真过程中，主要通过调整用户FTP业务模型数据包到达概率（λ）来模拟不同信道负荷的场景（FTP业务模型中的数据包到达概率越大，所需要传输的数据包就越多，设备竞争信道越频繁，进而信道的负荷就越大），这种方法可以最大限度地还原真实的场景，仿真结果如表4-26所示。

表4-26 LBT失败对无线链路失败概率的影响

	$\lambda=0.2$	$\lambda=0.13$	$\lambda=0.1$
LBT失败概率	36.92%	19.37%	5.76%
中心用户无线链路失败概率	9.03%	5.55%	0.00%
边缘用户无线链路失败概率	33.35%	27.80%	11.10%
无线资源利用率	45.45%	34.34%	15.58%

从上面的仿真结果可以看出，基站的LBT失败概率越高，就会导致UE侧越多的RLM-RS监测不到，无线链路失败概率也会随之升高，尤其对于边缘用户，由于其信号质量不好，再加上监测不到RLM-RS的影响，更容易触发无线链路失败。

但是，如果为了降低无线链路失败的概率，在无线链路监测过程中不考虑监测不到的RLM-RS，当基站发生持续的或者较多的LBT失败时，又没有机制使得UE能及时地选择其他小区。

为了解决上述问题，Rel-16 NR-U主要讨论了如下几个方案。

方案1：将多个监测不到的RLM-RS等效为OOS，当UE多次监测不到RLM-RS，就会触发OOS的上报，这样会更容易触发无线链路失败时，促使终端能够及时地选择其他小区。但是，该方案会增大边缘用户的无线链路失败的概率[24]。

方案2：采用一个新的统计量来统计监测不到RLM-RS的次数。当满足特定条件时，例如在某段时间内，如果持续监测不到RLM-RS的次数达到某个阈值，即意味着基站长时间抢占不到信道，不能保证服务质量，则将触发UE无线链路失败[25]。

方案3：增加UE监测RLM-RS的机会，例如，当在监测时刻没有成功发送RLM-RS时，如果基站再次执行LBT成功，则可以在监测时刻外的时刻补偿发送RLM-RS，UE也会在这些时刻进行监测，这就消除了监测不到RLM-RS的影响。但是该方案可能会增加基站之间的干扰[26]。

上述3个方案均存在一些影响。其他观点认为还可以通过延长IS和OOS评估的周期，UE能够且应该容忍一定数量的RLM-RS检测失败。对于非授权频谱RLM-RS丢失问题，最终Rel-16 NR-U和Rel-17 FR2-2 NR-U均没有为此引入新的增强机制。

参考文献

[1] 3GPP TS 38.211 V15.7.0. Study on Physical Channels and Modulation. 2019-09.

[2] 田力，袁弓非，张峻峰，等. 5G随机接入增强技术[M]. 北京：人民邮电出版社，2021.

[3] 刘晓峰，孙韶辉，杜忠达，等. 5G无线系统设计与国际标准[M]. 北京：人民邮电出版社，2019.

[4] 3GPP TS 38.213 V15.14.0. Physical Layer Procedures for Control. 2021-06.

[5] 3GPP TS 38.101-1. User Equipment (UE) Radio Transmission and Reception; Part 1: Range 1 Standalone.

[6] 3GPP TS 38.101-2. User Equipment (UE) Radio Transmission and Reception; Part 2: Range 2 Standalone.

[7] 3GPP R1-2112735. Summary #3 of Email Discussion on Initial Access Aspect of NR Extension Up to 71GHz. Intel, 3GPP TSG RAN WG1 Meeting #107-e, November 11-19, 2021.

[8] 3GPP TS 38.214 V17.1.0. Physical Layer Procedures for Data. 2022-03.

[9] 3GPP R1-1909980. Considerations on Additional PDCCH Monitoring Occasions for Paging for NR-U. ZTE, 3GPP TSG RAN1 #98bis, Chongqing, China, October 14-20, 2019.

[10] 3GPP R1-1910791. Enhancements to Initial Access Procedure for NR-U. OPPO, 3GPP TSG RAN1 #98bis. Chongqing, China, October 14-20, 2019.

[11] 3GPP R1-1910948. Enhancements to Initial Access Procedure. Ericsson, 3GPP TSG RAN1 #98bis, Chongqing, China, October 14-20, 2019.

[12] 3GPP R1-1910614. On Enhancements to Initial Access Procedures for NR-U. Nokia, 3GPP TSG RAN1 #98bis, Chongqing, China, October 14-20, 2019.

[13] 3GPP R1-1911098. Initial Access and Mobility Procedures for NR-U. Qualcomm, 3GPP TSG RAN1 #98bis, Chongqing, China, October 14-20, 2019.

[14] 3GPP TS 37.213. Physical Layer Procedures for Shared Spectrum Channel Access.

[15] 3GPP TS 38.215. V16.3.0, Physical Layer Measurements. 2020-06.

[16] 3GPP R1-1913491.Feature Lead Summary on Initial Access Signals and Channels for NR-U, Qualcomm.

[17] 3GPP R1-1911863.Initial Access Signal and Channels in NR Unlicensed Band, Huawei.

[18] 3GPP R1-2112452. Summary #2 of Email Discussion on Initial Access Aspect of NR Extension Up to 71GHz. Intel.

[19] 3GPP TS 38.331. Radio Resource Control (RRC) - Protocol Specification.

[20] 3GPP R1-2111725.Initial Access Aspects for NR from 52.6GHz to 71GHz. Samsung, 3GPP TSG RAN WG1 #107-e, November 11-19, 2021.

[21] 3GPP R2-1906278. RRM Measurement and Reporting in NR Unlicensed. Intel.

[22] 3GPP TS 38.133. Requirements for Support of Radio Resource Management.

[23] 3GPP R2-1813736. Simulation and Evaluation for RLM RLF on NR-U. ZTE.

[24] 3GPP R2-1908008. RLM/RLF Enhancements in NR-U. LG.

[25] 3GPP R2-1906316. Discussion on RLM RLF for NR-U. ZTE.

[26] 3GPP R2-1906747. RLM/RLF Measurement on NR-U. Nokia.

[27] 3GPP TS 38.321. Medium Access Control (MAC) Protocol specification.

5G NR-U信道与信号

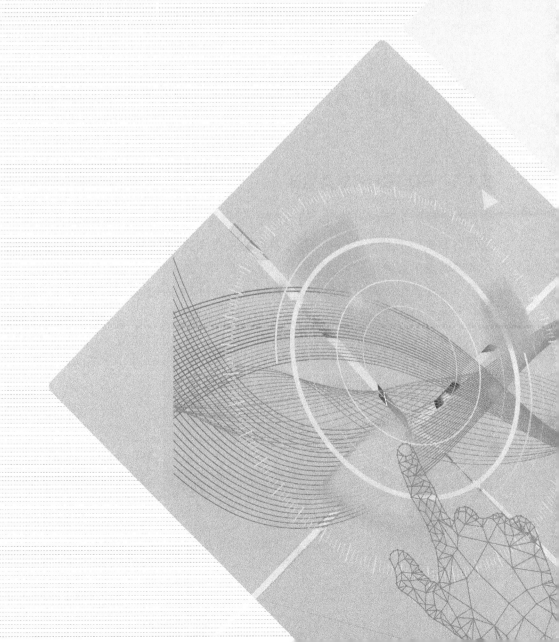

物理信道是指依托物理媒介传输信息的通道，它对应于承载来自高层（物理层之上的各层）信息的一组时频资源，用于传递各类数据信息和控制信息。物理信号在基站与终端的物理层之间进行通信，它终结于物理层内部，不携带来自高层的信息。物理信号可实现同步、测量和解调等功能。根据信息传输的方向，信道和信号可以分别为下行信道和下行信号、上行信道和上行信号。

物理信道和信号是5G NR系统能够顺畅运转的基础。5G NR物理信道与信号种类较多，除了在第4章中介绍的初始接入信道与信号外，还包括物理下行共享信道（PDSCH）、物理下行控制信道（PDCCH）、物理上行共享信道（PUSCH）、物理上行控制信道（PUCCH）、解调参考信号（DMRS）、相位跟踪参考信号（PT-RS）、信道状态信息参考信号（CSI-RS）和探测参考信号（SRS）等。5G NR-U在设计时，尽可能重用授权载波已有的物理信道与信号设计方案和思路，同时为了满足非授权频谱通信的需求，也引入了很多新的设计和增强，本章对这些方面进行了详细介绍。

(((•))) 5.1 物理下行共享信道（PDSCH）

5.1.1 PDSCH映射类型B

在非授权频谱通信中，由于LBT成功时刻具有不确定性（尤其针对LBE模式），LBT成功时刻之后的第一个OFDM符号很可能是非完整OFDM符号，LBT成功时刻与下一个完整时隙的边界距离可能也不足一个时隙，例如只有几个OFDM符号长度，如图5-1所示。此外，由于受到最大信道占用时间的限制，在信道占用时间的最后也有可能存在一个非完整时隙，同样只有几个OFDM符号长度，因此，设备需要尽可能快地接入非授权频谱中发送数据，一方面降低接入时延，另一方面要使得LBT成功后发送无效初始信号的时间尽可能短，不至于对频谱效率影响太大。信道占用时间结束时隙同样需要尽可能充分地利用信道占用时间来传输数据。

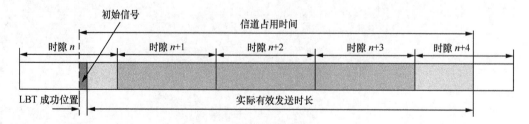

图5-1　非授权频谱信道接入及占用

在Rel-13 LTE LAA中，eNB只能在时隙边界开始传输数据。LTE时隙采用的是7个OFDM符号结构，因此时隙边界对应的是OFDM符号#0或OFDM符号#7。在LBT成功到下行发送开始位置（即时隙边界）之前的这段时间，eNB发送初始信号来占用非授权频谱，防止在此期间其他设备抢占该非授权频谱。初始信号在LTE LAA中并没有定义，由eNB自行决定，例如可以是一些无用信号。因此，初始信号实际上是LAA系统的开销。初始信号在信道占用时间中占比越大，LAA系统的接入时延越大、频谱效率也就越低。因此，初始信号的开销需要尽可能降到最低。

对于5G NR-U来说，其面临与LTE LAA类似的问题。在Rel-16 NR-U SI阶段，存在以下4种方法用于PDSCH在非完整时隙的发送。

方法1：重用Rel-15 NR PDSCH的发送方案。

方法2：基于LBT结果，对PDSCH进行打孔。

方法3：增强PDSCH映射类型B，除了支持2、4、7个（子载波间隔为60kHz且配置ECP则支持2、4、6个）OFDM符号外，还支持更多种长度。

方法4：PDSCH跨时隙边界发送。

Rel-15 NR定义了两种PDSCH的映射类型，包括PDSCH映射类型A（基于时隙的调度）和PDSCH映射类型B[基于非时隙的调度，或被称为基于小时隙（mini-slot）的调度]。对于PDSCH映射类型A，PDSCH的起始OFDM符号位置可以是OFDM符号#0、OFDM符号#1、OFDM符号#2或OFDM符号#3（除去PDCCH所占的OFDM符号），长度至少是3个OFDM符号，PDSCH相应的结束OFDM符号位置可以是OFDM符号#3～OFDM符号#14中的某一个符号。对于PDSCH映射类型B，PDSCH可以从OFDM符号#0～OFDM符号#12中任一OFDM符号开始，长度为2、4或7个OFDM符号。PDSCH相应的结束位置可以是OFDM符号#2～OFDM符号#14中的某一个OFDM符号。

对于方法1，5G NR-U沿用Rel-15 NR PDSCH的发送方案。gNB可以根据第一个或最后一个非完整时隙的长度来发送2、4、7（或其组合）个OFDM符号长度的PDSCH。显然，该方法的最大好处是不存在标准化影响。由于非完整时隙的长度很可能不等于2、4、7个或其组合长度个OFDM符号，因此不可避免地要浪费一些资源，并需要在其上发送初始信号来占用非授权频谱。并且，方法1的PDCCH和DMRS资源开销较大、调度复杂，还需要更多的HARQ进程。

方法2需要根据LBT成功结束的时间点对PDSCH进行打孔。方法2的优点是PDCCH和DMRS开销较低、调度简单、HARQ进程数较少。然而，打孔会影响数据最终被成功解码的概率，即若发送数据被打掉比例较高，会导致数据的编码率增大，可能大于1，则译码性能无法保证，这反过来会影响到频谱效率。在这种情况下使用方法2得不偿失。

从提升频谱效率的角度，需要进一步降低初始信号的资源开销，PDSCH映射类型B支持的长度应该更加灵活。

基于此，方法3支持除了现有2、4、7个OFDM符号之外的其他长度。方法3的一种选择是只需要额外支持少数几个新的长度即可，例如9、10个OFDM符号长度。理由是当支持的OFDM符号长度数目多到一定程度，再继续增加更多种长度带来的频谱效率的增益变小，却会大大增加复杂性。非完整时隙可以通过现有2、4、7个OFDM符号、新增的9、10个OFDM符号、上述长度组合进行调度来实现频谱效率的提高。另外一种选择是尽可能地支持更多的OFDM符号长度，譬如从2个到13个OFDM符号长度，力求最大的灵活性，并且能够使得PDCCH和DMRS开销较低。

对于方法4，gNB会准备一个映射类型A的PDSCH，若LBT成功的位置在一个时隙内，则该PDSCH会跨越两个时隙，如图5-2所示。方法4同样有着较低的PDCCH和DMRS开销、低复杂度的调度和较少的HARQ进程等优势，而缺点是标准化影响非常大，并需要重新设计DCI；UE实现比较复杂，例如至少需要缓存2个时隙的数据。

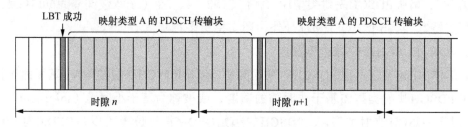

图5-2　PDSCH跨时隙边界传输（方法4）

在上面4种方法中，最终3GPP确定Rel-16 NR-U只支持方法3，并且PDSCH映射类型B可以支持2～13个OFDM符号长度中所有的长度。UE是否支持这些新的长度属于UE的可选能力[1]。

需要说明的是，3GPP在将Rel-16 NR-U结论写入标准协议时，使用PDSCH映射类型B新支持的长度（{3, 5, 6, 8, 9, 10, 11, 12, 13}个OFDM符号），并没有加上非授权频谱的限制，即上述增强同样可以适用于授权频谱。工作于FR2-2非授权频段的Rel-17 NR-U也支持在Rel-16 NR-U时期引入的上述增强。

5.1.2　PDSCH DMRS图样

Rel-15 NR仅支持2、4、7个OFDM符号长度的PDSCH映射类型B，用于PDSCH解调的参考信号DMRS图样设计也只针对这3种OFDM符号长度。Rel-16 NR-U已经支持2～13个中任意数量的OFDM符号长度的PDSCH映射类型B，因此，需要考虑新长度所关联的PDSCH DMRS图样。新长度对应的PDSCH DMRS图样设计需要从3个方面来考虑。

首先，需要协同考虑PDSCH DMRS图样设计与动态频谱共享（DSS）的需求，只针对PDSCH映射类型B的长度为9个和10个OFDM符号，考虑与LTE CRS的碰撞问题。

但是仅考虑的是优化单OFDM符号前置DMRS的情况，未考虑双OFDM符号前置DMRS优化与LTE CRS的碰撞问题。

然后，针对长度为3、5、8和11个OFDM符号，尽量降低标准化难度，PDSCH DMRS图样按照PUSCH映射类型B来设计，与PUSCH映射类型B的DMRS图样相同。

最后，针对长度为12和13个OFDM符号，这两种长度对应的DMRS图样需要另行考虑。高通首先提出这两个长度的DMRS设计问题并提供相应的解决方案。不直接重用PUSCH映射类型B中DMRS图样的原因是，这两种OFDM符号长度中的第一个和最后一个DMRS OFDM符号之间的间隔为9个OFDM符号，超过了PDSCH映射类型A中两个DMRS之间的最大间隔——8个OFDM符号。为了简化接收机的处理，需要对现有PUSCH映射类型B中的上述两种OFDM符号长度的DMRS图样进行修改，限定DMRS的两个OFDM符号之间的最大间隔为8个OFDM符号。

基于上述3个方面的设计考虑，最终PDSCH映射类型B的各种长度（OFDM符号数目）l_d对应的DMRS图样如表5-1所示。如前面所述，Rel-16 NR-U（5GHz/6GHz非授权频段）引入的对PDSCH映射类型B长度的增强及相应的DMRS图样不仅适用于授权频段，同样也适用于工作在FR2-2非授权频段的Rel-17 NR-U。

表5-1 PDSCH映射类型B的DMRS位置 $\bar{l}$

OFDM符号数目l_d	PDSCH映射类型B的DMRS位置 $\bar{l}$						
	单OFDM符号DMRS				双OFDM符号DMRS		
	dmrs-AdditionalPosition				dmrs-AdditionalPosition		
	pos0	*pos1*	*pos2*	*pos3*	*pos0*	*pos1*	*pos2*
2	l_0	l_0	l_0	l_0	—	—	—
3	l_0	l_0	l_0	l_0	—	—	—
4	l_0	l_0	l_0	l_0	—	—	—
5	l_0	$l_0,4$	$l_0,4$	$l_0,4$	l_0	l_0	—
6	l_0	$l_0,4$	$l_0,4$	$l_0,4$	l_0	l_0	—
7	l_0	$l_0,4$	$l_0,4$	$l_0,4$	l_0	l_0	—
8	l_0	$l_0,6$	$l_0,3,6$	$l_0,3,6$	l_0	$l_0,5$	—
9	l_0	$l_0,7$	$l_0,4,7$	$l_0,4,7$	l_0	$l_0,5$	—
10	l_0	$l_0,7$	$l_0,4,7$	$l_0,4,7$	l_0	$l_0,7$	—
11	l_0	$l_0,8$	$l_0,4,8$	$l_0,3,6,9$	l_0	$l_0,7$	—
12	l_0	$l_0,9$	$l_0,5,9$	$l_0,3,6,9$	l_0	$l_0,8$	—
13	l_0	$l_0,9$	$l_0,5,9$	$l_0,3,6,9$	l_0	$l_0,8$	—
14	—	—	—	—	—	—	—

当PDSCH长度l_d为2、4、7和6个（6个OFDM符号仅适用于ECP）OFDM符号时，DMRS映射和发送依然需要遵循Rel-15 NR的规则。对于所有新的被支持的PDSCH映射类型B的长度，DMRS映射和发送的规则如下。

如果PDSCH长度l_d为5个OFDM符号并且被配置了一个额外的单符号DMRS，当前置DMRS映射在PDSCH长度的第1个OFDM符号时，该额外的单符号DMRS应在第5个OFDM符号发送；否则，不会发送该额外的单符号DMRS。

如果PDSCH长度l_d为5、6、7、8、9、10、11、12或13个OFDM符号，前置DMRS不会映射在第4个OFDM符号之后。

如果PDSCH长度l_d为12或13个OFDM符号，DMRS不会映射到所在时隙的第12个符号（从0开始编号）或之后的符号上。

除了2、5和7个OFDM符号外的所有PDSCH长度l_d，DMRS都不会映射到该长度的最后一个OFDM符号上。

如果PDSCH长度l_d小于或等于4个OFDM符号，则只支持单符号DMRS。如果PDSCH长度l_d等于10个OFDM符号（NCP）、子载波间隔为15kHz、配置了单符号DMRS，且至少有一个PDSCH DMRS符号与包含被指示的LTE CRS资源元素的符号冲突，那么所有时隙中的$\bar{l}$需要加1。

5.1.3 PDSCH处理流程时间

承载HARQ-ACK消息的PUCCH的第一个上行符号与相应的待确认的PDSCH的最后一个OFDM符号之间的最小时间间隔如式（5-1）所示[2]。

$$T_{proc,1} = \left(N_1 + d_{1,1} + d_2\right)\left(2048 + 144\right) \cdot \kappa \cdot 2^{-\mu} \cdot T_c + T_{ext} \qquad （5-1）$$

如果满足上述时间间隔要求，则UE会提供一个有效的HARQ-ACK消息；否则，UE不会为被调度的PDSCH提供有效的HARQ-ACK。

在式（5-1）中，T_c是NR最基本的时间单元，$T_c = 1/\left(\Delta f_{max} \cdot N_f\right) = 1/\left(480 \cdot 10^3 \cdot 4096\right)$。$\kappa = 64$。对于FR1非授权频谱，$T_{ext}$的计算参考第2.4.2节；否则，$T_{ext} = 0$。NR支持两种UE处理能力，包括UE处理能力1和UE处理能力2。N_1取值与UE处理能力以及子载波间隔配置μ有关。两种UE处理能力及不同μ对应的N_1取值如表5-2和表5-3所示。μ采用$(\mu_{PDCCH}, \mu_{PDSCH}, \mu_{UL})$中能使$T_{proc,1}$最大的一个值。其中，$\mu_{PDCCH}$对应调度PDSCH的PDCCH的子载波间隔，$\mu_{PDSCH}$对应被调度的PDSCH的子载波间隔，$\mu_{UL}$对应发送HARQ-ACK上行信道的子载波间隔。

表5-2 终端处理能力1对应的PDSCH的处理时间

μ	PDSCH译码时间N_1（单位：符号）	
	任意一相关高层参数被配置，该高层参数中的DMRS-DownlinkConfig中的dmrs-AdditionalPosition='pos0'	没有配置任何相关高层参数，或者任意一个相关高层参数中的DMRS-DownlinkConfig中的dmrs-AdditionalPosition≠'pos0'
0	8	$N_{1,0}$
1	10	13
2	17	20
3	20	24
5	80	96
6	160	192

表5-3 终端处理能力2对应的PDSCH的处理时间

μ	PDSCH译码时间N_1（单位：符号）
	任意一相关高层参数被配置，该高层参数中的DMRS-DownlinkConfig中的dmrs-AdditionalPosition='pos0'
0	3
1	4.5
2	9（对于频率范围1）

d_2和PUCCH的优先级有关。如果具备高优先级序号的PUCCH与具备低优先级序号的PUCCH/PUSCH重叠，则高优先级PUCCH的d_2按照UE上报的进行设置；否则，$d_2 = 0$。

对于PDSCH映射类型A，如果PDSCH的最后一个OFDM符号落在时隙的第i个OFDM符号上（$i<7$），那么$d_{1,1} = 7-i$；否则，$d_{1,1} = 0$。

对于PDSCH映射类型B，$d_{1,1}$的取值与PDSCH长度（OFDM符号数目）有关。在Rel-15 NR中，PDSCH映射类型B仅支持2、4、7个OFDM符号长度的PDSCH。Rel-16 NR-U对此进行了增强，不仅支持2、4、7个OFDM符号长度，还支持3、5、6、8、9、10、11、12、13个OFDM符号长度的PDSCH。因此，需要考虑新支持的PDSCH长度对应的$d_{1,1}$取值问题，Rel-16 NR-U对PDSCH处理流程的增强主要体现在此，这同样适用于授权频段及FR2-2非授权频段的Rel-17 NR-U。

对于UE处理能力1，PDSCH映射类型B所支持的PDSCH长度对应的$d_{1,1}$取值如下。

（1）如果PDSCH的OFDM符号数目$L \geq 7$，则$d_{1,1} = 0$。

（2）如果PDSCH的OFDM符号数目$L \geq 4$且$L \leq 6$，则$d_{1,1} = 7-L$。

（3）如果PDSCH的OFDM符号数目$L = 3$，则$d_{1,1} = 3 + \min(d,1)$，其中，d等于PDCCH与被调度的PDSCH重叠的符号数目。

（4）如果PDSCH OFDM符号数目$L = 2$，则$d_{1,1} = 3+d$，其中，d等于PDCCH与被调度的PDSCH重叠的符号数目。

对于UE处理能力2，PDSCH映射类型B所支持的PDSCH长度对应的$d_{1,1}$取值如下。

（1）如果PDSCH OFDM符号数目$L \geq 7$，则$d_{1,1} = 0$。

（2）如果PDSCH OFDM符号数目$L \geq 3$且$L \leq 6$，则$d_{1,1}$等于PDCCH与被调度的PDSCH重叠的OFDM符号数目。

（3）如果PDSCH OFDM符号数目$L=2$，那么：

如果PDCCH位于3个符号CORESET中，并且CORESET和PDSCH的起始符号相同，则$d_{1,1}=3$；否则，$d_{1,1}$等于PDCCH与被调度的PDSCH重叠的OFDM符号数目。

5.1.4 单个DCI调度多个PDSCH

在高频（52.6～71GHz）引入单个DCI调度多个PDSCH机制的主要动机是高频支持更大的子载波间隔，例如480kHz、960kHz，960kHz的子载波间隔对应的时隙仅约为16μs，15kHz的子载波间隔对应的时隙长度是960kHz的子载波间隔对应的时隙的64倍。如果高频仅支持单个DCI调度单个PDSCH的机制，则DCI开销比较大，引入单个DCI调度多个PDSCH的机制可以减少DCI开销，同时可以降低时延，提高吞吐量。

Rel-16 NR-U已经支持了单个DCI调度多个PUSCH的特性，所以在Rel-17高频标准化单个DCI调度多个PDSCH/PUSCH的特性时，主要是以Rel-16 NR-U支持的单个DCI调度多个PUSCH的机制为基础进行了适应性修改。本节主要介绍Rel-17高频的单个DCI调度多个PDSCH的机制的标准化内容，Rel-16低频及Rel-17高频的单个DCI调度多个PUSCH的机制的标准化内容可参考5.3.2节。

对于Rel-17高频的单个DCI调度多个PDSCH的机制，每个PDSCH仍然传输不同的TB，不支持重复，每个PDSCH属于一个时隙，不能跨时隙分配PDSCH的资源，具体内容后续详细展开描述。

1. 时域资源分配

对于单个DCI调度多个PDSCH的数量，部分观点认为可以根据UE能力、子载波间隔大小及是否支持双码字传输来限制不同情况下所能支持的最大PDSCH数量。例如，高能力UE可以支持单个DCI最多调度8个PDSCH，而低能力UE只能支持单个DCI最多调度4个PDSCH；对于子载波间隔，如果子载波间隔较小，实际上没必要支持最多8个PDSCH的单个DCI调度，只有较大的子载波间隔才需要支持最多8个PDSCH的单个DCI调度，但是低频更低的子载波间隔（如15kHz、30kHz）已经支持了最多8个PUSCH的单个DCI调度传输（参考5.3.2节中的第1部分）；对于双码字传输，如果支持最多8个PDSCH的单个DCI调度，可能会增加高达21比特的开销，并影响DCI的可靠性，所以部分观点认为在进行双码字传输时没有必要支持最大8个PDSCH的单个DCI调度，但是小区中心UE的信道质量一般都比较好，即使在信道质量不好时也可以配置较少的PDSCH调度数量。

鉴于上述因素及对尽量降低标准化影响的考虑，标准最终没有同意根据UE能力的高低、子载波间隔的大小或是否支持双码字传输来定义单个DCI所能调度的最大PDSCH数量，而统一限制单个DCI最多能调度8个PDSCH，即DCI指示的时域资源分配表的单个行索引最多可以包含8个起始和长度指示值SLIV。

与Rel-16 NR-U支持的单个DCI调度多个PUSCH的时域资源方案类似，高频所支持的单个DCI调度多个PDSCH的机制是通过时域资源分配表中单个行索引对应多个SLIV来实现的。具体的时域资源分配方案如下。时域资源分配表中存在的单个行索引包含多个SLIV、每个SLIV对应一个DCI到该SLIV所在时隙的偏移值K_0及每个SLIV所对应的映射类型。

与Rel-16 NR-U支持的单个DCI调度多个PUSCH的机制不同，高频所支持的单个DCI调度多个PDSCH允许多个PDSCH之间存在间隔，即允许多个PDSCH非连续传输，同时允许多个PDSCH中相邻的两个PDSCH位于不同的时隙，这也是高频需要每个SLIV都对应一个偏移值K_0的原因。低频授权载波的单个DCI调度单个PUSCH、低频非授权载波的单个DCI调度多个PUSCH，以及相应的时域资源分配表在5.3.2节中给出了示例，单个DCI调度多个PDSCH可以结合5.3.2节中的内容进行理解。

部分公司针对是否可以优化RRC信令开销也提出了自己的观点[3]。类似于低频的单个DCI调度多个PUSCH的机制，高频也存在所有PDSCH都连续传输的情况，此时并不需要每个SLIV都对应一个偏移值K_0，而只需要第一个SLIV对应一个偏移值K_0即可，因此，在该情况下存在优化RRC信令开销的可能性。然而，RAN2工作组并没有针对该特性进行优化，即仍然只有一种信令配置方式，每个SLIV都对应一个偏移值K_0。与低频的单个DCI调度多个PUSCH的机制相同，高频的单个DCI调度多个PDSCH的机制中的每个PDSCH承载不同的TB，不包含重复传输，每个PDSCH都不支持跨时隙边界传输。

对于单个DCI调度多个PDSCH的机制，每个PDSCH对应的NDI和RV指示方案重用了Rel-16 NR-U的单个DCI调度多个PUSCH的方案，即在单个DCI调度多个PDSCH的情况下，调度DCI针对每个PDSCH都会有相应的1比特NDI和1比特RV。NDI通过是否翻转可以指示对应的PDSCH为新传或重传，具体来说，对应同一个HARQ进程，若当前传输的PDSCH的NDI与最近一次传输的PDSCH的NDI相比存在翻转，则当前传输的PDSCH为新传；否则当前传输的PDSCH为重传。RV可以指示对应的PDSCH所使用的RV，该信息是基站传输和UE解码对应PDSCH的必要信息；如果单个DCI实际调度的行索引对应的SLIV多于一个，RV域的开销为1比特，RV可以指示为0或者2；如果单个DCI

实际调度的行索引对应的SLIV仅有一个，DCI中的RV域仍然为传统的2比特，可以指示RV为0、1、2和3中的任意一个。

2. HARQ进程确定

标准为高频支持单个DCI调度多个PDSCH特性同时定义了有效SLIV和无效SLIV。有效SLIV表明SLIV指示的PDSCH传输资源不包含被半静态配置为上行符号的时域资源；无效SLIV指示的PDSCH传输资源至少包含一个被半静态配置为上行符号的时域资源。

对于单个DCI调度单个PDSCH的机制，不允许被调度的PDSCH时域资源与半静态配置的上行符号冲突，这种调度是一种无意义的调度，与此类似，对于单个DCI调度多个PDSCH的机制，在多个PDSCH传输对应的SLIV中至少有一个是有效SLIV，而且该SLIV对应的PDSCH是可以被传输的；无效SLIV对应的PDSCH是不会被传输的，UE也不会去接收无效SLIV对应的PDSCH，因为基站和UE对被半静态配置的上下行符号的帧结构理解是一致的，基站不会在对应位置传输PDSCH，UE也清楚基站不会在对应位置传输无效PDSCH。

对于单个DCI调度单个PDSCH的机制，PDSCH传输与半静态灵活符号的冲突是允许的，在灵活符号上仍然可以传输被调度的PDSCH，且终端不期望被配置冲突的SFI信息，即终端不期望SFI改变PDSCH对应的灵活符号为上行符号[4]。上述所描述的单个DCI调度单个PDSCH的机制对应的规则在高频标准化的过程中得到了重用，即对应于单个DCI调度多个PDSCH的机制，在调度的PDSCH与灵活符号冲突的情况下，PDSCH仍然是可以被传输且会被分配HARQ进程的。

对于单个DCI调度多个PDSCH的机制，在DCI调度中仅指示单个HARQ进程，将这个HARQ进程应用于首个有效SLIV指示的PDSCH传输，后续有效SLIV指示的PDSCH对应的HARQ进程依次递增1；无效SLIV指示的PDSCH是不可以被传输的，也不会被分配HARQ进程。

在标准化各种高频数据处理时间长度时，主要基于FR2-1的120kHz的子载波间隔对应的数据处理时间长度进行缩放，例如对于PDSCH的处理时间，如果120kHz的子载波间隔的处理时间为2个时隙，则960kHz的子载波间隔对应的处理时间为前者的8倍，即16个时隙。由于标准对高频数据处理时间没有进行单独优化，因此，高频就可能出现进程饥饿的问题。进程饥饿就是在某个数据处理时间内，没有可用的进程用于新的数据传输，导致即使有资源可以用于传输新数据，也无法传输新数据的现象[8]。如图5-3所示，将子载波间隔设定为960kHz，在时隙0～15共传输了16个PDSCH，使用了HARQ进程0～15共计16个进程，由于终端需要$T_{\text{proc},1}$时长（假定16个时隙）才能解出PDSCH并在时隙32反馈，这就导致虽然时隙16～31有资源来传输待发送的数据，但实际上由于没有可用的进程可用于传输新的PDSCH而导致实际上无法传输数据。

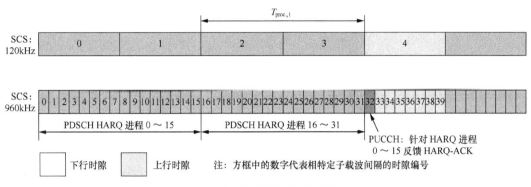

图5-3 高频进程饥饿示例

基于解决进程饥饿的需求，标准同意HARQ进程由原来的16个扩展至32个，该方案重用的是非地面接入网络（NTN）的结论。部分公司曾提出根据子载波间隔的不同来决定是否扩展HARQ进程，例如120kHz的子载波间隔不需要扩展HARQ进程，其他更大的子载波间隔可以考虑扩展HARQ进程。但是，如果高频仅有部分子载波间隔支持扩展HARQ进程，则会导致重传和合并解码出现问题，所以上述建议最终未得到标准支持。

3. 乱序调度

对于乱序调度问题，工作于低频非授权频谱的Rel-16 NR-U没有进行增强，它重用了授权频谱的规则。高频不支持乱序调度，同样重用了授权频谱的规则，此外，高频也为单个DCI调度多个PDSCH的机制引入了新的实例，把部分低频没有规定为乱序调度的实例也定义为乱序调度。

对于单个DCI调度多个PDSCH的机制，部分公司提出在非连续的相邻PDSCH之间应该允许单个DCI调度单个PDSCH，以满足低时延的即时业务等需求[5]，但根据低频授权频谱的规定，这属于乱序调度问题，高频同样认为这属于乱序调度问题，应该禁止，因此没有进行修改和增强。如果有类似的低时延传输需求，可以通过连续的PDSCH传输或者调度较少数量的PDSCH传输来满足需求，没必要引入新的规则。如图5-4所示，在PDCCH 1调度多个PDSCH的情况下，在非连续的PDSCH之间出现了PDCCH 2调度的单个PDSCH且在PUCCH 2中反馈的情况，该情况在低频和高频均属于乱序调度，应禁止。

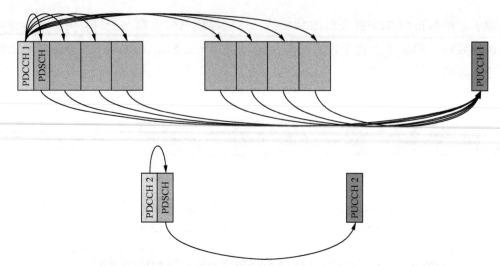

图5-4　在非连续的多个PDSCH之间出现单个DCI调度单个PDSCH的乱序调度

对于在同一符号结束的DCI-1和DCI-2，其中DCI-1调度了多个PDSCH，在多个PDSCH中间出现了DCI-2调度的PDSCH，这在低频授权频谱中是没有规定的实例，标准在高频标准化的过程中将该实例规定为乱序调度，不允许这种调度出现。如图5-5所示，对于示例1，DCI-2调度的结束位置晚于DCI-1调度的结束位置且DCI-2调度的PDSCH-4位于DCI-1调度的PDSCH-3之前，根据低频授权频谱的规则，对于同一个UE来说，这种调度属于乱序调度[9]，是禁止的；对于示例2，DCI-1调度和DCI-2调度的结束符号相同，根据低频授权频谱的规则，对于同一个UE来说，这种调度不属于乱序调度，是被允许的；考虑到示例1和示例2在本质上并没有太大的区别，且示例2这种调度也会影响HARQ-ACK的反馈，标准将高频中的示例2与示例1都视为乱序调度，不允许出现这种调度。

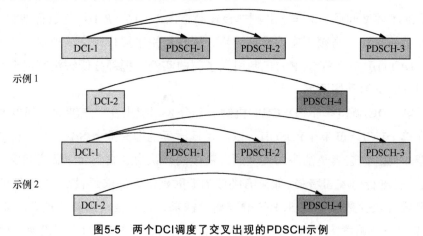

图5-5　两个DCI调度了交叉出现的PDSCH示例

4．双码字调度

双码字调度即当DCI调度PDSCH时，每个PDSCH都可能包含2个TB，且每个TB都需要指示MCS、NDI和RV。

对于单个DCI调度多个PDSCH且支持双码字调度的情况，基站为所有PDSCH的第一个TB指示一个MCS，为每个PDSCH的第一个TB指示1比特NDI信息，若仅调度单个PDSCH，则RV对应为2比特；否则每个PDSCH的第一个TB需要被指示1比特RV信息，可以指示RV为RV 0或RV 2；与第一个TB类似，基站同样需要为第二个TB指示一套MCS、NDI和RV，其中NDI和RV的用法和含义与不支持双码字调度的情况一样。

5. 其他

如果子载波间隔为480kHz和960kHz，则对于来自同一个基站或TRP的调度，由于缺乏应用场景及480kHz、960kHz的子载波间隔对应的单个时隙长度较小，单个DCI调度多个PDSCH和多个DCI调度多个PDSCH高频标准禁止单个时隙出现多于1个单播PDSCH的传输，如果子载波间隔为120kHz，则在单个时隙中可以出现超过一个单播PDSCH的传输，这一规定主要考虑了与FR2-1的兼容性，在FR2-1中，120kHz的子载波间隔是没有限制不允许单个时隙出现超过1个单播PDSCH的[6]。

如果高频子载波间隔为120kHz，并且时域资源分配表支持单个DCI调度多个PDSCH，则PDSCH重传不支持码块组（CBG）重传方案，如果时域资源分配表仅支持单个DCI调度单个PDSCH，则PDSCH重传仍然支持CBG重传方案；如果高频子载波间隔为480kHz、960kHz，无论时域资源分配表是否支持单个DCI调度多个PDSCH，PDSCH重传都不支持CBG重传方案，主要原因[7]是480kHz、960kHz的子载波间隔的时隙长度相对较小，单个时隙的信道变化很小，在绝大多数情况下，整个TB的所有CBG都传输成功，或者整个TB的所有CBG都传输失败，所以即使PDSCH重传支持CBG重传方案也不会有显著增益。

考虑到DCI格式1_0属于回退DCI，DCI的开销相对较小，如果DCI格式1_0支持单个DCI调度多个PDSCH，则单个DCI调度多个PDSCH对DCI格式1_0的可靠性影响比较大，因此高频采用了类似于低频中单个DCI调度多个PUSCH所支持的DCI格式，仅支持DCI格式1_1调度多个PDSCH。

((·)) 5.2 物理下行控制信道（PDCCH）

5.2.1 下行发送检测

非授权载波的使用可以被划分为如下两个时期。

（1）空闲期。空闲期位于非授权载波的占用期之外。在空闲期，gNB尚没有获得非授权载波的使用权，它不能占用非授权载波进行数据传输，仅能执行载波侦听，即LBT/CCA。在图5-1中，时隙n和时隙$n+4$中的空白部分都属于空闲期。

（2）占用期。在占用期，gNB已经通过LBT/CCA获得了非授权载波的使用权，它可以在满足非授权载波使用规则要求的情况下，占用该非授权载波并进行数据传输。占用期时长即为信道占用时间，如图5-1所示。

根据占用期的不同阶段，占用期又可以被进一步分为如下3个子时期。

① 占用初期（或称之为信道占用时间初期）。占用初期位于gNB占用期开始的一小段时间，例如第一个非完整时隙。在图5-1中，时隙n的后半部分属于占用初期。

② 主占用期（或称之为主信道占用时间期）。主占用期一般是指位于gNB占用初期之后包括几个完整时隙的一段时间。图5-1中的时隙$n+1$～时隙$n+3$的占用部分都属于主占用期。

③ 占用后期（或称之为信道占用时间后期）。占用后期是gNB占用期末尾的一小段时间，例如最后一个非完整时隙。在图5-1中，时隙$n+4$的占用部分属于占用后期。

占用初期、主占用期和占用后期有时也可以不进行区分，两两或全部合并为一个时期。上述时期的划分主要是为了方便讨论非授权载波在不同使用阶段的问题，实际上标准并没有定义上述各时期。例如在前面介绍的PDSCH映射类型B的增强即针对占用初期和占用后期存在的接入时延和频谱效率等问题。

在空闲期，gNB停止在非授权载波上发送数据。如果有业务到达或在下一时刻有发送下行信号/信道的需求，则gNB需要侦听当前非授权载波的使用情况。如果侦听结果显示载波被占用，则继续等待和保持侦听。如果载波空闲，则占用该非授权载波，并进入占用期。在占用期，gNB发送下行信号/信道给UE。

对于UE来说，其不清楚gNB何时抢占到非授权载波，并开始进入占用期发送下行数据。因此，UE需要依赖对某一个信号/信道的检测来判断gNB是否已经接入非授权载波，从而准备接下来的数据检测和接收。上述信号/信道被称为初始信号或唤醒信号。

UE对初始信号的检测需要考虑以下几个方面。

首先，对UE功耗的影响要尽可能小。这体现在检测密度的配置和具体检测信号/信道的特性上。总体而言，检测密度越低，则功耗越低。进行物理信号检测的功耗要比对经过CRC校验的物理信道进行检测的功耗要低。

其次，对接入时延和频谱效率的影响要尽可能小。如果检测密度太低，则接入时延较大、频谱效率较低。

最后，检测需要具备足够的可靠性。一般来说，经过CRC校验的物理信道检测的可靠性要高于参考信号。

因此，上述几个方面相互矛盾并且相互制约。这就要求初始信号的设计要考虑平衡功耗、接入时延、频谱效率及可靠性的影响。

就初始信号的设计问题，RAN1在Rel-16 NR-U WI初期曾得出初步结论，主要包括以下内容。

UE可以假设存在一种信号，例如在PDCCH或GC-PDCCH中发送的DMRS，该信号可以用来检测gNB的下行发送。通过避免不必要的盲检，从而达到节省功率的目的。除了DMRS外，如果标准最终同意在下行发送的开头发送一个初始信号，那么该初始信号也可以用于UE检测gNB的下行发送，并且同样可以用于达到节省功耗的目的。另外，PDCCH或GC-PDCCH发送的有效载荷中包括信道占用时间结构信息，这也可以用于节省UE功耗。

在Rel-16 NR-U WI后期有关下行发送检测的讨论中，主要有以下两种方法。

方法1：DMRS作为初始信号，用于非授权载波下行发送检测[21~24]；

方法2：将PDCCH或GC-PDCCH，以及相应的DMRS作为初始信号，用于非授权载波下行发送检测[25, 26]。

在方法1中，UE基于DMRS来检测下行发送，而不是基于PDCCH。UE可以在检测到DMRS之后再开始检测PDCCH。在PDCCH没有下行发送的情况下，可以避免对PDCCH进行不必要的检测，从而节省功耗。

如果DMRS被UE用于检测下行发送，在没有PDCCH的情况下，需要保证UE对DMRS的检测是足够可靠的。Rel-15 NR支持宽带DMRS和窄带DMRS。相对于窄带DMRS，宽带DMRS更适合作为初始信号，用于下行发送检测。首先，由于宽带DMRS占用更多的频域资源（PRB），因此，它的检测性能比窄带DMRS的检测性能更优。其次，对于窄带DMRS，它与PDCCH位置绑定，UE需要在所有候选的PDCCH位置上盲检窄带DMRS。这会提高检测的复杂性，而宽带DMRS分布在整个CORESET上或子带上，因此能够降低检测的复杂性。对于宽带DMRS，CORESET上所有连续PRB采用相同的预编码，并且UE可以假设宽带DMRS在信道占用时间开始或之中总是会发送的。因此，UE可以在PDCCH没有发送的情况下，总是检测宽带DMRS。

图5-6展示了宽带DMRS的误检概率，按照1%的虚警概率设置检测门限。从图5-6中可以看到，宽带DMRS即使在低信噪比（SNR）的条件下仍然有较高的检测可靠性。如果降低DMRS的带宽，则误检概率会增加。

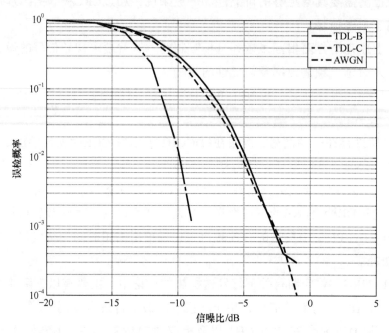

图5-6　宽带DMRS误检概率

仿真参数如表5-4所示。

表5-4　仿真参数

参数	值
子载波间隔	30kHz
RB数目	50
每个RB包含的DMRS RE数目	3
用于检测的OFDM符号数目	1
虚警概率	1%
接收天线数目	2
TDL信道RMS时延扩展	100ns

对于方法2，部分观点认为GC-PDCCH+DMRS比UE特定的PDCCH+DMRS更适合用于检测下行发送，原因是在服务小区中，所有的UE都需要检测初始信号。为了降低误检概率，如果UE被配置了检测GC-PDCCH，那么在占用期开始，部分发送的GC-PDCCH需要连同DMRS一起被检测。仿真结果显示，GC-PDCCH+DMRS比单独检测DMRS可靠性更高。

另外一些观点认为UE可以被配置检测PDCCH，也可以被配置检测GC-PDCCH。UE不应该为了降低功耗而放松对检测性能的要求。但是从实现角度来看，UE可以根据配置，先检测PDCCH或GC-PDCCH中的DMRS来实现功耗节省，检测到DMRS后，再盲检PDCCH。为了保证不降低检测性能，只有在SINR（信号与干扰加噪声比）很高的时候才可以这么做。具体门限可以取决于UE实现。

Rel-16 NR-U（5GHz/6GHz非授权频段）最终并没有就初始信号及下行发送检测得出确定性的定义和结论。Rel-17 NR-U（FR2-2非授权频段）也没有再讨论上述问题。从标准角度来看，PDCCH对应的搜索空间配置涵盖了非授权载波的各个时期，包括空闲期和占用期。UE根据搜索空间的配置，可以在上述各个时期检测PDCCH或GC-PDCCH及相应的DMRS。因此，从实现角度来讲，上述两种方案也都没有被排除，终端厂家可以综合考虑功耗和可靠性，来决定检测下行发送的策略。

5.2.2 动态PDCCH检测

为了降低接入时延和提高频谱效率，信道占用时间的起始位置越灵活越好（例如每一个OFDM符号都可以是信道占用时间的起始位置）。因此，Rel-16 NR-U支持PDSCH映射类型B的PDSCH长度可以为2～13个OFDM符号。同时，这也要求UE在gNB的空闲期和占用初期尽量高密度地检测下行发送的起始位置，以便能够及时地检测到下行发送，例如通过5.2.1节中提到的PDCCH/GC-PDCCH及相应的DMRS来检测。

在占用初期结束后，考虑到PDCCH的开销和检测功耗等问题，PDCCH搜索空间在时域上的配置不宜过于紧密，采用相对稀疏的检测配置则更为适合。一般来说，PDCCH检测需要考虑如下几个因素。

（1）PDCCH检测的功耗和复杂性。

（2）低PDCCH开销。

（3）下行检测的鲁棒性。

（4）漏检后能够再次检测到的能力。

基于上述因素，在Rel-16 NR-U SI阶段，RAN1认为UE检测PDCCH的时域粒度能够动态改变是有益的，例如，借助于信道占用时间相关信息来隐式改变，或者通过接收gNB发送的信令来显式改变UE检测PDCCH的时域粒度。

为了平衡接入时延、功耗、开销及频谱效率等多种因素的影响，针对上述不同时期，应该采用不同的PDCCH检测时域粒度。标准同意为PDCCH配置不超过两组搜索空间集合（SSS），用于UE的动态PDCCH检测。这两组搜索空间集合分别为搜索空间集合组0、搜索空间集合组1。

情况1：如果gNB配置了高层参数SearchSpaceSwitchTrigger

如果gNB通过高层参数SearchSpaceSwitchTrigger为UE在DCI格式2_0中配置了搜索空间集合组切换的标识位（该标识位是否存在是可选配置的），那么UE按如下方式执行搜索空间集合组切换。

如果UE检测到了DCI格式2_0并且标识位为0，UE在如下时刻开始按照搜索空间集合组0来检测PDCCH，并停止按照搜索空间集合组1来检测PDCCH。

（1）当激活下行BWP的子载波间隔为15～120kHz时，在检测到DCI格式2_0的PDCCH最后一个符号之后，至少再经历P_{switch}个符号后的第一个时隙的开始时刻。

（2）当激活下行BWP的子载波间隔为480kHz或960kHz时，在检测到DCI格式2_0的PDCCH最后一个符号之后，至少再经历P_{switch}个符号后的包含X_s个时隙的时隙组内的第一个时隙的开始时刻。

P_{switch}由gNB通过高层参数配置给UE，UE处理能力1和UE处理能力2对应的P_{switch}的最小值如表5-5所示。除非UE指示其能够支持UE处理能力2，否则默认应用的是UE处理能力1。在FR2-2非授权频段，UE仅支持UE处理能力1。

表5-5　P_{switch}的最小值（符号数）

μ	UE处理能力1对应的P_{switch}最小值	UE处理能力2对应的P_{switch}最小值
0	25	10
1	25	12
2	25	22
3	40	—
5	160	—
6	320	—

如果UE检测到了DCI格式2_0并且标识位为1，UE在如下时刻开始按照搜索空间集合组1来检测PDCCH，并且停止按照搜索空间集合组0来检测PDCCH。

（1）当激活下行BWP的子载波间隔为15～120kHz，在检测到DCI格式2_0的PDCCH最后一个符号之后，至少再经历P_{switch}个符号后的第一个时隙的开始时刻。

（2）当激活下行BWP的子载波间隔为480kHz或960kHz时，在检测到DCI格式2_0的PDCCH最后一个符号之后，至少再经历P_{switch}个符号后的包含X_s个时隙的时隙组内的第一个时隙的开始时刻。

UE同时将定时器设置为高层所配置的数值，单位为时隙。高层给定时器配置的最大值是根据非授权频谱支持的最大信道占用时间20ms设定的。15kHz的子载波间隔对应的最大值为20个时隙，30kHz的子载波间隔对应的最大值为40个时隙……960kHz的子载波间隔对应的最大值为1280个时隙。另外需要注意与Rel-17省电议题所引入的Rel-17定时器之间的区别。

上述方法依赖于标识位显式指示来执行组切换，UE从搜索空间集合组1切换到搜索空间集合组0还可以通过隐式方式进行，即在满足如下要求后再经历至少P_{switch}个符号后的第一个时隙（如果子载波间隔为480kHz或960kHz，则为时隙组的第一个时隙）的开始时刻切换到搜索空间集合组0。

定时器超期所在时隙之后，或者在DCI格式2_0指示的剩余信道占用时间的最后一个符号之后，无论先满足这两个条件中的哪一个条件都可以。

情况2：如果gNB没有配置高层参数SearchSpaceSwitchTrigger

如果gNB没有为UE配置高层参数SearchSpaceSwitchTrigger，即在DCI格式2_0中不存在用于搜索空间集合组切换的标识位，那么UE按如下方式执行组切换。

如果UE根据搜索空间集合组0检测到任意PDCCH，UE在如下时刻开始按照搜索空间集合组1来检测PDCCH，并停止按照搜索空间集合组0来检测PDCCH。

（1）当激活下行BWP的子载波间隔为15～120kHz时，在检测到PDCCH的最后一个符号之后，至少再经历P_{switch}个符号后的第一个时隙的开始时刻。

（2）当激活下行BWP的子载波间隔为480kHz或960kHz时，在检测到PDCCH的最后一个符号之后，至少再经历P_{switch}个符号后的包含X_s个时隙的时隙组内的第一个时隙的开始时刻。

UE同时将定时器设置为高层所配置的数值。

对于情况2中的UE从搜索空间集合组1切换到搜索空间集合组0，与情况1中的隐式方式类似，即在满足如下要求后再经历至少P_{switch}个符号后的第一个时隙（对于子载波间隔为480kHz或960kHz，则为时隙组的第一个时隙）的开始时刻切换到搜索空间集合组0。

定时器超期所在时隙之后，或者在DCI格式2_0指示的剩余信道占用时间最后一个符号之后，无论先满足这两个条件中的哪一个条件都可以。

从上述介绍可以看出，对于情况1和情况2，无论gNB为UE配置还是不配置高层参数SearchSpaceSwitchTrigger，标准都提供了一种UE可以依赖定时器从搜索空间集合组1切换到搜索空间集合组0的方式，以防止UE检测不到GC-PDCCH或不知道剩余信道占用时间。如果UE检测不到GC-PDCCH或不知道剩余信道占用时间，UE会继续按照搜索空间集合组1进行检测，而此时如果gNB按照搜索空间集合组0进行数据调度，则UE会漏检相应的下行业务。

另外，一个搜索空间集合可以属于一个搜索空间集合组或两个搜索空间集合组。搜索空间集合也可以不属于任何一个配置的搜索空间集合组，例如一种公共的搜索空间集合。用于PDCCH搜索空间集合组切换目的所配置的搜索空间集合组按照BWP配置。标准还为搜索空间集合组切换引入了小区组的概念，gNB最多为UE配置4个小区组，每个小区组中的所有服务小区可以执行相同的搜索空间集合组切换操作。

虽然搜索空间集合组切换是在Rel-16 NR-U阶段引入的，但同样适用于Rel-17 FR2-2 NR-U。从上面介绍的内容也可以看出，Rel-17 FR2-2 NR-U除在涉及UE能力、基本参数、定时及基于时隙组的PDCCH检测方面进行相应增强之外，完全重用了Rel-16 NR-U所标准化的搜索空间集合组切换机制。

动态PDCCH检测示例

虽然标准最后并没有明确搜索空间集合组0和搜索空间集合组1适用于非授权频谱的哪个时期，但是在通常情况下，空闲期和占用初期更适合采用搜索空间集合组0（高密度检测），主占用期更适合采用搜索空间集合组1（低密度检测）。下面我们给出一个简单的显式组切换应用示例。

首先，假设gNB为UE配置了两组搜索空间集合（搜索空间集合组0和搜索空间集合组1），并配置了高层参数SearchSpaceSwitchTrigger。

如图5-7所示，在信道占用时间起始位置之前（空闲期）和该位置后的一小段时间（占用初期），可以为UE配置按照搜索空间集合组0（例如以小时隙的粒度）来检测PDCCH。在信道占用时间的起始位置，UE检测到GC-PDCCH，并发现其携带的用于搜索空间集合组切换的标识位为1。假设该GC-PDCCH的最后一个OFDM符号与时隙$n+1$的起始边界的间隔大于P_{switch}个符号，那么UE将会在时隙$n+1$切换到搜索空间集合组1上来检测PDCCH。并且UE启动定时器，按高层配置来设置定时器时长。

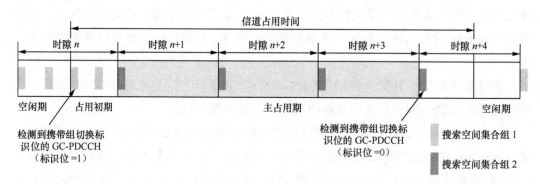

图5-7　动态PDCCH检测

搜索空间集合组1对应的是时隙级的检测粒度。在主占用期，UE可以按照搜索空间集合组1来检测PDCCH。在信道占用时间的最后一个时隙的开始位置，UE检测到GC-PDCCH，并发现其携带的用于搜索空间集合组切换的标识位为0。假设GC-PDCCH的最后一个OFDM符号与时隙$n+5$的起始边界间隔大于P_{switch}个符号，那么UE将会在时隙$n+5$切换到搜索空间集合组0上检测PDCCH。即UE在信道占用时间的结束位置，会回退到搜索空间集合组0。如果定时器提前超期，那么UE也可以根据定时器的结束位置来决定是否从搜索空间集合组1切换到搜索空间集合组0。

5.2.3　非授权载波占用信息指示

DCI格式2_0除了可以用于指示时隙格式、搜索空间集合组切换外，还可以指示非授权载波占用信息。非授权载波占用信息包括非授权载波在时域和频域两个维度上的占用信息。时域占用信息主要指信道占用时间，频域占用信息主要是指非授权载波上的各个LBT子带（RB集合）是否占用成功。

1. 信道占用时间指示

信道占用时间信息可以用于UE搜索空间集合组的切换（可参考5.2.2节的内容），也可用于信道占用时间在上下行传输之间的共享、UE对其他下行信号和信道的检测。因此，UE有必要知道gNB获得的信道占用时间或者剩余的信道占用时间。一种方式是通过DCI格式2_0来显式指示剩余信道占用时间信息，另一种方式是通过时隙格式指示（SFI）隐式获得，不需要显式指示。

对于上述显式和隐式这两种方式，标准都支持且进一步规定若在DCI格式2_0中没有为UE指示剩余信道占用时间，则UE可以根据DCI格式2_0中提供的SFI来隐式地推断出剩余信道占用时间。

上述通过DCI格式2_0来显式指示剩余信道占用时间的方法有如下特性。

（1）DCI格式2_0中增加了每个服务小区的信道占用时间字段。

（2）信道占用时间字段存在与否、位置及长度都可以由高层参数来配置。

（3）所指示的信道占用时间为从检测到的DCI格式2_0所在时隙第一个符号开始计算的剩余长度。

（4）如果不存在信道占用时间字段，并且收到DCI格式2_0发送的时隙格式指示SFI，则剩余长度为从检测到的DCI格式2_0所在时隙开始计算的一系列时隙，这些时隙格式由SFI来指示。

对于信道占用长度，UE可以被配置一个集合，该集合至多有64个值。信道占用长度和该集合中的每个值一一对应，这个映射关系可以由高层配置，提前发送给UE。在DCI格式2_0中，信道占用长度字段指示的是信道占用长度所映射到这些集合中的值。

信道占用时间的基本粒度是OFDM符号，OFDM符号的长度由所配置的参考子载波间隔得到。Rel-16 NR-U的参考子载波间隔可以为15kHz、30kHz和60kHz，信道占用时间可配置的最大值是1120个符号（对应5GHz非授权频段支持的最大信道占用时间20ms）。Rel-17 FR2-2 NR-U支持的参考子载波间隔为120kHz、480kHz和960kHz，信道占用时间可配置的最大值是4480个符号（对应60GHz非授权频段支持的最大信道占用时间5ms）。上述最大值对应于最大的子载波间隔，如果子载波间隔变小，可配置的信道占用时间最大值也相应变小。例如，480kHz的子载波间隔的信道占用时间可配置的最大值是2240个符号。

如果UE已经接收到一个信道占用时间指示信令，某个OFDM符号在该信道占用时间之内，那么UE不期望接下来收到另外一个信道占用时间指示信令，该信令指示上述

OFDM符号不在信道占用时间内。如果UE接收到该信道占用时间字段，它可以根据信道占用时间结束位置的信息来判断上行是否可以共享gNB抢占到的这段信道占用时间。

2. 信道频域占用信息指示

Rel-16 NR-U在5GHz非授权频段上可以按照20MHz的载波带宽或更大的载波带宽工作，例如40MHz、60MHz及80MHz的载波带宽。假设Rel-16 NR-U的载波带宽大于20MHz（例如为80MHz），如果Rel-16 NR-U设备按照整个载波带宽进行LBT侦听和占用，那么Rel-16 NR-U设备需要保证在整个载波带宽上满足非授权载波的规则要求，包括侦听阈值、OCB、EIRP/PSD等。这样做首先会丧失灵活性，因为Rel-16 NR-U设备有可能仅在BWP上调度数据，还会导致LBT成功概率较低，因为如果在80MHz的载波带宽内的任意BWP被占用，都很有可能会导致整个80MHz的载波带宽的LBT失败。

为了解决上述问题，标准同意将一个较大的载波带宽划分成一个或多个子带（RB集合），在一个或多个子带上执行LBT侦听，如图5-8所示。相应的，Rel-16 NR-U设备需要保证子带上的数据发送满足非授权载波规则的要求。Wi-Fi在5GHz频段上可以采用20MHz、40MHz或80MHz的载波带宽或侦听带宽。以Wi-Fi为参考，Rel-16 NR-U的一个子带的典型带宽可以为20MHz或20MHz的整数倍。

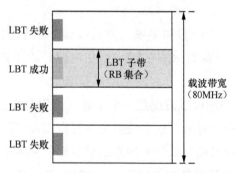

图5-8　LBT子带划分及可用子带信息指示

当Rel-16 NR-U工作在一个宽带载波上，如果UE能够及时并准确地获得该宽带载波中各个子带上的占用信息，UE就能够在已占用的（可利用的）子带上检测下行信道或信号，在没有占用到（不可用）的子带上停止检测下行信道或信号，从而极大地降低了功率消耗。

对于UE如何检测子带可用或不可用，存在如下几种方案。

方案1：通过PDCCH来显式地指示各个子带是否可用，例如，通过组公共的PDCCH或者UE特定的PDCCH来指示，其优点是可靠性高，但是存在一定的标准化复杂度。

方案2：在一组PDCCH DMRS序列中选择一个PDCCH DMRS序列来显式地指示子带可用。由于gNB需要一定的时间来准备PDCCH的发送，如果在刚刚占用载波后，gNB还来不及使用PDCCH指示精确的子带是否可用的信息，则gNB可以使用方法2来显式指示。

方案3：通过UE实现。与前面章节中UE对下行传输的检测机制相同，UE可以通过在各个子带内检测DMRS和/或相应的PDCCH来判断每个子带是否可用。方案3不需要修改标准，但是可靠性不如方案2。

在上述3个方案中，支持方案1的公司最多，方案3次之，支持方案2的公司最少。因此，Rel-16最后同意使用组公共的PDCCH（DCI格式2_0）来显式指示子带是否被占用的信息。

与DCI格式2_0指示搜索空间集合组切换及信道占用时间类似，在DCI格式2_0中，子带可用信息指示字段是否存在是可配置的，只有高层配置了相应的高层参数，在DCI格式2_0中才存在子带可用信息指示字段。

子带可用信息指示字段可以是1比特（适用于高层参数指示没有配置保护带宽）或1个比特位图（适用于高层参数指示配置了保护带宽），比特位图中的比特与各个子带一一对应。如果比特位图中的某个比特为"1"，则表示相应的子带可用于接收；反之，则表示该子带不能用于接收。在DCI格式2_0中，指示的子带可用或不可用的信息在信道占用时间内一直有效。

与Rel-16 NR-U不同，Rel-17 FR2-2 NR-U并不支持在载波上划分子带，即不支持Rel-16 NR-U引入的RB集合这一宽带操作（可参考6.4节）。因此，对于Rel-16 NR-U在DCI格式2_0中新引入的3种指示域，即搜索空间集合组切换指示、信道占用时间指示及子带可用信息指示，Rel-17 FR2-2 NR-U仅支持前两种指示域，不支持第3种指示域。

5.2.4 基于时隙组的PDCCH检测

Rel-15 NR采用基于时隙的PDCCH检测，其中PDCCH检测是指根据DCI的格式对每个候选PDCCH尝试译码。为支持URLLC业务，提高调度灵活性并降低时延，Rel-16 NR引入了基于监听范围（per span）的PDCCH检测。随着子载波间隔的增加，一个时隙的持续时间减少，每个时隙的最大不重叠CCE个数和候选PDCCH的数目也随之减少。然而，对于480kHz和960kHz的子载波间隔，如果仍然采用现有Rel-15、Rel-16的PDCCH检测方式，则每个时隙的最大不重叠CCE个数及候选PDCCH的数目过少会引起调度灵活性降低、PDCCH负载过大等问题。因此，为保证覆盖性及可靠性，Rel-17 FR2-2引入基于时隙组的PDCCH检测[11]，工作于FR2-2非授权频段的Rel-17 NR-U同样适用此增强。

1. 基于时隙组的PDCCH检测能力

在基于时隙组的PDCCH检测能力的讨论过程中，一共涉及3个方案[12]，如图5-9所示。

方案1：基于固定时隙组定义新的PDCCH检测能力，每个时隙组包含X_s个时隙，时隙组之间连续且不重叠。

方案2：采用类似于Rel-16的基于监听范围的PDCCH检测能力，X个时隙是两个连续的监听范围起始位置的最小时间间隔，PDCCH检测能力指示了在一个Y内的最大不重叠CCE个数及候选PDCCH的数目。

方案3：基于滑动窗的PDCCH检测能力，其中定义了滑动窗长及窗移，该能力指示了在每个滑动窗内的最大不重叠CCE个数及候选PDCCH的数目。

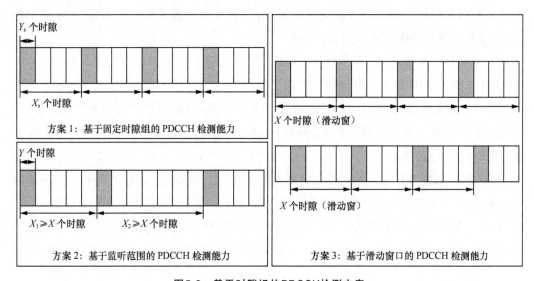

图5-9　基于时隙组的PDCCH检测方案

其中，方案2难以确定两个监听范围的间隔、监听范围的长度及模式等；方案3主要解决背靠背检测（Back-to-back Monitoring）问题，保证每个滑动窗内的最大不重叠CCE个数及候选PDCCH的数目都不超过UE能力，存在设计复杂、能耗大等问题。因此，方案2和方案3在讨论过程中被淘汰，方案1基于固定时隙组的PDCCH检测被采纳[13]。

UE在服务小区的激活下行BWP上的每个时隙、每个时隙组[时隙组包含X_s个时隙，X_s基于参数组合（X_s, Y_s）]、每个监听范围的PDCCH检测能力由UE在服务小区的激活下行BWP上的每个时隙、每个时隙组、每个监听范围的最大不重叠的CCE个数及候选PDCCH的数目分别定义。

在FR2-2支持的3种子载波间隔120kHz、480kHz及960kHz中，120kHz的子载波间隔只支持基于时隙的PDCCH检测，不支持基于时隙组的PDCCH检测。而480kHz和960kHz的子载波间隔只支持基于时隙组的PDCCH检测而不支持基于时隙的PDCCH检测。此外，支持480kHz和960kHz的子载波间隔的UE默认支持基于时隙组的PDCCH检测[14]。PDCCH检测模式与子载波间隔及高层参数monitoringCapabilityConfig[19]有关，具体包括如下内容。

（1）如果gNB配置了高层参数monitoringCapabilityConfig，UE根据服务小区内的高层参数配置获取到在激活下行BWP上的最大不重叠CCE个数及候选PDCCH的数目的指示信息，具体如下。

① 如果monitoringCapabilityConfig = r15monitoringcapability，UE采用基于时隙的PDCCH检测。

② 如果monitoringCapabilityConfig = r16monitoringcapability，UE采用基于监听范围的PDCCH检测。

③ 如果monitoringCapabilityConfig = r17monitoringcapability，UE采用基于时隙组的PDCCH检测，其中时隙组包含X_s个时隙，X_s基于参数组合（X_s, Y_s）得到，具体如表5-6和表5-7所示。

（2）如果gNB没有配置高层参数monitoringCapabilityConfig，UE根据以下原则确定在激活下行BWP上的最大不重叠CCE个数及候选PDCCH的数目。

① 如果激活下行BWP的子载波间隔为15～120kHz，UE采用基于时隙的PDCCH检测。

② 如果激活下行BWP的子载波间隔为480kHz或960kHz，UE采用基于时隙组的PDCCH检测，其中对于480kHz的子载波间隔，默认（X_s, Y_s）=（4，1）。对于960kHz的子载波间隔，默认（X_s, Y_s）=（8，1），具体如表5-6和表5-7所示[16]。

表5-6 每个服务小区的每个参数组合（X_s, Y_s）包含X_s个时隙的时隙组内的候选PDCCH最大数目 $M_{PDCCH}^{max, X_s, \mu}$

μ	(4, 1)	(4, 2)	(8, 1)	(8, 4)
5	20	20	—	—
6	10	10	20	20

表5-7 每个服务小区的每个参数组合（X_s, Y_s）包含X_s个时隙的时隙组内的最大不重叠CCE个数 $C_{PDCCH}^{max, X_s, \mu}$

μ	(4, 1)	(4, 2)	(8, 1)	(8, 4)
5	32	32	—	—
6	16	16	32	32

具体来说，当子载波间隔为480kHz或960kHz时，UE可以根据一个或多个参数组合（X_s，Y_s）上报其PDCCH检测能力，其中，X_s和Y_s表示连续时隙个数。时隙组内的X_s个时隙连续且不重叠，Y_s个时隙被包含在时隙组内。在一个子帧内，第一个时隙组的起始位置与子帧边界对齐，在两个连续的Y_s时隙的起始位置之间相隔X_s个时隙。在UE收到专用的高层参数之前，UE不期望按照960kHz的子载波间隔来检测PDCCH。

为了方便描述，我们用搜索空间集合组1表示有专用RRC配置的Type 1 CSS（公共搜索空间）、Type 3 CSS及USS（UE专用搜索空间）。用搜索空间集合组2表示无专用RRC配置的Type 1 CSS、Type 0 CSS、Type 0A CSS及Type 2 CSS。当UE根据时隙组的参数组合（X_s，Y_s）检测PDCCH时，UE可以在Y_s个时隙内的任意时隙检测搜索空间集合组1的PDCCH，在X_s个时隙内的任意时隙检测搜索空间集合组2的PDCCH。UE根据X_s个时隙内的所有搜索空间集合组及表5-6和表5-7定义的最大值，确定其候选PDCCH的数目及不重叠CCE个数。

支持基于时隙组的PDCCH检测的UE默认支持以下在Y_s个时隙内的PDCCH检测行为。

（1）若Y_s大于1，UE在Y_s个时隙内的每个时隙的前3个OFDM符号上检测搜索空间集合组1的PDCCH。

（2）当子载波间隔为480kHz时，若Y_s等于1，与FG3-5b[20]类似，一个时隙最多有两个监听范围。set2 = (4, 3) , (7, 3)，其中第一个数字是两个连续监听范围开始时刻的最小符号间隔，第二个数字是监听范围的符号级持续时间。

（3）当子载波间隔为960kHz时，若Y_s等于1，与FG3-5b类似，set1 = (7, 3)，其中第一个数字是两个连续监听范围开始时刻的最小符号间隔，第二个数字是监听范围的符号级持续时间。

在设计表5-6和表5-7中的时隙组的候选PDCCH最大数目和最大不重叠CCE个数时，需要综合考虑灵活度、PDCCH负载等问题。当子载波间隔为120kHz时，其1个时隙的绝对时间相当于在子载波间隔为480kHz的情况下4个时隙的绝对时长及在子载波间隔为960kHz的情况下8个时隙的绝对时长。目前的设计原则[15]是子载波间隔为480kHz、X_s=4及子载波间隔为960kHz、X_s=8对应的候选PDCCH最大数目及最大不重叠CCE个数与当子载波间隔为120kHz时的单时隙对应的个数相同。子载波间隔为960kHz、X_s=4对应的候选PDCCH最大数目及最大不重叠CCE个数是当子载波间隔为120kHz时的单时隙对应个数的一半。

UE可以向基站上报PDCCH检测能力，其中，能力上报包括UE支持的一个或多个参数组合（X_s，Y_s），UE的强制支持及可选支持具体如下。

（1）UE默认强制支持基于时隙组的PDCCH检测。

① 对于480kHz的子载波间隔，（X_s，Y_s）=（4，1）。

② 对于960kHz的子载波间隔，（X_s，Y_s）=（8，1）。

（2）UE可选地支持基于时隙组的PDCCH检测。

① 对于480kHz的子载波间隔，（X_s，Y_s）=（4，2）。

② 对于960kHz的子载波间隔，（X_s，Y_s）=（8，4），（4，2），（4，1）。

当子载波间隔为960kHz时，若UE上报了多个支持的参数组合（X_s，Y_s），且服务小区内的搜索空间集合配置满足大于一个参数组合（X_s，Y_s）的要求，即每两个连续的Y_S时隙的起始位置相隔不小于X_s个时隙。UE选择关联的候选PDCCH最大数目及最大不重叠CCE个数最多的参数组合（X_s，Y_s）来检测PDCCH[17]。

2. 基于时隙组的搜索空间集合配置

通过CORESET和搜索空间集合可以确定UE检测PDCCH的时频域位置。其中CORESET配置定义了PDCCH检测的频域范围和PDCCH MO（Monitoring Occasion）的符号级时域长度，搜索空间集合配置进一步可以确定PDCCH检测的时域位置。在现有NR Rel-15、NR Rel-16协议中，搜索空间集合的配置包括时隙级时域资源配置和符号级时域资源配置。Rel-17 FR2-2搜索空间集合配置增强主要是为480kHz和960kHz的子载波间隔支持的基于时隙组的PDCCH检测设计的，引入/修改了部分配置参数，增加时隙组级的时域资源配置等。具体如下。

（1）时隙组级的搜索空间集合配置

① 搜索空间集的周期和偏移通过RRC参数monitoringPeriodicityAndOffset-r17配置。

• 配置周期的单位为时隙，相对于NR Rel-15/Rel-16协议，480kHz、960kHz的子载波间隔的配置周期是时隙组的倍数，可配置的周期X_p新增了{32, 64, 128, 5120, 10240, 20480}这几个值，具体如表5-8所示。另外，对于组公共的DCI（包括DCI格式2_0，DCI格式2_1和DCI格式2_4），480kHz、960kHz的子载波间隔可配置的周期值为120kHz的子载波间隔的可配置的周期值的4倍或8倍，与120kHz的子载波间隔的可配置的周期值的绝对时间对齐，具体如表5-9所示。

• 偏移指示了搜索空间集合周期的第一个MO起始时隙组的位置到帧边界的时隙偏移量。时隙偏移量的取值范围为$\left\{0,4,8,\cdots,4\left\lfloor\frac{(X_p-1)}{4}\right\rfloor\right\}$。配置偏移是时隙组的倍数，即RRC参数monitoringSlotsWithinSlotGroup-r17比特长度的倍数。

② 搜索空间集合在每个周期连续时隙组所占的时隙数目通过RRC参数duration-r7配置。此参数的单位为时隙，取值范围为{8, 12, …, 20476}，其最大值比配置周期小一个时隙组所占的时隙数。如果没有配置该参数，UE默认此参数取值为一个时隙组所占的时隙数。对于DCI格式2_0，UE忽略此参数配置。

（2）时隙级搜索空间集配置

RRC参数monitoringSlotsWithinSlotGroup-r17是针对基于时隙组的PDCCH检测引入的新参数，通过位图指示一个时隙组内（长度L=4或8比特）MO所在的时隙组位置。比特位置为1表示需要检测该时隙。

- 对于搜索空间集合组1，其在位图上指示的时隙必须是连续的且时隙数量不大于Y_S，Y_S至少根据UE支持的其中一个参数组合（X_s, Y_s）来确定。

- 对于搜索空间集合组2[18]，分开讨论无专用RRC配置的Type 1 CSS，以及Type 0 CSS、Type 0A CSS、Type 2 CSS。具体地，Type 0 CSS、Type 0A CSS、Type 2 CSS的PDCCH检测位置不强制连续且可以分布于时隙组内的任意位置。为限制无专用RRC配置的Type 1 CSS在一个时隙组内的检测次数，在monitoringSlotsWithinSlotGroup-r17定义的一个时隙组内，PDCCH检测位置所占的时隙数不大于1。

（3）符号级搜索空间集配置

复用NR Rel-15、NR Rel-16协议定义的RRC参数monitoringSymbols WithinSlot，通过位图指示一个时隙内PDCCH检测的CORESET的第1个符号位置，比特位置为1表示需要检测该符号。

表5-8 FR2-2搜索空间集合周期

子载波间隔	周期（单位：时隙）													
120kHz	1	2	4	5	8	10	16	20	40	80	160	320	640	1280	2560
480kHz	4	8	16	20	**32**	40	**64**	80	160	320	640	1280	2560	**5120**	10240
960kHz	8	16	**32**	40	**64**	80	**128**	160	320	640	1280	2560	**5120**	10240	20480

注意：表中粗体为480kHz、960kHz的子载波间隔引入的新周期值

表5-9 FR2-2组公共DCI可用的周期值

子载波间隔	120kHz	480kHz	960kHz
DCI格式2_0	sl1, sl2, sl4, sl5, sl8, sl10, sl16, sl20	sl4, sl8, sl16, sl20, **sl32**, sl40, **sl64**, sl80	sl8, sl16, **sl32**, sl40, **sl64**, sl80, **sl128**, sl160
DCI格式2_1	sl1, sl2, sl4	sl4, sl8, sl16	sl8, sl16, **sl32**
DCI格式2_4	sl1, sl2, sl4, sl5, sl8, sl10	sl4, sl8, sl16, sl20, **sl32**, sl40	sl8, sl16, **sl32**, sl40, **sl64**, sl80

注意：表中粗体为480kHz、960kHz的子载波间隔引入的新周期值

如图5-10所示，基于RRC配置的时隙组级、时隙级及符号级的参数可以得到UE盲检测PDCCH的时域位置范围（图5-10中用灰色标识），图中假设monitoringPeriodicity AndOffset-r17=sl16{4}（表示周期等于16个时隙，偏移等于4个时隙），duration-r17=8个时隙，monitoringSlotsWithinSlotGroup-r17=1100，monitoringSymbolsWithinSlot=

10000001000000，搜索空间集合关联的CORESET的时长= 3个符号。

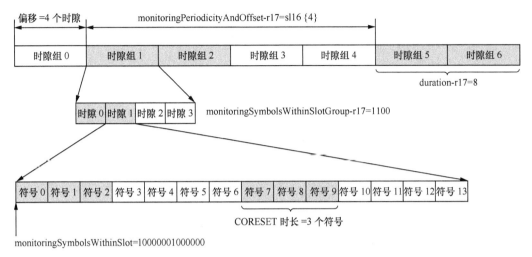

图5-10　基于时隙组的搜索空间集合时域配置

3. 基于时隙组的丢弃规则

在NR Rel-15协议中规定，根据UE上报的一个时隙内的PDCCH盲检测能力，当时隙内的最大不重叠CCE个数和候选PDCCH最大数目超过UE能力时，需要丢弃部分PDCCH。其中，搜索空间集合丢弃规则只适用于PCell或者PSCell。并且，基站在配置CSS时要保证所有CSS中的所有候选PDCCH数目和不重叠CCE个数不超过UE的处理门限，即搜索空间集合丢弃规则只适用于丢弃超过UE能力的USS。

类似的，搜索空间集合丢弃规则可以用于基于时隙组的PDCCH检测。基站需要保证在PCell或者PSCell上CSS的所有候选PDCCH数目和不重叠CCE个数不超过UE的盲检测能力，丢弃规则只用于在PCell或者PSCell丢弃部分USS。3GPP的讨论焦点在于当USS配置在多个时隙内时，选择如下哪种丢弃方案[15]。

方案1：当超过UE盲检测能力时，USS以时隙为单位被丢弃，直到满足UE盲检测能力。

方案2：如图5-11所示，当超过UE盲检测能力时，UE将丢弃索引值高（higher index）的USS和该USS中的所有候选PDCCH。对于保留的USS，该USS中的所有候选PDCCH都被保留下来。

尽管方案1可以保留更多USS的时隙数，考虑到配置及标准化的复杂度，标准最终决定采用方案2。与现有协议不同的是，基于时隙组的PDCCH检测的丢弃规则按照时隙组来评估。当最大不重叠CCE个数或者候选PDCCH最大数目中的任意一个超过UE的能力时，UE丢弃时隙组内索引值高的USS。

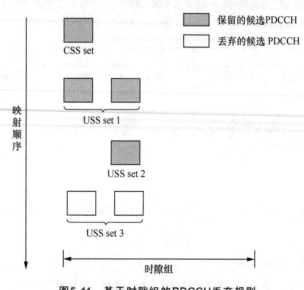

图5-11　基于时隙组的PDCCH丢弃规则

4. 多载波场景下基于时隙组的PDCCH检测

对于将子载波间隔配置为480kHz或960kHz的服务小区，子载波间隔和X_s相同的服务小区可以被组合在一起，以联合确定组内服务小区总的PDCCH候选值和不重叠CCE个数、每个小区的PDCCH候选值和不重叠CCE个数[18]。多载波场景需要考虑新引入的基于时隙组的PDCCH检测能力[19-20]，支持UE上报基于时隙的PDCCH检测能力的载波数、基于监听范围的PDCCH检测能力的载波数、基于时隙组的PDCCH检测能力的载波数及多种PDCCH检测能力组合对应的载波数。多载波增加了以下4种场景，以下4种场景也可以扩充至双连接模式（NR-DC）。

（1）UE只支持基于时隙组的PDCCH检测能力的载波数。

（2）UE支持在不同服务小区上基于时隙的PDCCH检测能力和基于时隙组的PDCCH检测能力的载波数。

（3）UE支持在不同服务小区上基于监听范围的PDCCH检测能力和基于时隙组的PDCCH检测能力的载波数。

（4）UE支持在不同服务小区上基于时隙的PDCCH检测能力、基于监听范围的PDCCH检测能力和基于时隙组的PDCCH检测能力的载波数。

在多载波场景下，UE上报一个或多个组合（pdcch-BlindDetectionCA-R15, pdcch-BlindDetectionCA-R16, pdcch-BlindDetectionCA-R17）作为UE能力。当UE上报多个组合，与Rel-16类似，如果配置的载波数大于UE上报的PDCCH检测能力对应的载波数，基站为UE配置其中一种组合并根据UE能力进行缩放。

5.3 物理上行共享信道（PUSCH）

PUSCH承载UE的上行业务数据。UE要根据监听到的PDCCH中的上行调度信息，确定PUSCH所在的时频位置、MCS、RV等信息，并根据这些信息对上行业务数据进行编码、调制加扰等，然后在指定的时频资源上发送。

5.3.1 上行频域资源分配

由于低非授权频段对OCB的要求较高及对最大PSD有一定的限制，Rel-16 NR-U对PUSCH和PUCCH均引入了交织映射模式（Rel-17 FR2-2 NR-U不支持该模式）。交织映射模式的基本原理和设计细节可以参考2.4.1节。

对于PUSCH，为了能够实现基于交织映射模式的资源分配，并考虑到调度信令开销等因素，可以通过限制资源分配的灵活性实现性能与控制信令开销的折中。子载波间隔不同，交织个数不同，相应的交织资源分配的方式也不同。当子载波间隔为30kHz时，共有5个交织，FDRA（频域资源分配）采用比特位图的方式，即使用5比特指示分配给UE的交织索引。当子载波间隔为15kHz时，共有10个交织，FDRA沿用LTE-eLAA的方式，即使用6比特的RIV来指示分配给UE的交织索引。其中，RIV取值为0～54，表示分配连续的交织索引，还有8个RIV值指示不连续分配的交织索引的组合，可参考表5-10。

表5-10　RIV值大于54的交织组合

RIV−$M(M+1)/2$	m_0	l
0	0	{0, 5}
1	0	{0, 1, 5, 6}
2	1	{0, 5}
3	1	{0, 1, 2, 3, 5, 6, 7, 8}
4	2	{0, 5}
5	2	{0, 1, 2, 5, 6, 7}
6	3	{0, 5}
7	4	{0, 5}

在表5-10中，当子载波间隔为15kHz时，M的取值为10，m_0表示起始交织索引编号，集合l表示交织索引相对于起始值的增加值。例如，如果RIV的取值为55，则分配的2个交织索引为{0, 5}。

5.3.2　单个DCI调度多个PUSCH

本节主要介绍Rel-16 NR-U和Rel-17 FR2-2对PUSCH调度的增强。Rel-16 NR-U工作在低频（7.125GHz以下频段）中的非授权频段（5GHz/6GHz非授权频段），Rel-17 FR2-2工作在高频52.6～71GHz，该频段既包含授权频段也包含非授权频段，Rel-17 FR2-2在讨论对单个DCI调度多个PUSCH的增强时并没有区分频谱属性，即授权频段和非授权频段都适用该增强。

1. 低频单个DCI调度多个PUSCH

Rel-16 NR-U PUSCH标准化以Rel-15授权频谱技术为基础，并结合非授权频谱特性进行了相应的增强。Rel-16 NR-U在WI后期讨论终端特性时，决定将单个DCI调度多个PUSCH这一特性也应用到授权频谱中，具体可参考3GPP TS 38.306中UE能力的相关描述[1]。因此，本节所介绍的标准化内容同时适用于授权频谱和非授权频谱。

Rel-16 NR-U引入的单个DCI调度多个PUSCH是基于Rel-15授权频谱技术进行的增强，Rel-15 PUSCH时域资源分配表的行数最多为16，Rel-16 NR-U并没有针对该表支持的最大行数进行增强，即Rel-16 NR-U PUSCH时域资源分配表最大支持行数仍然为16。需要注意的是，Rel-16授权频谱对PUSCH时域资源分配表进行了增强，该时域资源分配表在Rel-15的时域资源分配表的基础上增加了重复次数指示的特性，Rel-16授权频谱时域资源分配表的最大行数也由16增加到了64，但该内容并不适用于单个DCI调度多个PUSCH这一机制。

单个DCI可以调度多个时隙或者迷你时隙（迷你时隙是比时隙更小的一种时域资源单位）的PUSCH传输，多个PUSCH传输的相邻两个PUSCH时域资源之间是没有间隔的，单个DCI可以调度的PUSCH数量最多为8。

单个DCI调度单个PUSCH的时域资源分配方案：时域资源分配表的所有单个行索引仅包含单个SLIV，以及时隙偏移值$K2$和映射类型，调度DCI指示这种时域资源分配表的行索引可以实现单个DCI调度单个PUSCH。偏移值$K2$指示DCI结束符号所在时隙到DCI调度的首个PUSCH所在时隙之间的时隙偏移值；SLIV可以确定PUSCH在一个时隙中的起始符号和长度。

Rel-16新引入的单个DCI调度多个PUSCH的时域资源分配方案：时域资源分配表中的单个行索引包含多个SLIV和每个SLIV对应的PUSCH映射类型，以及一个DCI到首个PUSCH所在时隙的偏移值$K2$，多个PUSCH中的每个PUSCH承载不同的传输块，不包含重复传输，每个PUSCH都不支持跨时隙边界。

如表5-11所示，对于低频授权频谱，每个行索引都仅指示单个SLIV，由于DCI仅能指示单个行索引，因此也只能支持单个DCI调度单个PUSCH的机制；如表5-12所示，低频非授权频谱在时域资源分配表中并不是每一行都必须包含2个以上的SLIV，而是只需要在时域资源分配表中包含单个行索引可以指示多个SLIV的情况即可，DCI时域资源分配域指示行索引3时就可以支持单个DCI调度4个PUSCH，这4个PUSCH为彼此之间没有间隔的连续传输，偏移值$K2$为z，即DCI所在时隙与SLIV 3-1所在时隙之间的间隔z个时隙；高频载波时域资源分配表如表5-13所示，每个SLIV都单独对应一个偏移值，例如行索引2的SLIV 2-1对应偏移值$y1$，SLIV 2-2对应偏移值$y2$，所述SLIV 2-1和SLIV 2-2对应的两个PUSCH可以是非连续的传输，也可以是连续的传输。

表5-11　授权频谱单个DCI调度单个PUSCH对应的时域资源分配表示例

行索引	偏移值$K2$	SLIV	映射类型
1	x	SLIV 1-1	A
2	y	SLIV 2-1	A
3	z	SLIV 3-1	B

表5-12　低频非授权频谱单个DCI调度多个PUSCH对应的时域资源分配表示例

行索引	偏移值$K2$	SLIV	映射类型
1	x	SLIV 1-1	A
2	y	SLIV 2-1、SLIV 2-2	A、B
3	z	SLIV 3-1、SLIV 3-2、SLIV 3-3、SLIV3-4	B、B、B、B

表5-13　高频单个DCI调度多个PUSCH对应的时域资源分配表示例

行索引	偏移值$K2$	SLIV	映射类型
1	x	SLIV 1-1	A
2	$y1$、$y2$	SLIV 2-1、SLIV 2-2	A、B
3	$z1$、$z2$、$z3$、$z4$	SLIV 3-1、SLIV 3-2、SLIV 3-3、SLIV3-4	B、B、B、B

在单个DCI调度多个PUSCH的机制中，每个PUSCH都会有对应的1比特NDI和1比特RV。NDI通过是否翻转可以指示PUSCH为新传或重传，具体来说，对应同一个HARQ进程，若当前传输的PUSCH的NDI与最近一次的PUSCH传输的NDI相比存在翻转，则当前传输的PUSCH为新传；否则当前传输的PUSCH为重传。RV可以指示PUSCH传输所使用的RV版本，该信息是UE传输和基站解码PUSCH的必要信息，可以指示RV为0或者2；如果单个DCI实际调度的行索引对应的SLIV仅有一个，DCI中的RV域仍然为传统的2比特，则可以指示RV为0、1、2和3中的任意一个。

在单个DCI调度多个PUSCH的情况下，该DCI仅指示单个MCS，TB的大小根据以下两种情况确定。（1）如果MCS被指示为索引0～27/28，新传和重传所使用的MCS都是DCI指示的MCS，则TB的大小根据MCS确定；（2）如果MCS被指示为索引28/29～31，默认该DCI调度的PUSCH为重传，则TB的大小根据初传确定。MCS指示的索引为MCS表中的行索引，其中索引28/29～31为预留的行索引，预留的行索引并不指定具体的MCS值，不同的MCS表预留的索引行数也可能是不同的，具体可以参考文献[2]。

对于单个DCI调度多个PUSCH，不支持CBG重传，CBG是比TB更小的一种传输单位，如果TB比较大且传输占用相对较多的时域资源，则支持CBG重传可以减少突发干扰导致部分CBG传输失败带来的影响，在进行CBG重传的时候只需要传输因突发干扰而解码失败的CBG，重传效率更高。如果在单个DCI调度多个PUSCH的情况下支持CBG重传，虽然可以提高性能，增加重传的有效性，但需要指示重传CBG的信息，对DCI的开销影响比较大，会影响DCI的可靠性，因此标准最终没有支持该CBG重传。对于单个DCI实际调度的仅有单个SLIV行的情况，仍然支持CBG重传。

在单个DCI调度多个PUSCH的情况下的DCI仅支持DCI格式0_1，不支持DCI格式0_0，因为DCI格式0_0属于回退DCI，DCI的开销相对较小，如果引入单个DCI调度多个PUSCH的机制，则对DCI格式0_0的可靠性影响比较大，所以最终仅支持DCI格式0_1调度多个PUSCH。

在单个DCI调度单个PUSCH的情况下，如果DCI同时触发了非周期信道状态信息（A-CSI）的上报，则A-CSI将在PUSCH上进行反馈。但在单个DCI调度多个PUSCH的情况下，如果DCI同时触发了A-CSI的上报，则需要确定A-CSI上报所使用的PUSCH资源，最终重用了LTE LAA的方案，即在单个DCI调度M个PUSCH的情况下，如果$M \leq 2$，则A-CSI将在最后一个PUSCH上进行反馈；如果$M > 2$，则A-CSI将在第$M-1$个PUSCH上进行反馈。

2. 高频单个DCI调度多个PUSCH

在高频FR2-2中，单个DCI调度多个PUSCH的机制在时域资源分配、HARQ进程及乱序调度等方面均与5.1.4节中介绍的单个DCI调度多个PDSCH的机制类似或相同，包括如下内容。

（1）不支持根据UE能力的高低、子载波间隔的大小或是否支持双码字传输来定义单个DCI所能调度的最大PUSCH数量，而统一限制单个DCI最多能调度8个PUSCH。

（2）单个DCI调度多个PUSCH通过时域资源分配表中单个行索引对应多个SLIV来实现。

（3）允许在多个被调度的PUSCH之间存在间隔，即不连续传输。

（4）每个PUSCH传输不同的TB，不支持重复，每个PUSCH属于一个时隙，不能跨时隙分配PUSCH的资源。

（5）每个PUSCH对应的NDI和RV指示方案均重用了Rel-16 NR-U方案，即每个PUSCH都会有相应的1比特NDI和1比特RV。

（6）定义了有效SLIV和无效SLIV。除了与单个DCI调度多个PDSCH具有相似的规则外，额外引入一种无效SLIV的情况，即如果SLIV指示的PUSCH与ssb-PositionsInBurst配置的SSB符号存在冲突，则不会被分配进程，该SLIV将被视为无效SLIV。

（7）DCI中仅指示单个HARQ进程，将HARQ进程应用于首个有效SLIV指示的PUSCH传输，后续有效SLIV指示的PUSCH对应的HARQ进程依次递增1；无效SLIV指示的PUSCH不可以传输，也不会被分配HARQ进程。

（8）HARQ进程由原来的16个扩展至32个来解决进程饥饿问题。

（9）将同一符号结束的两个DCI调度了交叉出现的PUSCH的调度方式定义为乱序调度，禁止出现该种调度。

（10）当子载波间隔为120kHz且时域资源分配表仅支持单个DCI调度单个PUSCH时，仍支持CBG重传，其他情况均不支持CBG重传。

（11）仅支持DCI格式0_1调度多个PUSCH。

此外，关于A-CSI的上报，如果调度多个PUSCH的DCI同时触发了A-CSI的上报，则需要确定该A-CSI上报所使用的PUSCH资源，最终高频与低频非授权都重用了LTE LAA的方案，具体内容可参考本节第1部分。

Rel-16 NR-U没有针对跳频进行标准化，实际上3GPP协议缺失了跳频相关的规定。在Rel-17 FR2-2标准化高频单个DCI调度多个PUSCH时，同时对低频非授权和高频的单个DCI调度多个PUSCH的跳频进行了标准化。

单个DCI调度多个PUSCH所支持的跳频模式是Intra-slot跳频，即时隙内的跳频，实际上Intra-slot跳频对应的是单个PUSCH之内的跳频[2]，如图5-12所示，假设PUSCH-1时域长度为7个符号，则前3个符号属于第一跳，后4个符号属于第二跳，即在单个PUSCH内进行跳频。

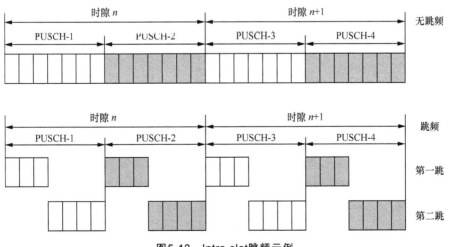

图5-12　Intra-slot跳频示例

(·) 5.4 物理上行控制信道（PUCCH）

PUCCH承载UE发送给基站的应答信息、请求信息等物理层控制信息，包括HARQ-ACK反馈、调度请求（SR）、CSI上报等。根据PUCCH承载的信息或功能的不同，PUCCH的格式也不同。5G Rel-15 NR标准引入了5种PUCCH格式[10]，包括PUCCH格式0/1/2/3/4，每种PUCCH格式及相应的长度（符号数）、携带的信息比特数、RB数、CDM容量及复用方式如表5-14所示。

表5-14　5G Rel-15 NR标准的PUCCH格式

PUCCH格式	长度（符号数）N_{symb}^{PUCCH}	携带的信息比特数	RB数	CDM容量	复用方式
0	1～2	≤2	1	12	循环移位
1	4～14	≤2	1	Up to 84	循环移位+TD-OCC
2	1～2	>2	1～16	1	—
3	4～14	>2	1～16	1	—
4	4～14	>2	1	2、4	FD-OCC

在5GHz和6GHz低非授权频段，如2.2.1节所介绍，信道占用带宽需要满足信道占用带宽要求，发送功率也需要满足最大PSD的要求，因此，Rel-16 NR-U针对PUCCH引入了基于交织的结构，具体可参考2.4.1节。考虑每个PUCCH格式的特点、非授权频谱控制信息传输的需求和标准化的复杂度等因素，并非所有的PUCCH格式对Rel-16 NR-U而言都是必要的。例如，PUCCH格式4的目标场景为小承载量且在覆盖受限的情况下使用，Rel-16 NR-U主要的部署场景是小型小区，通常没有覆盖受限的问题，因此Rel-16 NR-U不支持PUCCH格式4，仅对PUCCH格式0、PUCCH格式1、PUCCH格式2和PUCCH格式3进行增强。

FR2-2中的高非授权频段对于信道占用带宽的要求并没有低非授权频段那么严苛，它只要求设备支持一种信道占用带宽不小于标称信道带宽的70%的发送模式，这个要求并不难满足。相反，FR2-2的最大PSD的规则会限制设备的最大发射功率，从而会严重影响频谱效率，使覆盖受限。因此，Rel-17 FR2-2决定对PUCCH格式0、PUCCH格式1和PUCCH格式4进行增强来解决该频段存在的上述问题。

需要注意的是，尽管Rel-17 FR2-2 WID确定的研究目标是对FR2-2非授权频段中的3种PUCCH格式进行增强，然而FR2-2授权频段存在同样的问题。因此，标准最后并没有限制Rel-17对PUCCH格式0、PUCCH格式1和PUCCH格式4的增强仅适用于FR2-2非授权频段。

5.4.1 PUCCH格式0/1

PUCCH格式0和PUCCH格式1主要发送小数据包的上行控制信息（UCI），比如HARQ-ACK、SR等，携带1~2比特信息。PUCCH格式0和PUCCH格式1使用不同的序列表示不同的状态。在Rel-15 NR中，PUCCH格式0和PUCCH格式1采用了比较相似的设计，它们同样都是将长度为12的序列映射在1个PRB上。

1. Rel-16 NR-U增强

为了满足低非授权频段的信道占用带宽及最大PSD的要求，Rel-16 NR-U的PUCCH格式0和PUCCH格式1需要占用的频域资源是1个交织，其中需要包含10个或11个PRB。因此，需要扩展PUCCH格式0和PUCCH格式1的序列长度，即频域序列长度需要由原来的12扩展到120或132。

一种比较直接的方法是将PUCCH的1个PRB的原有序列在10个PRB或11个PRB上重复映射。如图5-13所示，Rel-15的传统PUCCH的立方度量（CM）值在95%处不到1dB，而对传统PUCCH的1个PRB的原有序列直接重复10次后，立方度量（CM）值将近12dB。可见直接重复传统PUCCH序列会导致PUCCH信号的PAPR值过大，使功率放大器的有效放大性能降低，从而导致功率受限，并且还会增加非线性干扰的风险。

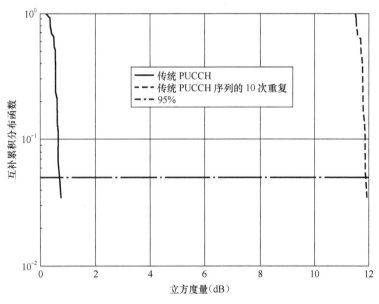

图5-13 PUCCH序列重复性能

在Rel-16 NR-U标准的制定过程中，PUCCH格式0和PUCCH格式1的序列增强主要有如下几种候选方案。

（1）Alt-1：1个交织上所有的PRB使用相同的基序列，并且采用以下的增强方案来控制PAPR/CM。

① Alt-1a：交织内每个PRB使用1个循环移位。

② Alt-1b：交织内每个PRB使用1个相位旋转。

（2）Alt-2：从30个基序列中选出10个或11个基序列映射在交织内的每个PRB上。

（3）Alt-3：使用1个长度为120或132的序列映射在1个交织上。

相对于Alt-1，Alt-2实际上相当于使用不同的基序列的组合作为新的基序列。这种方式的搜索和实现复杂度较高，而且需要制作出一个30行的表格。如图5-14所示，Alt-3虽然标准化复杂度较低，但是仿真评估显示其立方度量值高于Alt-1。因此，Alt-2和Alt-3这两种方案首先被排除。

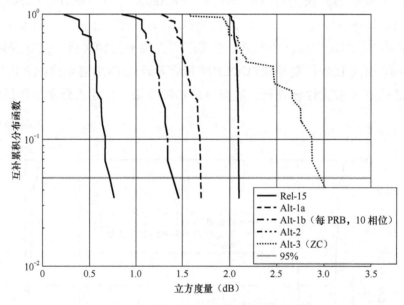

图5-14　不同方案的立方度量值对比示意图

对于Alt-1b，在交织内的每个PRB上使用1个相位，对基序列整体进行相位旋转。Alt-1b相位之间的数学表达式会导致标准化的复杂度略高，因此，Alt-1b也没有被标准采纳。

对于Alt-1a，交织内的每个PRB需要增加1个循环移位，第n个PRB上使用的长度为12的序列可以表示为：

$$r_\mathrm{n} = \mathrm{e}^{jCS_n^k} \cdot S, \quad k = [0,1,2,\cdots,11] \tag{5-2}$$

在式（5-2）中，S是基序列，循环移位的值按照交织内的PRB编号以一定的步进递增。以交织0为例，在交织0中的10个PRB上使用的循环移位的计算如图5-15所示。

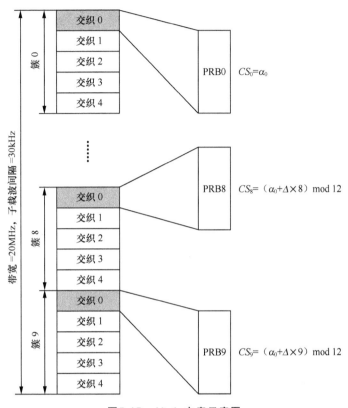

图5-15 Alt-1a方案示意图

由于Alt-1a的循环移位个数最多是12，因此，可以使用计算机搜索找到针对每个基序列的最优循环移位组合。同时为了降低标准化的复杂度，最好可以找到一种"循环移位组合"适用于所有的基序列，而且这些循环移位的组合最好能够满足一定的数量关系。根据仿真结果可知，不少基序列的最优循环移位组合是一样的，而且那些循环移位组合中的元素的值是按照一定步长递增的。这些步长Δ可以是{1, 5, 7, 11}。同时，分析仿真结果还发现，如果分别将这几个步长用于30个基序列，它们之间的性能差别很小，如图5-16所示。

在图5-16中，图例为"optimum"的曲线表示每个基序列使用计算机搜索到的最优循环移位组合。从图5-16可以看出，步长分别为1、5、7、11的4条曲线很接近，尤其是步长为5和步长为7的两条曲线几乎重合，步长为1和步长为11的两条曲线几乎重合。原因是基于模12运算（序列长度为12），实际上加7等价于减5，加11等价于减1。综合考虑性能及标准化的复杂度，Rel-16 NR-U最终支持Alt-1a，并确定步长Δ为5。

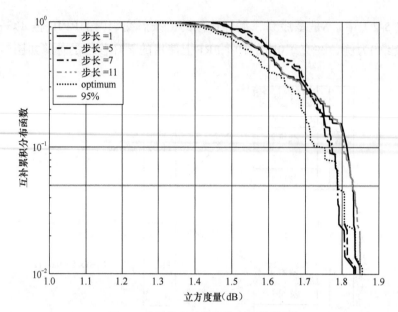

图5-16　不同步长的立方度量值对比

2. Rel-17 FR2-2增强

如本节开头的介绍，Rel-15 NR PUCCH格式0/1仅支持1个PRB的带宽。工作于FR2-2的Rel-17 NR主要考虑在满足最大PSD的情况下，通过增加PUCCH格式0/1的PRB数量来提高PUCCH的发送功率，并增强覆盖。

可配置的PRB的最大数量与最大UE传导功率、最大UE EIRP有关。最大UE传导功率和最大UE EIRP越大，可配置的PRB的最大数量就越多。虽然RAN1在讨论时假设最大UE传导功率为21dBm、最大UE EIRP为25dBm，但这并不是RAN4确定性的结论。鉴于PRB数量与最大UE传导功率、最大UE EIRP之间的关系，RAN1向RAN4发送LS，咨询RAN4不同UE设备类型所支持的上述两个参数。然而RAN4并没有回复具体参数取值。最终，RAN1同意在FR2-2频段内，PUCCH格式0/1可配置的最大PRB数量与现有协议中的PUCCH格式2/3保持一致，即无论子载波间隔多大（120kHz、480kHz或960kHz），允许配置的最大PRB数量都是16。

Rel-17 FR2-2 PUCCH格式0/1的序列采用的是Type-1 low PAPR序列，其包括如下两个选项。

（1）Alt1：单个序列的长度等于在PUCCH资源中所映射的RE总数。循环移位采用在Rel-16中没有配置交织结构的方式（不采用Rel-16 NR-U的方式）。

（2）Alt2：单个序列的长度等于在PUCCH资源中每个RB所映射的RE数目，该序列在每个RB中进行重复。每个RB的循环移位采用类似于Rel-16 NR-U交织的方式。

图5-17展示了上述两种方案序列的立方度量值随着RB数目变化而变化的趋势。

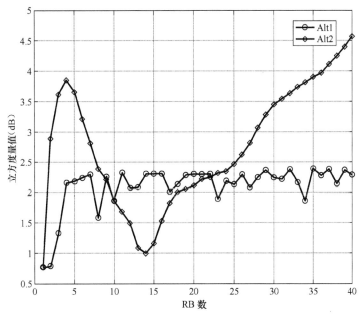

图5-17　Alt1序列和Alt2序列的立方度量值比较

　　从图5-17中的仿真结果可见，相对于Alt2，Alt1的立方度量值比较稳定。Alt2在RB数目为3～6时，立方度量值均超过了3dB。再结合链路级仿真结果，使用Alt1序列完全可以满足覆盖要求。最终Rel-17 FR2-2选择了Alt1中的序列生成方案。

5.4.2　PUCCH格式2

　　在Rel-15 NR中，PUCCH格式2在频域可以占用1～16个RB。PUCCH格式2可承载的UCI信息比特长度 $L_{UCI} > 2$，其编码方式根据信息比特长度确定。如果UCI信息比特长度 $L_{UCI} \leqslant 11$，则使用RM码；如果UCI信息比特长度 $L_{UCI} > 11$，使用Polar码。另外，Rel-15 NR PUCCH格式2不支持多用户复用。

　　如前面章节所介绍的，为满足低非授权频段的信道占用带宽要求，Rel-16 NR-U PUCCH需要限制在一个RB集合内基于交织结构发送UCI。在RB集合中，一个交织的RB数量为10或11。在Rel-16 NR-U系统中，当PUCCH格式2所承载的UCI信息比特数很大时，可能需要超过10个或11个RB来承载，那么一个交织显然不能满足资源要求。在这种情况下，UE可以使用第二个交织来发送UCI。这样两个交织最多可以有22个RB，能够满足Rel-15同等比特数量级的UCI传输。

　　当UCI信息比特数很少时，例如在极端情况下，只需要一个RB就可以满足UCI的传输要求，如果仍用一个交织（10个或11个RB），就会造成资源的浪费。如果Rel-16 NR-U PUCCH格式2仍然不支持多用户复用，则会导致资源利用率低，从而降低调度效率，影响时延和用户体验。因此，3GPP最终决定支持同一个交织内的多用户复用方式。

多用户复用方式主要包括采用FD-OCC、时域OCC或者二者的结合以复用不同数量的UE。不同方案的复用能力不同，性能也不同。3GPP最终得出的结论：在Rel-16 NR-U中，当UE被配置1个交织时，支持采用FD-OCC的方式进行多用户复用，用户数可以是1、2、4。具体实现方式如图5-18所示。

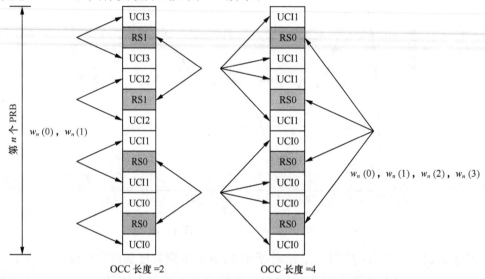

图5-18 PUCCH格式2在交织映射模式下的发送原理示意

在图5-18中，同一个PRB使用1个OCC（正交覆盖码），第n个PRB使用的OCC的索引是$n = (n_0 + n_{\mathrm{IRB}}) \bmod N_{\mathrm{SF}}^{\mathrm{PUCCH},2}$，$n_0$是由高层参数OCC-Index-r16配置的正交序列索引，n_{IRB}是交织中的PRB的编号。$N_{\mathrm{SF}}^{\mathrm{PUCCH},2} \in \{2,4\}$是由高层参数OCC-Length-r16配置的OCC长度。$w_n(i)$的取值根据OCC长度，通过查表5-15和表5-16获得。

表5-15 PUCCH格式2的正交序列（OCC长度为2）

n	$w_n(i)$
0	[1 1]
1	[1 −1]

表5-16 PUCCH格式2的正交序列（OCC长度为4）

n	$w_n(i)$
0	[1 1 1 1]
1	[1 −1 1 −1]
2	[1 1 −1 −1]
3	[1 −1 −1 1]

解码PUCCH需要借助于DMRS，如图5-18所示。将PUCCH格式2的DMRS插入PUCCH格式2的调制符号所在的PRB，它也使用与PUCCH格式2相同的方式通过频域OCC实现多用户复用。

5.4.3 PUCCH格式3

PUCCH格式3不仅可以承载更多的UCI信息比特,覆盖能力也更强。类似于PUCCH格式2,PUCCH格式3在Rel-15中也不支持多用户复用,然而基于与PUCCH格式相同的原因,在Rel-16 NR-U中PUCCH格式3也被增强为支持多用户复用。

在Rel-16 NR-U中,PUCCH格式3通过FD-OCC实现多用户复用。它重用PUCCH格式4的OCC,采用类似于PUCCH格式4的块扩展的方式进行多用户复用,具体映射方式如图5-19所示。$N_{\mathrm{SF}}^{\mathrm{PUCCH}} > 1$时的正交序列 $w_n(m)$ 由表5-17和表5-18给出。

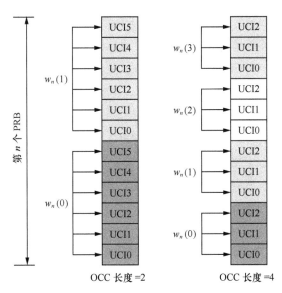

图5-19 PUCCH格式3在交织映射模式下的发射原理示意

表5-17 当 $N_{\mathrm{SF}}^{\mathrm{PUCCH}} = 2$ 时,PUCCH格式3(交织映射模式)的正交序列 $w_n(m)$

n	w_n
0	[1　1]
1	[1　−1]

表5-18 当 $N_{\mathrm{SF}}^{\mathrm{PUCCH}} = 4$ 时,PUCCH格式3(交织映射模式)的正交序列 $w_n(m)$

n	w_n
0	[1　1　1　1]
1	[1　−j　−1　j]
2	[1　−1　1　−1]
3	[1　j　−1　−j]

PUCCH格式3的DMRS采用与PUCCH格式4的DMRS相同的方式发送。在交织映射模式下，PUCCH格式3的DMRS序列要使用ZC序列，不同UE使用不同的循环移位以实现正交复用。

另外，由于PUCCH格式3采用DFT-s-OFDM波形，因此，RB数量需要满足DFT长度2×3×5的要求。当PUCCH格式3用一个交织传输时，UE必须选用10个而非11个RB。当PUCCH格式3用两个交织传输时，UE必须选用20个RB。

5.4.4　PUCCH格式4

Rel-15 NR PUCCH格式4在频域上占用1个RB的全部12个子载波，在时域上占用4～14个OFDM符号。UCI与DMRS的OFDM符号采用时分复用。PUCCH格式4和PUCCH格式3的主要区别在于PUCCH格式4具有码分复用能力，可以支持多用户复用。但是，PUCCH格式4频域资源只支持一个RB，因此，能够承载的UCI比特数不如PUCCH格式3多。Rel-16 NR-U不支持PUCCH格式4。

与PUCCH格式0/1类似，工作于FR2-2的Rel-17 NR同样需要考虑在满足最大PSD的情况下，通过增加PUCCH格式4的PRB数量来提高PUCCH格式4的发送功率和增强覆盖。Rel-17 FR2-2 PUCCH格式4允许配置的最大PRB数量也为16。然而与PUCCH格式0/1不同的是，由于PUCCH格式4采用DFT-s-OFDM波形，因此RB数量需要满足DFT长度为2×3×5的要求。因此，PUCCH格式4可配置的PRB数量为[1，16]中满足2×3×5约束的正整数。

对于增强的Rel-17 FR2-2 PUCCH格式4的DMRS，当DMRS被配置为单载波（由高层参数dmrs-UplinkTransformPrecodingPUCCH配置），且当调制模式被配置为pi/2 BPSK时，使用Type-2 low PAPR序列。如果调制模式没有被配置为pi/2 BPSK，则使用Type-1 low PAPR序列。Rel-17讨论的另外一个焦点是当调制模式被配置为pi/2 BPSK时，DMRS是否支持Type-1 low PAPR序列，最终结论是Rel-17 FR2-2不支持该序列。

5.4.5　PUCCH的资源配置

PUCCH的资源配置主要包括有专用的资源配置和没有专用的资源配置，另外，在PUCCH被配置为交织映射模式时，不使能跳频。

当没有专用的资源配置时（在专用PUCCH资源配置前），如果PUCCH被配置为连续映射模式，则UE需要根据表5-19确定PUCCH的资源。表5-19仅支持PUCCH格式0和PUCCH格式1。首先，根据RRC参数中的行索引（这个行索引通过解码SIB1获得）查找所在行的资源集合的参数。每一行定义一个PUCCH资源集合，在每个资源集合中有16个PUCCH资源，UE具体使用该资源集合中的哪一个资源，需要根据收到的PDCCH所在的第1个CCE的索引 $n_{\text{CCE},0}$、收到的PDCCH所在CCE的CORESET的总CCE个数 N_{CCE}、DCI中的PUCCH资源指示域 Δ_{PRI} 确定，如式（5-3）。

$$r_{\text{PUCCH}} = \left\lfloor \frac{2 \cdot n_{\text{CCE},0}}{N_{\text{CCE}}} \right\rfloor + 2\Delta_{\text{PRI}} , \quad 0 \leqslant r_{\text{PUCCH}} \leqslant 15 \qquad （5\text{-}3）$$

表5-19 在专用PUCCH资源配置前的PUCCH资源集合

索引	PUCCH格式	第1个OFDM符号	OFDM符号数	PRB偏移 $\text{RB}_{\text{BWP}}^{\text{offest}}$	初始循环移位集合
0	0	12	2	0	{0, 3}
1	0	12	2	0	{0, 4, 8}
2	0	12	2	3	{0, 4, 8}
3	1	10	4	0	{0, 6}
4	1	10	4	0	{0, 3, 6, 9}
5	1	10	4	2	{0, 3, 6, 9}
6	1	10	4	4	{0, 3, 6, 9}
7	1	4	10	0	{0, 6}
8	1	4	10	0	{0, 3, 6, 9}
9	1	4	10	2	{0, 3, 6, 9}
10	1	4	10	4	{0, 3, 6, 9}
11	1	0	14	0	{0, 6}
12	1	0	14	0	{0, 3, 6, 9}
13	1	0	14	2	{0, 3, 6, 9}
14	1	0	14	4	{0, 3, 6, 9}
15	1	0	14	$\lfloor N_{\text{BWP}}^{\text{size}}/4 \rfloor$	{0, 3, 6, 9}

对于Rel-16 NR-U，当PUCCH被配置为交织映射模式时，还需要对表5-19进行相应增强。这是因为在交织映射模式下，PUCCH的频域资源分配是以交织为单位的，而表5-19中的资源是以PRB为单位的。因此，对于Rel-16 NR-U的交织映射模式，表5-19中的PRB偏移需要理解为起始交织索引偏移。而且，行索引为15的资源配置不适合用于交织映射模式下的PUCCH资源配置。UE通过计算得到资源查找表的行索引后，结合起始交织索引和循环移位可以计算得到分配的交织索引 $m = (m_0 + \lfloor r_{\text{PUCCH}}/n_{\text{CS}} \rfloor) \bmod M$，其中 $m_0 = \text{RB}_{\text{BWP}}^{\text{offest}}$ 是交织索引偏移量或起始交织索引，$\text{RB}_{\text{BWP}}^{\text{offest}}$ 根据行索引查表得到。

在RRC连接建立前，Rel-17 FR2-2也需要通过SIB1来指示multi-RB PUCCH格式0/1资源集合中每个资源的RB数目N_{RB}。另外，由于允许配置multi-RB，在确定每个PUCCH资源的RB索引时，需要将RB起始索引修改为N_{RB}的函数。这部分内容在3GPP TS 38.213的9.2.1节中有相应描述。

(((•))) 5.5 信道状态信息参考信号（CSI-RS）

与LTE类似，Rel-15 NR支持周期性、非周期性及半持续的CSI-RS发送。此外，Rel-15 NR CSI-RS可以配置为1个、2个或4个OFDM符号，支持的端口数最多为32。CSI-RS具备的功能主要包括移动性支持、信道状态信息获取、用于波束管理的层1 RSRP测量及时频跟踪。

Rel-16 NR-U对CSI-RS讨论较多，主要涉及CSI-RS发送、CSI-RS与其他信道/信号的复用发送、CSI测量等。Rel-17 FR2-2 NR-U对CSI-RS的讨论较少，它基本沿用了Rel-15、Rel-16中的机制，除了少部分不支持的特性。例如，Rel-16 NR-U支持LBT子带（RB集合），而Rel-17 FR2-2 NR-U并不支持该特性，相应的也就不再支持与LBT子带相关的CSI-RS结论。本节主要介绍Rel-16 NR-U对CSI-RS的讨论和增强。

5.5.1 CSI-RS发送

对于Rel-16 NR-U来说，由于LBT的规则要求，非周期性的CSI-RS的发送可以很好地契合非授权频谱机会发送的特性。例如，可以在gNB占用信道之后，通过下行控制信令DCI触发发送非周期性的CSI-RS。从触发到非周期性的CSI-RS发送的时间偏移是通过RRC信令配置的。为了避免LBT失败及简化UE的接收操作，从实现角度可以使得DCI触发信令和非周期性的CSI-RS位于同一个信道占用时间之内。

对于周期性的、半持续的CSI-RS发送，由于它们的发送时间点是半静态提前配置好的，在发送之前很可能出现LBT失败导致发送失败的情况。然而，考虑到周期性的、半持续的CSI-RS发送有利于减少配置信令开销、节省UE检测功耗及维护信道状态信息，Rel-16 NR-U也支持周期性的、半持续的CSI-RS发送。如果配置了周期性的、半持续的CSI-RS，只有当配置的发送机会落在信道占用时间内下行部分的时候，周期性的、半持续CSI-RS才会被发送。在UE侧，UE可以通过检测DCI格式2_0里的时隙格式指示SFI/信道占用时间信息，或者借助于对其他下行信道/信号（假设配置了csi-RS-ValidationWith-DCI）的检测，来判断周期性的、半持续的CSI-RS资源是否落在信道占用时间内。只有当CSI-RS落在信道占用时间内时，UE才会接收并测量周期性的、半持续的CSI-RS。

尽管标准在CSI-RS发送类型方面并没有得到明确的结论，但也没有排除其中任一类型的CSI-RS。Rel-16 NR-U继续延用Rel-15 NR的上述3种CSI-RS发送机制，即非周期性的、周期性的和半持续的。

如果为UE配置的CSI-RS资源在频域上包括多个LBT子带，并且如果UE检测到携带LBT子带占用信息的DCI格式2_0，只要这些被指示的子带中的任意一个子带不可被用于下行接收，UE就会假设该CSI-RS没有被发送。这个结论适用于周期性的、非周期性的或半持续的CSI-RS中的任何一种发送类型。

5.5.2 CSI-RS与其他信道/信号的复用发送

NR-U DRS至少包括一个SSB，还可以包括CORESET#0、承载SIB1的PDSCH和/或NZP CSI-RS。如果NR-U DRS的组成信号包括CSI-RS，那么CSI-RS可以被配置在与SSB不同的OFDM符号上，即CSI-RS与SSB采用时分复用的方法来发送，如图5-20（a）所示。

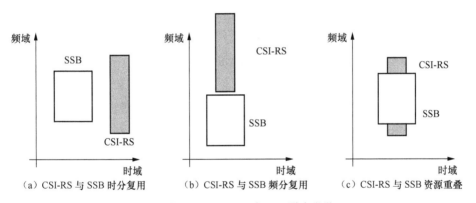

图5-20 CSI-RS与SSB联合发送

另外，我们还需要考虑CSI-RS能否与SSB在LBT子带内采用频分复用的方法进行发送。在Rel-15中，需要为CSI-RS配置多个连续的RB，配置的粒度为4个RB，最小长度为24个RB。SSB占用20个RB。因此，CSI-RS能不能与SSB在LBT子带内进行频分复用主要取决于子载波间隔的设置及SSB的放置位置。例如，假设CSI-RS与SSB的子载波间隔为30kHz，如果SSB被放置在20MHz子带的中间，那么在子带的两侧空白区域，任何一侧都无法配置最小长度为24个RB的CSI-RS。因此，针对这种情况，有公司提出应该允许CSI-RS在SSB占用的时频资源上进行速率匹配，如图5-20（c）所示。

然而，RAN4最终同意将5GHz非授权频段SSB放置在每个LBT子带的边缘，并且留有一定的频域偏移（例如3个RB），以防止邻道干扰。因此，只要频域偏移值为0～7个RB，CSI-RS与SSB的频分复用就不存在对标准化的影响，CSI-RS可以配置在SSB的上侧发送，如图5-20（b）所示。7个RB由子带的带宽（51个RB）减去SSB带宽，再减去CSI-RS的最小频域长度得到。另外，CSI-RS与SSB的频分复用并不是一种优选的配置方式，原因在于CSI-RS仅能够在BWP上发送，其测量性能会受到影响。

关于CSI-RS与承载SIB1的PDSCH的联合发送，有少数公司认为，在DRS时隙内为了更多的时频资源能够用于SIB1发送，应该支持SIB1在CSI-RS所占用的时频资源上进行速率匹配。但是由于标准最后并没有像LTE LAA一样，定义一个严格意义上的DRS，即没有对NR-U DRS组成信号的配置进行额外限制，也没有对彼此之间的关系进行特殊约束，SIB1可以与SSB和CSI-RS在同一个时隙上发送，也可以调度在后续时隙上发送，因此，上述需求就不是必须要支持的，再加上一些公司的反对，标准最后并没有支持SIB1在CSI-RS所占用的时频资源上进行速率匹配。

5.5.3　CSI测量

UE的CSI测量应该限制在CSI测量资源所在的下行传输突发中。以低频5GHz非授权频段为例，在3GPP TS 37.213中，一个下行传输突发被定义为gNB所发出的一系列下行传输，这些传输之间的任一间隔都不会超过16μs。如果两个传输之间的间隔大于16μs，那么这两个传输就被认为是两个独立的下行传输突发。在一个下行传输突发内部的间隔之后，gNB可以不需要侦听信道可用性，直接发送数据。

由于在不同的下行传输突发中，用于CSI测量和干扰测量的CSI-RS的发送功率可能会发生变化，因此UE需要遵守如下假设。

假设1：UE可以假设在一个下行传输突发中CSI-RS的发送功率是恒定不变的。但是UE不能假设在不同的下行传输突发中CSI-RS的发送功率是相同的。

假设2：UE不会对不同的下行传输突发中的CSI-RS测量结果进行平均。

实际上，假设1是假设2的原因。这两个假设在LTE LAA阶段被采纳，在Rel-16 NR-U中沿用。

然而，在将上述结论落实到3GPP标准协议的过程中，一个很难解决的问题出现了——UE如何判断两次或多次CSI-RS发送是位于同一个下行传输突发中或是位于不同的下行传输突发中？

为了解决上述问题，标准同意：（1）如果UE接收到DCI格式2_0中时隙格式指示SFI或信道占用时间信息，判断出这些周期性的、半持续的CSI-RS位于相同的信道占用时间中，则UE可以对这些CSI-RS的测量结果进行平均。反之，如果这些周期性的、半持续的CSI-RS位于不同的信道占用时间中，则UE不会对这些CSI-RS的测量结果进行平均。（2）如果UE既没有被配置时隙格式指示SFI，又没有被指示信道占用时间信息，但是UE被配置了CSI-RS-ValidationWith-DCI-r16，这些周期性的、半持续的CSI-RS位于一段时长内。如果这段时长被PDSCH、非周期性的CSI-RS和/或相应的PDCCH占满，则UE可以对这些CSI-RS的测量结果进行平均。反之，如果这段时长没有被PDSCH、非周期性的CSI-RS和/或相应的PDCCH占满，则UE不会对这些CSI-RS的测量结果进行平均。

(((•))) 5.6 解调参考信号（DMRS）

DMRS主要用于5G NR上下行信道估计，进行数据解调。DMRS的设计需要充分考虑5G NR各项系统参数配置的灵活性，并尽可能地降低处理时延，同时还需要考虑更高的频谱效率。

在Rel-16 NR-U中，DMRS的增强主要是因为PDSCH映射类型B引入了更多种PDSCH长度。除Rel-15 NR支持的2、4、7个OFDM符号长度外，Rel-16 NR-U还支持2～13个OFDM符号中的除上述之外的长度，因此需要考虑新的PDSCH长度所对应的DMRS图样。具体内容可参考5.1.2节中的内容，本节不再赘述。

Rel-17 FR2-2由于频段更高，支持的子载波间隔更大，它的DMRS设计需求与FR2-1有所不同。在Rel-17 FR2-2的标准化过程中，3GPP主要讨论了关闭FD-OCC、增加DMRS频域密度及DMRS绑定等问题，这些问题不区分频谱类型，对FR2-2中的授权频段和非授权频段都适用。

5.6.1 FD-OCC关闭

在Rel-15 NR中，DMRS利用FD-OCC在相同的资源元素上支持DMRS端口复用。即使UE使用rank 1接收数据，UE也需要在信道估计之前解扩OCC，因为UE不知道其他UE是否使用正交DMRS端口在相同资源上复用。因此，当利用DMRS进行信道估计时，UE需要始终假设可能存在多个复用的DMRS端口。

FD-OCC的正交性仅在具有OCC关系的资源元素之间没有发生信道变化时起作用。对于较小的子载波间隔，这通常不是问题，因为即使存在严重的信道时延扩展，信道也相对平坦，信道估计的性能损失可以接受。然而，子载波间隔越大，相邻资源元素之间的频域信道相关性则越弱，使得在OCC资源元素之间存在一些信道选择性。因此，对于较大的子载波间隔，如480kHz或960kHz，信道相干带宽有可能小于DMRS

的频域间隔，这会破坏FD-OCC的正交性，从而影响信道估计性能，特别是在信道时延扩展比较严重的情况下。

图5-21展示了启用FD-OCC和不启用FD-OCC这两种情况下的PDSCH性能[27]。对于高阶调制，例如64QAM（MCS 22），从图中可以清楚地看到启用FD-OCC时性能下降。当信道时延扩展增加时，性能差距也随之增大。因此，当信道选择性相对较高时，解扩FD-OCC显然会导致性能损失。

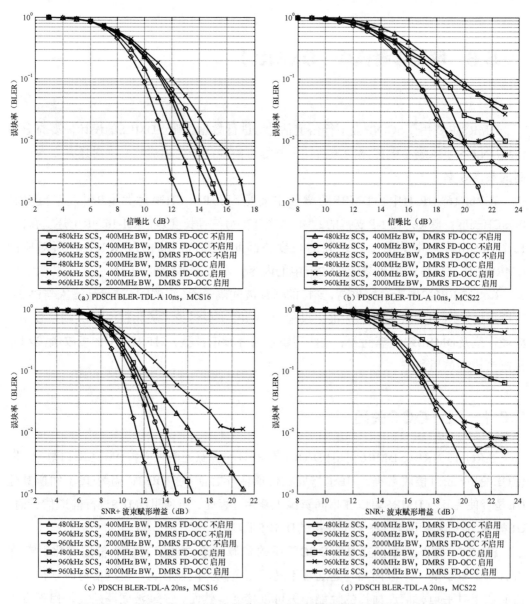

图5-21　DMRS启用FD-OCC和不启用FD-OCC这两种情况下的PDSCH性能

为了避免系统性能下降，标准最终确定对于480kHz和960kHz这两种子载波间隔，如果是rank 1 PDSCH的DMRS类型1和DMRS类型2，则支持引入一种新的RRC信令（dmrs-FD-OCC-DisabledForRank1-PDSCH）指示，UE据此指示可以假设FD-OCC没有启用。"FD-OCC没有启用"是指UE可以假设位于同一CDM组内且具有不同FD-OCC的剩余正交天线端口集与另一UE的PDSCH无关。

5.6.2 DMRS频域密度

在FR2-2频段，新引入的子载波间隔为480kHz或960kHz，远大于FR2-1的120kHz的子载波间隔。子载波间隔越大，信道相干带宽越有可能小于DMRS的频域间隔，在频率选择性信道下就会影响信道估计的性能。因此一些观点[28~31]认为对于较大的子载波间隔（如480kHz或960kHz），可以增加DMRS的频域密度。图5-22左侧为Rel-15 DMRS类型1图样，2个符号支持8个端口。图5-22右侧为增加了频域密度的新DMRS图样，2个符号支持4个端口。

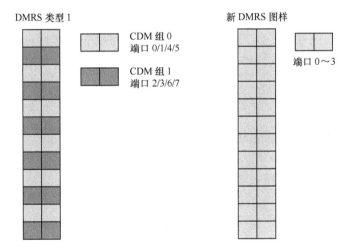

图5-22 Rel-15 DMRS类型1图样和增加了频域密度的新DMRS图样

相对于Rel-15 DMRS，虽然支持增加DMRS频域密度的公司的仿真结果显示能够取得性能增益，然而其他公司的仿真结果显示增强方案无显著增益。并且，不启用FD-OCC的机制能够实现类似的性能改进。考虑到Rel-17 FR2-2 WI的时间有限，以及不启用FD-OCC的机制的潜在支持（最终也确实被支持），3GPP在RAN1#106e会议上决定不再对增加频域密度的新DMRS图样进行讨论。

5.6.3 DMRS绑定

对于时域增强，一些观点[32~34]认为可以将Rel-17覆盖增强课题中的DMRS绑定

（DMRS bundling）应用到FR2-2 multi-PDSCH/PUSCH调度中来提高信道估计性能。另外，该频段时隙长度更短，并且典型场景是静止场景，相干时间可能比时隙长度更长。对于占用连续时域资源的multi-PDSCH/PDSCH，可以降低DMRS的时域密度，DMRS的时域密度可以低于平均每个PUSCH/PDSCH发送一个DMRS，以减少DMRS的开销，而不会降低信道估计性能，并提高PUSCH/PDSCH端的发送效率。但是，其他观点认为Rel-17覆盖增强中的DMRS绑定主要针对单个TB场景，没有必要将DMRS绑定延伸到FR2-2课题，最终RAN1决定Rel-17 FR2-2 multi-PDSCH/PUSCH不支持DMRS绑定。

(((•))) 5.7 相位跟踪参考信号（PT-RS）

对于高频振荡器而言，相位噪声的影响更加明显。相位噪声容易破坏OFDM子载波之间的正交性，从而引起公共相位误差（CPE），导致调制星座以固定的角度旋转，并引起子载波间干扰（ICI），导致星座点的散射。因此，在5G NR Rel-15中特别引入了PT-RS以减少振荡器中相位噪声的影响。

PT-RS是UE专属信号，被限制在调度资源中进行传输，PT-RS的配置从PUSCH或PDSCH调度的时域位置开始。PT-RS主要应用于FR2，因此工作于5GHz/6GHz非授权频段的Rel-16 NR-U不涉及PT-RS。下面主要介绍Rel-17 FR2-2的标准化讨论内容，这些讨论到的问题或方案既适用于FR2-2中的授权频段，又适用于FR2-2中的非授权频段。然而，由于各种原因，实际上最终Rel-17 FR2-2并没有为PT-RS引入新的增强。

5.7.1 基于CP-OFDM波形的PT-RS

在Rel-15 NR中，对于CP-OFDM波形，PT-RS时域密度L包括1、2、4这3种配置，分别表示每1个、2个、4个OFDM符号存在一个PT-RS。时域密度L和MCS等级相关（一般MCS越大，时域密度L越大），PT-RS默认时域密度为1。PT-RS频域密度K包括2、4两种配置，分别表示每2个、4个PRB存在一个PT-RS。频域密度与该UE PDSCH或PUSCH被调度的PRB数相关。PT-RS时域密度$L=1$、频域密度$K=2$的PT-RS时频映射如图5-23所示。

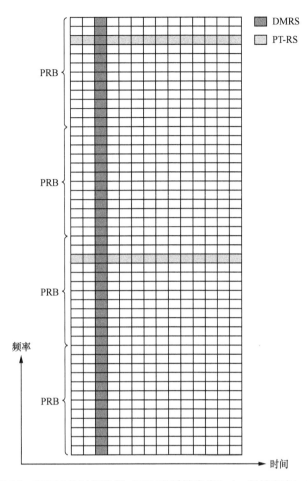

图5-23　PT-RS的时频映射（PT-RS时域密度L=1、频域密度k=2）

在FR2-1频段，数据信道与控制信道均支持120kHz的子载波间隔。相对于ICI，该频段CPE对系统性能的影响更大，占据了相位噪声负面影响的主要方面，因此，Rel-15 NR主要考虑对CPE进行补偿。由于CPE对于频域上所有子载波的相位偏转影响基本一致，而对于时域上不同OFDM符号的影响是弱相关的，因此，Rel-15 PT-RS采取了一种频域稀疏而时域稠密的样式进行设计。CPE可以通过Rel-15 PT-RS有效地估计出来。

在FR2-2频段，该频段的相位噪声影响要大于FR2-1频段的，CPE和ICI都会变得更加严重，这会导致高阶MCS的解调性能降低。在Rel-17 FR2-2的标准化讨论过程中，主要有如下几种方案。

方案1：仍基于现有的Rel-15 PT-RS图样对ICI进行补偿，例如接收机采用de-ICI算法。

方案2：Rel-15 PT-RS本质上是一种分布式图样，每K个RB只在一个RE上设置了PT-RS。为了降低相位噪声的影响，设计一种新的block-based PT-RS图样。如图5-24所示，在每个block内的连续多个RE上设置PT-RS。

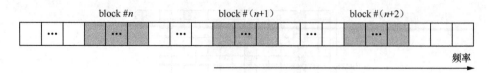

图5-24 block-based PT-RS图样

方案3：对Rel-15 PT-RS配置进行增强，特别是当分配的PRB数目较少时（例如不大于32个PRB），增加PT-RS的频域密度，例如$K=1$，即每个PRB都设置一个PT-RS。

方案1最简单且无标准化影响。虽然支持方案2或方案3的公司仿真结果表明增强图样/配置相对于Rel-15 PT-RS能够获得性能增益，然而更多的仿真结果表明增强方案无增益或无显著增益。尤其针对方案2，一旦引入新的block-based PT-RS，还需要讨论Rel-15 PT-RS和block-based PT-RS分别适用的条件，以及block-based PT-RS的参数，例如序列、block数目、每个block中的PT-RS的数目及功率提升因子等。标准化的复杂度较高，不一定能在Rel-17 WI中完成。Rel-17 FR2-2经过多次讨论，分歧依旧存在，因此，Rel-17 FR2-2没有为基于CP-OFDM波形的PT-RS引入任何增强。

5.7.2 基于DFT-s-OFDM波形的PT-RS

对于DFT-s-OFDM波形，除了时域密度外，Rel-15 PT-RS、Rel-16 PT-RS的密度还包括DFT（离散傅里叶变换）域密度。DFT域密度是指DFT前的PT-RS组数和每个PT-RS组占用的样点数。通过高层参数timeDensity来配置时域密度$L=\{1, 2\}$，表示每个符号或每两个符号出现一次，默认时域密度L为1。DFT域密度与调度带宽相关，如表5-20所示。

表5-20 PT-RS的DFT域密度

调度带宽	PT-RS组数	每个PT-RS组占用的样点数
$N_{RB0} \leq N_{RB} < N_{RB1}$	2	2
$N_{RB1} \leq N_{RB} < N_{RB2}$	2	4
$N_{RB2} \leq N_{RB} < N_{RB3}$	4	2
$N_{RB3} \leq N_{RB} < N_{RB4}$	4	4
$N_{RB4} \leq N_{RB}$	8	4

对于FR2-2，一些公司认为当调度带宽较大时（例如256个RB），增加PT-RS组数能够提高120kHz的子载波间隔的DFT-s-OFDM波形的性能增益，因此，标准建议引入新的PT-RS密度配置，即（$Ng = 16$，$Ns = 2$，$L = 1$）、（$Ng = 16$，$Ns = 4$，$L = 1$）。其中，Ng表示PT-RS组数，Ns表示每个PT-RS组占用的样点数，L表示时域密度。

尽管这些公司的仿真结果表明如果分配较多的RB和使用较高的MCS，采用新的

PT-RS配置能够获得一些性能增益,但仍有公司认为DFT-s-OFDM波形主要用于覆盖场景,不需要为这些RB的分配和高MCS的使用优化PT-RS配置,并且上述新的配置会带来额外开销,性能增益有限。这些观点始终不能达成一致,因此最终Rel-17 FR2-2并没有引入新的PT-RS密度配置。

5.8 探测参考信号(SRS)

SRS可以用于上行信道估计、测量和定时,并在满足信道互易性的条件下用于下行信道信息获取和上行波束管理。

UE根据高层配置的时域OFDM符号偏移 l_{offset} 确定SRS发送的起始位置,这个偏移是相对时隙内的最后一个OFDM符号的。在Rel-15 NR中,SRS发送的起始OFDM符号编号 $l_0 = N_{\text{symb}}^{\text{slot}} - 1 - l_{\text{offset}}$, $l_{\text{offset}} \in \{0,1,\cdots,5\}$。由此可见,Rel-15 SRS只允许在一个时隙的最后6个OFDM符号上发送。

Rel-16 NR-U SRS的增强主要体现在增加时域发送机会上。为尽可能降低在非授权载波上执行LBT接入带来的不确定性影响,需要增加SRS时域发送机会。SRS时域发送位置从原来仅限于一个时隙的后6个OFDM符号,增加为允许在一个时隙内的任意OFDM符号处发送,也即时域OFDM符号偏移为 $l_{\text{offset}} \in \{0,1,\cdots,13\}$。

需要注意的是,在将Rel-16 NR-U的结论写入3GPP标准时,上述对SRS的增强并没有被加上非授权频谱的限制,即上述增强同样可以用于授权频谱。

Rel-17 FR2-2 NR-U没有对SRS单独进行讨论,只是在讨论与新子载波间隔相关的时间参数、上行信道接入机制时有所涉及。除上述内容外,Rel-17 FR2-2 NR-U没有为SRS引入新的增强。

参考文献

[1] 3GPP TS 38.306. User Equipment (UE) Radio Access Capabilities.

[2] 3GPP TS 38.214.NR; Physical Layer Procedures for Data.

[3] 3GPP R1-2108590. Summary #5 of PDSCH/PUSCH Enhancements (Scheduling/HARQ). Moderator.

[4] 3GPP TS 38.213. Physical Layer Procedures for Control.

[5] 3GPP R1-2111468. PDSCH/PUSCH Enhancements, Ericsson.

[6] 3GPP R1-2110640. Summary #3 of PDSCH/PUSCH Enhancements (Scheduling/ HARQ). Moderator.

[7] 3GPP R1-2112620. Summary #2 of PDSCH/PUSCH Enhancements (Scheduling/ HARQ). Moderator.

[8] 3GPP R1-2107054. PDSCH/PUSCH Enhancements. Ericsson.

[9] 3GPP R1-2111487. Discussion on PDSCH/PUSCH Enhancements for Extending NR Up to 71GHz. Intel.

[10] 3GPP TS 38.211. Study on Physical Channels and Modulation.

[11] 3GPP RP-210862. Revised WID: Extending Current NR Operation to 71GHz, CMCC, 3GPP TSG RAN Meeting #91-e, March 16-26, 2021.

[12] 3GPP R1-2104057. Feature Lead Summary #2 for [104b-e-NR-52-71GHz-02] Email Discussion/Approval on PDCCH Monitoring Enhancements.

[13] 3GPP R1-2110582. Feature Lead Summary #4 for B52.6GHz PDCCH Monitoring Enhancements.

[14] 3GPP R1-2108559. Feature Lead Summary #4 for B52.6GHz PDCCH Monitoring Enhancements.

[15] 3GPP R1-2112755. Feature Lead Summary #4 for B52.6GHz PDCCH Monitoring Enhancements. Moderator (Lenovo).

[16] 3GPP TS 38.213. Physical Layer Procedures for Control (Release 17).

[17] 3GPP R1-2202713. Feature Lead Summary #4 for B52.6GHz PDCCH Monitoring Enhancements. Moderator (Lenovo).

[18] 3GPP R1-2205523.Feature Lead Summary #3 for B52.6GHz PDCCH Monitoring Enhancements. Moderator (Lenovo).

[19] 3GPP TS 38.331. Radio Resource Control (RRC) Protocol Specification (Release 17).

[20] 3GPP TS 38.822. User Equipment (UE) Feature List (Release 16).

[21] 3GPP R1-1910638. DL Signals and Channels for NR-unlicensed. Intel, 3GPP TSG RAN1 #98bis, Chongqing, China, October 14-20, 2019.

[22] 3GPP R1-1908203. Considerations on DL Reference Signals and Channels Design for NR-U. ZTE, 3GPP TSG RAN1 #98, Prague, CZ, August 26-30, 2019.

[23] 3GPP R1-1909972. Considerations on DL Reference Signals and Channels Design for NR-U. ZTE, 3GPP TSG RAN1 #98bis, Chongqing, China, October 14-20, 2019.

[24] 3GPP R1-1911095. DL Signals and Channels for NR-U. Qualcomm，3GPP TSG RAN1 #98bis, Chongqing, China, October 14-20, 2019.

[25] 3GPP R1-1910043. DL Channels and Signals in NR Unlicensed band. Huawei, 3GPP TSG RAN1 #98bis, Chongqing, China, October 14-20, 2019.

[26] 3GPP R1-1910945. DL Signals and Channels for NR-U. Ericsson, 3GPP TSG RAN1 #98bis, Chongqing, China, October 14-20, 2019.

[27] 3GPP R1-2100647. Discussion on PDSCH/PUSCH Enhancements for Extending NR up to 71GHz. Intel Corporation.

[28] 3GPP R1-2106770.PDSCH/PUSCH Enhancements for Supporting NR from 52.6GHz to 71GHz. InterDigital, Inc.

[29] 3GPP R1-2106835.PDSCH/PUSCH Scheduling Enhancements for NR from 52.6GHz to 71GHz. Lenovo, Motorola Mobility.

[30] 3GPP R1-2107581.Discussion on PDSCH/PUSCH Enhancements for Extending NR Up to 71GHz. Intel Corporation.

[31] 3GPP R1-2107849.PDSCH/PUSCH Enhancements for NR from 52.6 to 71GHz. NTT DOCOMO, INC.

[32] 3GPP R1-2109480.PDSCH/PUSCH Enhancements for NR from 52.6GHz to 71GHz. Samsung, 3GPP TSG RAN WG1 #106bis-e, e-Meeting, October 11-19. 2021.

[33] 3GPP R1-2108771.PDSCH/PUSCH Enhancements for 52-71GHz Spectrum. Huawei, 3GPP TSG RAN WG1 #106bis-e, e-Meeting, October 11-19, 2021.

[34] 3GPP R1-2108938.Discussion on the PDSCH/PUSCH Enhancements for 52.6 to 71GHz, ZTE, 3GPP TSG RAN WG1 #106bis-e, e-Meeting, October 11-19, 2021.

第6章

5G NR-U物理层过程

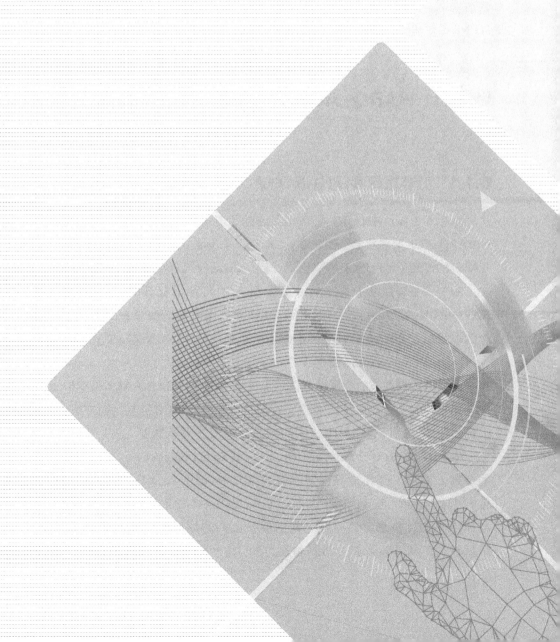

除了前面章节介绍的初始接入过程、信道接入过程外，5G NR-U涉及的物理层过程还包括调度和HARQ-ACK反馈增强、配置授权传输、URLLC-U、5GHz/6GHz低非授权频段宽带操作，以及60GHz高非授权频段波束管理与QCL等。

基于非授权的特殊应用场景，5G NR-U在低非授权频段引入了增加HARQ-ACK反馈机会的方案。基于高非授权频段的实际需求，引入了适用于高非授权频段单个DCI调度多个PDSCH机制的HARQ-ACK反馈方案。5G NR-U配置授权传输主要基于Rel-15授权频谱标准化的配置授权方案和LTE FeLAA标准化内容，引入了适用于NR非授权频段的增强。Rel-17 URLLC-U主要涉及基于帧结构的设备FBE模式，标准化了FBE模式下UE发起信道占用的相关内容。5G NR-U在5GHz/6GHz低非授权频段引入了RB集合的概念，设备可以按照RB集合来抢占非授权频段的使用权，并传输数据，在保证公平的前提下，提高了非授权频段的使用灵活性和频谱效率。针对60GHz高非授权频段，5G NR-U对单个DCI调度多个PDSCH的QCL机制进行了增强。

((·)) 6.1 HARQ-ACK反馈增强

6.1.1 低非授权频段HARQ-ACK反馈增强

Rel-16 NR-U对HARQ-ACK反馈进行了增强，主要用于增加HARQ-ACK反馈资源或HARQ-ACK反馈机会。HARQ-ACK信息可以是ACK或NACK，ACK表示PDSCH解码正确，NACK表示PDSCH解码错误、PDSCH漏检或者没有PDSCH传输。

Rel-16 NR-U为HARQ-ACK反馈引入了两种增强码本，分别为增强的Type 2 HARQ-ACK码本和Type 3 HARQ-ACK码本，增强的Type 2 HARQ-ACK码本也可以被称为增强的动态HARQ-ACK码本或基于组的动态HARQ码本，Type 3 HARQ-ACK码本也可以被称为one-shot HARQ-ACK码本。在UE特性的讨论中[1]，这两种增强的码本也被扩展到了授权载波，即授权载波也支持增强的动态HARQ-ACK码本和one-shotHARQ-ACK码本。为了区别于授权载波支持的传统HARQ-ACK码本反馈方案，在本章的描述中仍然使用非授权支持的HARQ-ACK码本反馈方案等描述。

Rel-16 NR-U对于Rel-15的RRC参数dl-DataToUL-ACK，在配置范围为$\{0,\cdots,15\}$的基础上增加了一种情况，增强后的dl-DataToUL-ACK在原有取值范围外还可以配置一个非应用数值-1。RRC参数dl-DataToUL-ACK定义了PDSCH结束符号所在时隙与HARQ-ACK信息反馈时隙之间的偏移值K_1的候选值，基站通过调度信令DCI的一个域指示K_1的具体取值。当基站通过DCI指示K_1为非应用数值-1时，隐含指示UE当前不需要针对该DCI调度的PDSCH进行反馈，且UE需要存储当前DCI调度的PDSCH对应的ACK/NACK结果，其具体的反馈定时和反馈资源通过另一个DCI通知。当将RRC信令pdsch-HARQ-ACK-Codebook配置为"enhancedDynamic"时，表明使用增强的动态HARQ-ACK码本，此时K_1可以取值为非应用数值–1；RRC信令pdsch-HARQ-ACK-Codebook也可以被配置为"dynamic""semiStatic"，分别对应Rel-15的Type 2 HARQ-ACK码本和Type 1 HARQ-ACK码本，即增强的动态HARQ-ACK码本并不是NR-U必须支持的，NR-U可以使用Rel-15的HARQ-ACK码本反馈HARQ-ACK信息。增强的Type 2 HARQ-ACK码本也可以被称为基于组的动态HARQ-ACK码本，这种码本是一种基于PDSCH组的动态码本反馈方式，在进行反馈的时候需要针对PDSCH组中的所有PDSCH反馈HARQ-ACK信息，其中一个PDSCH组可能包含多个PDSCH传输。

引入增强的Type 2 HARQ-ACK码本的目的是提供多个ACK/NACK反馈机会，主要涉及的标准化内容包括支持的PDSCH组数目、DCI的信令设计及含义、码本确定过程、两个组的HARQ-ACK信息如何放置。

PDSCH组的概念出现在RAN1的96-bis会议上[2]，经过后续会议讨论形成如下结论。

（1）被调度的PDSCH所属的PDSCH组编号通过调度PDSCH的DCI显式指示。

（2）对于一个PDSCH组的HARQ-ACK信息反馈比特，可以动态改变，即反馈开销随着PDSCH组所包含的PDSCH数的增加而增加，不是一个固定值。

（3）同一个PDSCH组的所有HARQ-ACK信息都通过同一个PUCCH资源反馈。

（4）一个DCI可以请求一个或多个PDSCH组的HARQ-ACK信息通过同一个PUCCH资源反馈。

（5）用于判断DCI是否存在漏检的下行分配索引计数器（C-DAI）和总下行分配索引计数器（T-DAI）在每个PDSCH组中单独累计，即在每个PDSCH组中均有一套单独的C-DAI和T-DAI，二者的计数不会相互影响。

（6）新反馈指示NFI对于每个组均通过翻转来指示是否需要重置HARQ-ACK反馈信息。

（7）目前支持的PDSCH组数目最多为2，而且默认支持2个PDSCH组，不需要额外的RRC信令配置指示。

（8）支持增强的Type 2 HARQ-ACK码本是一种终端能力，需要通知基站。

增强的Type 2 HARQ-ACK码本的实现方式如下。调度PDSCH的DCI中会增加一个组索引域用于指示调度PDSCH对应的组，此外DCI域中还包括调度PDSCH对应的HARQ-ACK反馈定时K_1，HARQ-ACK反馈定时K_1可以用于指示调度PDSCH到HARQ-ACK信息反馈时隙之间的偏移值，也可以指示一个非应用数值–1。基于反馈定时K_1，终端可以获取这个PDSCH的HARQ-ACK信息反馈所在时隙，或者当前DCI没有指示这个PDSCH的HARQ-ACK信息反馈所在时隙。若调度PDSCH的DCI所指示的反馈定时K_1为一个非应用数值-1，则基站可以在DCI调度后续同组PDSCH时指示一个具体的反馈定时K_1，且DCI会触发同组所有PDSCH根据当前调度信息所确定的HARQ-ACK反馈时隙用于反馈同组所有PDSCH的HARQ-ACK信息。

如图6-1所示，如果DCI-1、DCI-2和DCI-3分别调度的PDSCH-1、PDSCH-2和PDSCH-3属于同一个PDSCH组，且DCI-1和DCI-2指示的HARQ-ACK反馈定时偏移值为-1，DCI-3指示的HARQ-ACK反馈定时偏移值为不小于0的值，则PDSCH-1、PDSCH-2和PDSCH-3对应的HARQ-ACK反馈信息都在DCI-3和PDSCH-3确定的HARQ-ACK反馈资源PUCCH上反馈。

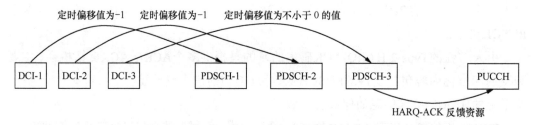

图6-1　增强的Type 2 HARQ-ACK码本反馈示例

在支持增强的Type 2 HARQ-ACK码本的情况下，DCI的部分域对应的规则也相应进行了更新，其中用于判定DCI是否存在漏检的T-DAI、C-DAI只能在同一个PDSCH组内进行累积，不能跨PDSCH组进行累积；DCI中新引入的NFI域是一个翻转比特，每个PDSCH组都会有一个NFI域。若NFI域翻转，则终端丢弃对应PDSCH组之前存储的HARQ-ACK信息，包括K_1值为非应用数值的PDSCH对应的HARQ-ACK，但是当前DCI调度的PDSCH对应的HARQ-ACK不会被丢弃，同时该PDSCH组对应的T-DAI、C-DAI要重置；若NFI域不翻转，则该组的T-DAI、C-DAI要一直累积。

在调度PDSCH的DCI为格式1_1的情况下，相较于DCI格式1_0，DCI格式1_1的比特开销限制比较小，增强的DCI格式1_1包含调度PDSCH组索引信息域和NFI域，支持增强的Type 2 HARQ-ACK码本；DCI格式1_0为回退DCI，DCI的比特开销大小是有限制的，在标准化时同样支持增强的Type 2 HARQ-ACK码本，但DCI格式1_0不包括PDSCH组索引信息域、NFI等域，具体实现方案如下。DCI格式1_0调度的PDSCH默认属于PDSCH组0；对于NFI，通过预定义规则实现NFI的功能，即，若UE检测到的DCI中有调度PDSCH组0的DCI且包含NFI域，该NFI值与上一个DCI中的NFI值一样，则表示NFI域不翻转；反之表示NFI域翻转。若调度PDSCH的所有DCI都是DCI格式1_0，则不会出现PDSCH组索引信息域和NFI域，也就无法支持增强的Type 2 HARQ-ACK码本，在该情况下可以采用传统的HARQ-ACK信息反馈方案。

在Rel-16非授权的增强中，对于HARQ-ACK反馈，除了引入增强的Type 2 HARQ-ACK码本（增强的Type 2 HARQ-ACK码本）外，还引入了Type 3 HARQ-ACK码本，也被称为one-shot HARQ-ACK码本，引入该码本的目的也是为ACK/NACK反馈提供更多机会。基站通过DCI的1比特one-shot HARQ-ACK码本请求域触发UE完成该PUCCH组对应的所有HARQ进程的ACK/NACK反馈。是否支持one-shot HARQ-ACK码本也是通过RRC信令配置的，并且该反馈方式既可以在动态码本下配置，又可以在半静态码本下配置。

one-shot HARQ-ACK码本反馈的内容和是否同时支持CBG反馈方案的规则如下。

（1）NDI是否作为one-shot HARQ-ACK码本反馈的一部分由RRC参数指示。

① 当pdsch-HARQ-ACK-OneShotFeedbackNDI被配置时，相应的HARQ进程需要同时在每个TB（或者TB对应的所有CBG）的ACK/NACK之后同时上报终端检测到的最新NDI值。

② 当pdsch-HARQ-ACK-OneShotFeedbackNDI未被配置时，

• HARQ-ACK码本反馈不需要包含NDI信息，在该情况下，相应的HARQ进程一旦上报HARQ-ACK，就会被重置为DTX或NACK状态，并且对于之前上报过的HARQ-ACK的PDSCH，本次不再上报。

• UE对某个进程在上报完HARQ-ACK后没有被调度接收新的PDSCH（包括SPS PDSCH），或者接收到新的PDSCH但UE还没有来得及处理，则对于这个HARQ进程，UE反馈NACK。

• 终端获得某个HARQ进程对应的HARQ-ACK且没有上报过，则终端上报真实的HARQ-ACK。

（2）基站通过参数pdsch-HARQ-ACK-OneShotFeedbackCBG来指示one-shot HARQ-ACK码本反馈为CBG或TB的HARQ-ACK。

① 当pdsch-HARQ-ACK-OneShotFeedbackCBG被配置时，one-shot HARQ-ACK码本反馈包含基于CBG的ACK/NACK。

在配置RRC信令使能基于CBG反馈ACK/NACK的情况下，由于SPS PDSCH和DCI格式1_0调度的PDSCH不支持CBG级别的传输，因此，在反馈one-shot HARQ-ACK码本的时候，需要将对应的TB级ACK/NACK信息重复 $N_{\text{HARQ−ACK},c}^{\text{CBG/TB,max}}$ 次，其中，$N_{\text{HARQ−ACK},c}^{\text{CBG/TB,max}}$ 为单个TB配置的最大CBG数目。

② 当pdsch-HARQ-ACK-OneShotFeedbackCBG未配置时，即使配置了CBG级别的传输，UE也只能基于TB上报ACK/NACK。

关于one-shot HARQ-ACK码本、空域绑定、基于CBG的HARQ-ACK反馈及NDI有如下规则。

（1）UE不期望同时配置one-shot HARQ-ACK码本、空域绑定和基于CBG的

HARQ-ACK反馈；此外CBG传输与空域绑定也不同时配置。

（2）在UE配置空域绑定且未配置基于CBG的HARQ-ACK反馈的情况下，具体内容如下。

在one-shot HARQ-ACK码本没有配置上报NDI的情况下，空域绑定是可以应用的，在空域绑定可用的情况下，$N_{\mathrm{TB},c}^{\mathrm{DL}}=1$；否则空域绑定不可用。

6.1.2　高非授权频段HARQ-ACK反馈增强

将低频非授权频谱HARQ-ACK反馈增强主要用于提供更多的HARQ-ACK信息反馈机会。与此不同，52.6GHz以上的高频HARQ-ACK反馈增强主要用于解决引入单个DCI调度多个PDSCH机制之后的HARQ-ACK信息反馈问题（5.1.4节）。

对于单个DCI调度多个PDSCH的情况，多个PDSCH对应的HARQ-ACK信息在同一个PUCCH资源上反馈，PUCCH资源所在的时隙由DCI中指示的反馈定时K_1和DCI调度的最后一个PDSCH所在的时隙确定。

基于5.1.4节的内容，与半静态配置的上行符号冲突的PDSCH为无效的PDSCH，对于Type 1 HARQ-ACK码本反馈，无效的PDSCH不会对应HARQ-ACK信息反馈，因为在Type 1 HARQ-ACK码本生成的过程中，无效的PDSCH不会对应一个候选的PDSCH机会，即没有预留无效的PDSCH对应的HARQ-ACK信息反馈比特；对于Type 2 HARQ-ACK码本，无效的PDSCH对应一个NACK反馈，因为Type 2 HARQ-ACK码本是基于DCI确定反馈开销的，为了对齐UE和基站对反馈开销的理解且考虑DCI可能存在漏检的问题，每个DCI对应的HARQ-ACK反馈开销都是相同的，都对应于时域资源分配表中单个行索引所配置的最大可调度的PDSCH数量，即无论PDSCH是否有效，都有1比特的HARQ-ACK码本开销预留。

对于Type 2 HARQ-ACK码本，HARQ-ACK信息反馈比特顺序由配置的PDSCH位置确定，而不管对应的PDSCH是否是有效的PDSCH。无效的PDSCH对应的HARQ-ACK信息直接为NACK，有效的PDSCH对应的HARQ-ACK信息根据PDSCH解码结果确定。如表6-1所示，时域资源分配表包含4行，其中单个行索引所配置的最大可调度的PDSCH数量为5（行索引4包含5个SLIV，即为5个PDSCH），在DCI的时域资源分配域指示时域资源为行索引1的情况下，表示调度4个PDSCH，这4个SLIV对应的PDSCH有效性及有效的PDSCH对应的解码结果如表6-1所示，该DCI对应的HARQ-ACK信息为01010，其中5比特HARQ-ACK信息中的第1个NACK比特对应于无效的SLIV 1-1，第2比特、第3比特和第4比特是有效的SLIV 1-2、SLIV 1-3和SLIV 1-4对应的PDSCH解码结果，第5比特为防止漏检DCI而填充的NACK比特。

表6-1 单个DCI调度多个PDSCH机制对应的时域资源分配表

时域资源分配索引	时域资源分配SLIV指示
行索引1	SLIV 1-1（无效）、SLIV 1-2（有效且解码正确）、SLIV 1-3（有效且解码错误）、SLIV 1-4（有效且解码正确）
行索引2	SLIV 2-1
行索引3	SLIV 3-1、SLIV 3-2
行索引4	SLIV 4-1、SLIV 4-2、SLIV 4-3、SLIV 4-4、SLIV 4-5

标准化Type 2 HARQ-ACK码本的过程中为了减少反馈的子码本数，在支持单个DCI调度多个PDSCH的情况下，不支持反馈CBG级别的HARQ-ACK信息，为了统一Type 1和Type 2码本的构成，该结论也扩展到了Type 1 HARQ-ACK码本，即在支持单个DCI调度多个PDSCH的情况下，Type 1 HARQ-ACK码本和Type 2 HARQ-ACK码本都不支持反馈CBG级别的HARQ-ACK信息。

对于半静态的Type 1 HARQ-ACK码本，在支持单个DCI调度多个PDSCH的情况下，标准最终采纳的方案是基于扩展的K_1集合确定候选的PDSCH机会，该方案首先需要基于配置的反馈定时K_1和PDSCH对应的时域资源分配表中每个SLIV对应的$K0$确定扩展后的K_1值集合，然后重用Rel-16的单个DCI调度单个PDSCH的候选PDSCH机会确定方案，最终生成半静态的HARQ-ACK码本。基于扩展后的K_1值集合和HARQ-ACK信息反馈资源PUCCH，可以遍历所有可能在这个反馈资源PUCCH上反馈HARQ-ACK信息的PDSCH。如图6-2所示，支持单个DCI调度多个PDSCH机制的时域资源分配表包含两行且每行包含两个SLIV，RRC配置的K_1值集合为$\{2, 3\}$，若PUCCH资源位于时隙n，则实际上时隙$n-2$、$n-3$和$n-4$都可能有PDSCH传输，但基于配置的K_1值集合$\{2, 3\}$和传统的候选PDSCH机会确定方案，只能确定时隙$n-2$、$n-3$对应的候选PDSCH机会；扩展后的K_1值集合则需要覆盖所有候选PDSCH机会，扩展后的K_1值集合为$\{2, 3, 4\}$，关于更复杂的Type 1 HARQ-ACK码本相关内容可以参考文献[3]中9.1.2节的内容。

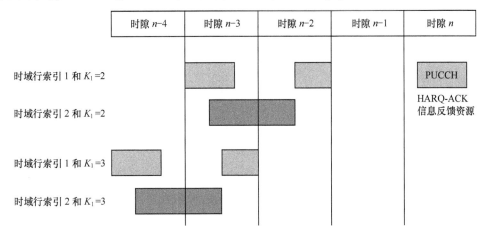

图6-2 确定候选PDSCH机会的扩展K_1值集合

对于Type 1 HARQ-ACK码本，在单个DCI调度多个PDSCH的情况下，其支持时域HARQ-ACK绑定，时域HARQ-ACK绑定是使用1比特信息反馈多个PDSCH的HARQ-ACK信息，多个PDSCH的HARQ-ACK信息属于一个绑定。相反的，在非绑定状态下，每个PDSCH都需要对应1比特的HARQ-ACK信息。对于单个DCI调度多个PDSCH的机制，在使能时域HARQ-ACK绑定的情况下，HARQ-ACK反馈对应的候选PDSCH机会由所调度行索引中指示的最后一个SLIV确定，只要在该行索引对应的所有SLIV中存在有效的SLIV，行索引对应的最后一个SLIV就会参与候选PDSCH机会的确定，无论最后一个SLIV是否为有效的SLIV；时域HARQ-ACK绑定对应的HARQ-ACK信息是同一个DCI调度的所有有效PDSCH对应的解码结果的逻辑与；单个DCI调度的所有PDSCH的HARQ-ACK信息属于一个绑定，即对于单个DCI调度多个PDSCH的情况，在使能时域HARQ-ACK绑定的情况下，每个DCI对应1比特HARQ-ACK反馈信息；若某个时域资源行索引对应的所有SLIV都为无效SLIV，则该行不会参与候选PDSCH机会的确定，也不会对应相应的HARQ-ACK信息反馈比特。

如图6-3所示，在使能时域HARQ-ACK绑定的情况下，对于DCI-1调度的SLIV 1-1、SLIV 1-2和SLIV 1-3来说，SLIV 1-1和SLIV 1-2为有效SLIV，SLIV 1-3为无效SLIV。对于DCI-1来说，参与候选PDSCH机会确定的SLIV为SLIV 1-3，HARQ-ACK反馈信息为有效的SLIV 1-1和SLIV 1-2对应的PDSCH解码结果的逻辑与；同理，对于DCI-2，参与候选PDSCH机会确定的SLIV为SLIV 2-3，HARQ-ACK反馈信息为有效的SLIV 2-2和SLIV 2-3对应的PDSCH解码结果的逻辑与。

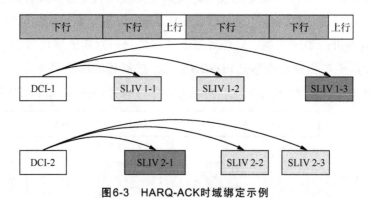

图6-3　HARQ-ACK时域绑定示例

单个DCI调度多个PDSCH的Type 2 HARQ-ACK码本与传统的Type 2 HARQ-ACK码本类似，同样支持多个HARQ-ACK子码本，具体内容如下。

（1）单个DCI调度单个PDSCH所对应的HARQ-ACK信息在第一个HARQ-ACK子码本中反馈，单个DCI调度单个PDSCH的机制包括时域资源分配表每行仅指示一个SLIV和至少有一行包含多个SLIV但调度了单个SLIV的行。

（2）单个DCI调度多个PDSCH所对应的HARQ-ACK信息在第二个HARQ-ACK子码本中反馈，即时域资源分配表至少需要有一行包含多个SLIV；对于第二个HARQ-ACK子码本，每个DCI对应的HARQ-ACK信息反馈比特数均等于时域资源分配表中单个行索引对应的最大PDSCH数，这样设置可以避免出现在漏检的情况下，UE和基站对反馈比特数理解不一致的问题。

（3）对于判定DCI是否存在漏检的情况的DAI统计，每个DCI会对应一次DAI计数，且每个子码本单独进行DAI计数。

在单个DCI调度多个PDSCH的Type 2 HARQ-ACK码本也支持时域HARQ-ACK绑定，具体内容如下。

（1）最多支持4个绑定组，可以将绑定组数配置为1、2或4，当没有配置绑定组数时，将不支持时域HARQ-ACK绑定；当将绑定组数配置为1时，任意DCI调度的PDSCH对应的HARQ-ACK信息均在第一个子码本中反馈。

（2）每个绑定组所包含的最大PDSCH数为$ceil(N_{\text{PDSCH, MAX}}/N_{\text{HBG}})$，其中，$N_{\text{PDSCH,MAX}}$为时域资源分配表中单个行索引对应的最大的PDSCH数，N_{HBG}为配置的绑定组数。

（3）当使能时域HARQ-ACK绑定时，对于同一个PUCCH小区组，单个DCI对应的HARQ-ACK反馈比特数由同一个PUCCH小区组对应的所有小区配置的绑定组数的最大值确定。

（4）对于一个时域HARQ-ACK绑定组，每个组中分配的PDSCH数重用了CBG的分组方案，具体为对调度行对应的SLIV数和配置的HARQ-ACK绑定组数求余。当余数为n时，前n个HARQ-ACK绑定组包含的PDSCH数为$\lceil N_{\text{row,SLIV}}/N_{\text{HBG}} \rceil$，剩余$N_{\text{HBG}}-n$组包含的PDSCH数为$\lfloor N_{\text{row,SLIV}}/N_{\text{HBG}} \rfloor$，其中，$N_{\text{row, SLIV}}$为调度行索引对应的SLIV数。

① 对于一个HARQ-ACK绑定组，若为空组或不包含有效的PDSCH，则该组对应的HARQ-ACK反馈信息为NACK。

② 对于一个HARQ-ACK绑定组，若组内包含有效的PDSCH，则该组对应的HARQ-ACK反馈信息是所有有效的PDSCH解码结果的逻辑与。

例如，DCI调度了时域配置表中某行，该行包含5个SLIV，其中SLIV-1和SLIV-5为无效SLIV，SLIV-2和SLIV-4对应的PDSCH解码正确，SLIV-3对应的PDSCH解码错误，配置的时域HARQ-ACK绑定组数为2，则SLIV-1、SLIV-2和SLIV-3属于第一个HARQ-ACK绑定组，SLIV-4和SLIV-5属于第二个HARQ-ACK绑定组；对于第一个HARQ-ACK绑定组，如果SLIV-2和SLIV-3为有效的SLIV，则第一个HARQ-ACK绑定组对应的HARQ-ACK信息反馈为对两个PDSCH解码结果求逻辑与，即NACK；对于第二个HARQ-ACK绑定组，由于仅有SLIV-4为有效SLIV，因此，第二个HARQ-ACK绑定组对应的HARQ-ACK信息反馈为SLIV-4对应的PDSCH解码结果，即ACK。

6.2 配置授权传输

配置授权（CG）是相对于调度授权的一种称谓，调度授权的每个TB的传输都会伴随下行控制信息（DCI）的发送，下行控制信息会指示本次传输的时频域资源位置等信息，而CG传输就不需要每个TB的传输都伴随下行控制信息的发送。配置授权也可以被称为免调度（GF），类似的不需要每次通过下行控制信息指示资源的还有SPS，SPS一般用于PDSCH中，而CG和GF一般用于PUSCH中。本节介绍的CG特指非授权中的PUSCH CG。

在LTE的非授权中，类似于CG传输的技术被称为自主上行传输（AUL），NR-U的CG在标准化的过程中，很多技术都是继承自AUL或基于AUL的技术进行了进一步的增强，例如CG上行控制信息（CG-UCI）主要继承自AUL的上行控制信息（AUL-UCI）。

NR-U的CG包含两类，分别为Type 1 CG和Type 2 CG。Type 1 CG无线资源控制消息会配置所有CG传输需要的信息，包括跳频、MCS表、周期、时频域资源、天线端口等信息，Type 1 CG一旦配置，即处于激活状态，不需要下行控制信息的参与；Type 2 CG只会配置部分信息，如跳频、MCS表、周期等，时频域资源和天线端口等信息需要通过激活DCI进行指示。在Type 2 CG被DCI激活后，UE可以按照DCI指示的信息及RRC的配置信息使用Type 2 CG传输数据。在配置生效后，UE在CG传输资源到来时可以发送数据，若在CG传输资源到来的时候没有数据需要发送，则可以跳过该周期的资源不发送数据。

NR-U的CG标准基于Rel-15的NR授权载波标准制定，引入了很少一部分Rel-16 NR授权载波的结论。在2019年的工作项目中共经历了7次3GPP RAN1标准会议讨论，主要解决了CG时域资源分配、CG-UCI及信道占用时间共享信息的确定、UCI复用和CG下行反馈信息（CG-DFI）的相关内容确定。在后续的标准协议维护过程中，进一步对之前的方案进行了完善，得出了一些新的结论。

6.2.1 CG传输时域资源分配

文献[4]提出了SIV方案，该方案利用（起始时隙，时隙数）确定CG传输所占用的时域资源，"起始时隙"确定起始时隙位置，"时隙数"确定CG传输从起始时隙开始在周期内连续占用的时隙数；再利用（起始符号，结束符号）确定起始符号和结束符号位置，"起始符号"确定起始时隙的起始符号，"结束符号"确定结束时隙的结束符号；

最后利用比特位图确定每个时隙中的PUSCH的起始位置，当前PUSCH的起始位置与下一个PUSCH的起始位置之间的符号长度为当前PUSCH的长度；起始时隙的起始符号与结束时隙的结束符号之间的时域资源都是CG时域资源。如果需要分配非连续的多段时域资源，就需要多套{（起始时隙，时隙数），（起始符号，结束符号），比特位图}来指示，每套{（起始时隙，时隙数），（起始符号，结束符号），比特位图}指示一段时域资源的分配。该方案的灵活性比较高，不仅能实现连续时域资源的分配，还可以实现非连续时域资源的分配，但信令开销比较大，标准化影响也比较大。

对于上述方案，图6-4给出了一种单段连续时域资源的配置，起始时隙为n，连续分配时隙数为$L+1$，起始符号为4，结束符号为12，在每个时隙内有两个起始点，完整时隙内的PUSCH长度为7个符号。在时隙n中，首个PUSCH的长度为起始符号到下一个PUSCH的起始点，为3个符号；在时隙$n+L$中，最后一个PUSCH的长度为起始点到结束符号，为5个符号，其他的PUSCH长度均为7个符号。

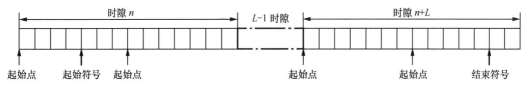

图6-4 单段连续时域资源的配置

标准最终支持的方案采纳了上述方案的部分内容，即在一个周期内，从起始时隙开始连续分配多个时隙，具体分配的时隙数由RRC信令cg-nrofSlots[5]配置，取值范围为1～40，确定范围最大值为40个时隙的理由为最大信道占用时间为10ms，对应NR-U支持的最大60kHz的子载波间隔为40个时隙，所以该参数的最大取值为40；起始时隙的确定与NR授权载波的起始时隙的确定方式一样，即Type 1 CG传输的起始时隙由RRC信令配置的timeDomainOffset指示，Type 2 CG传输的起始时隙由激活DCI与PUSCH之间的偏移值$K2$确定。

NR-U支持多套资源配置，在单套资源配置中，所有的PUSCH时域长度都是相同的。在单套资源配置中，首个PUSCH的起始符号和长度由时域资源分配域指示的SLIV确定，在每个时隙中包含cg-nrofPUSCH-InSlot个PUSCH，且cg-nrofPUSCH-InSlot个PUSCH是连续的，cg-nrofPUSCH-InSlot由RRC信令配置，最大取值为7。在CG周期内，多个PUSCH具有相同的映射类型。如图6-5所示，起始时隙为时隙n，周期配置为4个时隙，cg-nrofSlots配置为3，SLIV指示起始符号和长度分别为0和4，cg-nrofPUSCH-InSlot配置为3。从图6-5可以看出，从时隙n到时隙$n+2$的连续3个时隙中，每个时隙中分配3个连续的PUSCH，每个PUSCH的时域长度均为4个符号，且连续3个时隙的PUSCH起始符号也相同。

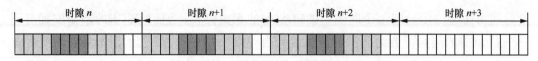

图6-5　标准采纳的时域资源分配方案

对于type 2 CG传输，在标准的制定过程中并没有讨论过多套资源的激活/去激活方案，而是沿用了NR授权载波关于多套资源配置的激活/去激活方案，即通过激活/去激活DCI中的HARQ进程ID域指示激活/去激活哪一套CG资源。当配置去激活表时，表中的部分索引行会对应多套CG资源索引，在这种情况下，单个DCI可以去激活多套CG资源；单个DCI仅可以激活一套CG资源，当收到来自终端的MAC CE信令确认激活后，基站可以再去激活另一个CG资源。

1. 重传资源分配

（1）CG重传

在NR授权载波中，CG-PUSCH初始传输使用CG传输资源传输，重传只能通过调度方式实现，而在NR-U中，CG-PUSCH的重传既可以通过调度方式实现，也可以利用CG资源实现。UE使用CG资源执行初始传输后，可以在以下两种情况下利用CG资源执行重传。（1）UE在收到CG-DFI（详见6.2.3节）反馈后，解码结果为NACK；（2）在cg-RetransmissionTimer超时且configuredGrantTimer未超时时，UE认为解码结果为NACK或者认为基站未检出CG-PUSCH传输。

在授权载波中，仅配置一个configuredGrantTimer，若在该configuredGrantTimer内没有收到来自基站的重传调度，则认为CG-PUSCH传输成功。而非授权载波与授权载波有所不同，体现在以下方面。NR-U配置configuredGrantTimer和cg-RetransmissionTimer，其中前者取值大于或等于后者取值，若cg-RetransmissionTimer超时而configuredGrantTimer未超时，且没有收到CG-DFI或调度CG-PUSCH重传的DCI，则认为该CG-PUSCH传输失败，即认为是NACK。没有收到CG-DFI可能是因为基站没有检测到CG-PUSCH的传输，也可能是因为基站没有竞争到发送下行的资源。

（2）CBG重传

CBG是比TB更小的一个传输单位，目前标准支持一个TB最多包含8个CBG。关于使用CG资源重传失败CBG的方案有过很多讨论，但最终没有得到标准的支持，标准最终决定，针对CG-PUSCH解码错误CBG的重传，仅支持利用动态调度的资源传输解码错误的CBG。

2. 重复的CG资源分配

在NR-U中，若RRC信令配置的重复次数repK>1且存在多套CG资源配置，则TB的所有重复传输均在单套配置中执行，且使用该套配置中最早的连续资源传输，*repK*次重复不允许跨周期。

不同于授权载波，NR-U在Rel-16支持early ACK方案，即在多次重复发送过程中，基站在解码成功后反馈ACK信息以确认解码成功，UE在接收到ACK反馈后终止后续的重复发送。

如图6-6所示，存在两套CG资源配置，分别为Config-1和Config-2。在Config-1中，每个时隙配置了3个传输机会（TO），*repK*配置为4，如果UE在时隙*n*的起始位置成功接入信道，则UE会在时隙*n*中的TO1、TO2、TO3和时隙*n*+1中的TO1分别完成同一TB的4次传输，不能在时隙*n*的Config-2中发送该TB，图6-6中的Rep-1、Rep-2、Rep-3和Rep-4分别代表重复1次、2次、3次和4次。

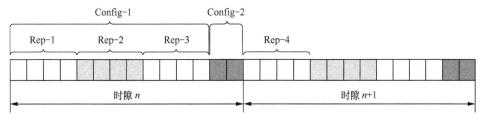

图6-6　多套CG资源配置中的*repK*次重复传输

3. 传输起始符号限定

标准制定讨论前期提出是否可以根据LBT结果支持UE在指示的起始符号之后开始发送数据的问题，即在指示的传输起始位置之后LBT执行成功，是否允许UE通过打孔或者速率匹配的方式在LBT成功的位置开始发送数据，而不是只能从指示/配置的起始位置开始发送数据。

经过讨论，排除了上述方案，UE不可以在配置/指示的起始位置之后开始发送数据，即不能根据LBT成功的位置通过打孔或者速率匹配的方式改变发送数据起始位置。若LBT在配置/指示的起始位置还没有执行成功，则UE不能在起始位置发送数据，而可以继续在下一个配置/指示的起始位置前执行LBT，根据LBT结果决定是否发送数据。

后续的标准制定讨论通过了CPE方案，CPE方案指的是在LBT执行成功的前提下，UE可以在时域资源配置指定的起始位置之前开始传输CPE，然后在时域资源配置指示的起始位置发送待传输的TB。

6.2.2　CG-UCI及信道占用时间共享信息

基于AUL传输方案，在标准制定讨论前期形成结论，确定了CG-UCI至少需要包含HARQ进程ID、新数据指示（NDI）、冗余版本（RV）和信道占用时间共享信息，且支持在每个CG-PUSCH传输中包含CG-UCI。

与NR授权载波不同的是，NR-U的CG-UCI所包含的HARQ进程ID和RV由UE自主决定。

在NR-U的CG-PUSCH中引入CG-UCI后，独立编码的UCI包含CG-UCI、HARQ-ACK反馈、信道状态信息第一部分（CSI part1）和信道状态信息第二部分（CSI-part2）。在标准制定的讨论过程中得出结论：复用在PUSCH上独立编码的UCI数量与Rel-15保持一致，最多为3种。

CG-UCI包含CG-PUSCH解码的必要信息，如果CG-UCI丢失，则无法解码CG-PUSCH。标准确定CG-UCI在所有的UCI中具有最高的优先级，CG-UCI紧邻DMRS映射。在进行CG-UCI映射时，为了确定CG-UCI所占用的RE数量，引入了类似于确定HARQ-ACK所占用RE的betaOffset高层参数betaOffsetCG-UCI。

UCI复用在CG-PUSCH上的规则如下。

（1）当CG-UCI与HARQ-ACK不在同一个CG-PUSCH上复用时，CG-UCI、CSI-part1和CSI-part2可以在同一个CG-PUSCH上发送。

（2）是否在同一个GC-PUSCH上复用CG-UCI与HARQ-ACK由RRC参数cg-CG-UCI-Multiplexing确定。在配置该参数时，若在一个PUCCH组内，PUCCH与CG-PUSCH重叠，则CG-UCI与HARQ-ACK联合编码，CG-UCI的优先级与HARQ-ACK相同，在同时出现CSI-part1和CSI-part2的情况下，可以在同一个CG-PUSCH内发送4种UCI信息；当未配置该参数时，若在一个PUCCH组内，PUCCH与CG-PUSCH重叠且PUCCH携带HARQ-ACK反馈，则取消本次的CG-PUSCH传输。

CG-UCI复用在CG-PUSCH所使用的betaOffset与HARQ-ACK所使用的betaOffset集合一样，在同一个CG-PUSCH上联合编码复用CG-UCI与HARQ-ACK时所使用的betaOffset与HARQ-ACK所使用的betaOffset集合一样。在3GPP 38.213协议中的体现是，在联合编码CG-UCI与HARQ-ACK的情况下，CG-UCI所使用的betaOffset与HARQ-ACK所使用的betaOffset集合使用同一个表。

当UE发起一个信道占用用于传输CG时，可以将该信道占用共享给基站。信道占用时间共享信息至少需要包含允许基站在UE发起的信道占用中使用的时长。基站共享UE基于CG传输发起的信道占用的细节，可以参考第3章中的内容。

关于CG-UCI中的信道占用时间共享信息，对于给定的信道占用时间共享，在多个连续的CG-PUSCH的CG-UCI中（除了指示不共享的信道占用时间外的CG-UCI），UE应该提供一致的信道占用时间共享信息；即连续多个CG-PUSCH中的CG-UCI所指示的共享起始位置和长度应该是一致的，例如针对处于不同且连续的时隙中的CG-PUSCH_1和CG-PUSCH_2都指示共享信道占用时间，应该有"共享起始偏移值2" = "共享起始偏移值1"减1且"共享长度2" = "共享长度1"。

6.2.3　CG-DFI

CG-DFI最初的设计主要用于基站针对CG-PUSCH传输解码反馈的HARQ-ACK信息，在后续的讨论过程中也加入了针对动态调度PUSCH传输反馈的HARQ-ACK信息。在标准制定的过程中，动态调度PUSCH传输所反馈的HARQ-ACK信息仅用于竞争窗调整，不能根据HARQ-ACK反馈信息触发重传调度，但没有形成任何相关结论明确该内容，所以可以把这理解为共识或者取决于设备的具体实现。CG-DFI仅出现在以下两种情况中。

（1）针对Type 1 CG传输，CG-DFI仅出现在CG资源配置的情况下。

（2）针对Type 2 CG传输，CG-DFI仅出现在CG资源配置且该CG资源配置被激活的情况下。

综合以上两种情况：CG-DFI仅出现在可以使用CG资源传输的条件下，在其他条件下CG-DFI不会出现。

CG-DFI需要包含针对所有UL HARQ进程的TB级HARQ-ACK反馈，并通过比特位图的形式进行反馈，UE没有使用的HARQ进程，在CG-DFI中默认反馈NACK。

标准最终确定CG-DFI通过DCI格式0_1[7]发送。将DCI格式0_1应用于非授权频谱且在被CS-RNTI加扰的情况下，可以执行CG-DFI反馈功能，也可以执行激活/去激活Type 2 CG传输功能，具体执行的功能通过DCI中引入的1比特"DFI标识"来确定，若DFI标识的取值为1，则该DCI的功能是CG-DFI，用于反馈HARQ-ACK信息；若DFI标识的取值为0，则该DCI执行激活/去激活的功能，此外在DCI执行激活/去激活功能的情况下，需要将特殊域置0/1来表征激活/去激活的功能，如表6-2和表6-3所示。

表6-2　单套CG传输配置下的DCI激活特殊域置0/1设置

	DCI格式0_0/0_1/0_2	DCI格式1_0/1_2	DCI格式1_1
HARQ进程ID	全部设置为"0"	全部设置为"0"	全部设置为"0"
RV	全部设置为"0"	全部设置为"0"	对于使能的TB：全部设置为"0"

表6-3　单套CG配置下的DCI去激活特殊域置0/1设置

	DCI格式0_0/0_1/0_2	DCI格式1_0/1_1/1_2
HARQ进程ID	全部设置为"0"	全部设置为"0"
RV	全部设置为"0"	全部设置为"0"
MCS	全部设置为"1"	全部设置为"1"
频域资源分配	对于频域资源分配类型为频域资源分配类型0或频域资源分配类型2且$\mu=1$的情况，全部设置为"0" 对于频域资源分配类型为频域资源分配类型1或频域资源分配类型2且$\mu=0$的情况，全部设置为"1"	对于频域资源分配类型为频域资源分配类型0的情况，全部设置为"0" 对于频域资源分配类型为频域资源分配类型1的情况，全部设置为"1"

激活CG的DCI包含但未出现在表6-2中的其他域，按需求设置为有效域，在实际的CG传输中，会使用相应域的指示值确定传输的MCS等；去激活CG的DCI包含但未出现在表6-3中的其他域，可以设置为任意值，为无效域，DCI通过CS-RNTI加扰且将出现在表6-3中的特殊域按照表中的值设定，即可表示为去激活功能。

与UE针对PDSCH解码结果向基站反馈HARQ-ACK存在一个最小反馈定时类似，标准规定了基站针对PUSCH解码结果向UE反馈HARQ-ACK信息的最小反馈定时，只有在PUSCH的结束符号与承载CG-DFI的PDCCH的起始符号之间满足最小反馈定时D要求的HARQ-ACK反馈才是有效反馈。

针对最小反馈定时D的详细规定如下。

（1）在TB仅包含单次传输的情况下，在PUSCH的结束符号与承载CG-DFI的PDCCH的起始符号之间满足最小反馈定时D要求的HARQ-ACK反馈才是有效反馈。

（2）在TB包含K次重复传输的情况下，K次重复传输中的任意一次重复传输只要满足最小反馈定时D的要求，即可认为针对该TB的反馈为有效反馈。

（3）在支持时隙聚合的情况下，ACK和NACK的有效反馈条件是不同的，在时隙聚合的首个时隙中的PUSCH传输结束符号与承载CG-DFI的PDCCH的起始符号之间满足最小反馈定时D要求的条件下，ACK反馈是有效的；在时隙聚合的最后一个时隙的PUSCH传输结束符号与承载CG-DFI的PDCCH的起始符号之间满足最小反馈定时D要求的条件下，NACK反馈是有效的。即针对时隙聚合，只要首个PUSCH传输与CG-DFI之间的间隔满足最小反馈定时D要求，CG-DFI针对该TB的PUSCH传输的ACK反馈就为有效反馈；只有在针对该TB的所有PUSCH传输都完成并且最后一个PUSCH传输与CG-DFI之间的间隔满足最小反馈定时D要求的条件下，CG-DFI针对该TB的PUSCH传输的NACK反馈才是有效反馈。

针对最小反馈定时D，规定其取值可以为集合$\{7, 14, 28, \cdots, M\}$中的一个值，除了前两个取值外，其他相邻的取值间隔为14个符号，且针对不同的子载波间隔M有不同的取值，即子载波间隔为15kHz，$M=1 \times 4 \times 14=56$；子载波间隔为30kHz，$M=2 \times 4 \times 14=112$；子载波间隔为60kHz，$M=4 \times 4 \times 14=224$。

(((•))) 6.3　URLLC-U过程

关于FBE模式的基本概念可以参考3.3节中的内容，具体细节也可以参考文献[8]中的4.3节，以及ETSI EN 301 893[9]。

Rel-16对于NR非授权（NR-U）的FBE模式仅标准化了基站发起信道占用的具体过程及DL-UL的信道占用时间共享过程，没有标准化UE发起信道占用的相关流程。在

Rel-17立项时，有多家公司提出需要增强FBE模式以便支持UE发起信道占用，部分公司的观点参考文献[10]。

支持标准化UE发起信道占用的部分公司[11]给出了标准化的动机，即从LBT对时延的影响角度来看，LBE和FBE都可以支持URLLC，但Rel-16仅支持基站发起信道占用，上行传输只能共享基站的信道占用时间用于传输，若基站未发起信道占用，则上行传输的等待时延就比较大，不能满足时延要求。

经过讨论，在RAN #88e会议得出一致结论，以对协议影响最小为目标引入UE发起信道占用的标准化过程，同时协调NR-U和Rel-16的URLLC的增强内容，以使可以使增强后的上行CG适用于非授权频谱来支持URLLC业务。

本节的内容与3.3节中内容相关性较强，我们已在3.3节中进行过系统的介绍，所以本节的内容相对简单，详细内容可以参考3.3节。

6.3.1 FBE基本技术相关增强

在标准化的过程中，明确了LBT执行的时机，LBT在配置或调度传输机会之前立即执行。

对于发起设备（包含终端和基站），不允许在其空闲周期内传输数据，也不允许共享（响应）设备在发起设备的空闲周期内传输数据。若将设备X作为发起设备，则对于设备X，可用的FFP就是设备X的FFP；若设备X共享发起设备Y的信道占用时间，则对于设备X，可用的FFP就是设备Y的FFP。若传输上行数据所使用的是UE发起的信道占用时间，则允许UE在基站发起的信道占用对应的空闲周期内传输上行数据；若基站的空闲周期被半静态或者动态配置为下行传输符号，则不允许上行数据在基站的空闲周期内传输。

在标准化的过程中讨论过在空闲或非激活模式下支持UE发起信道占用，但由于该模式下的业务并非URLLC的典型应用场景，所以最终没有通过，UE在该模式下只能共享基站发起的信道占用，用于传输数据。而在RRC连接态，支持任何调度/配置的上行信道/信号发起信道占用。

UE发起信道占用的必要条件如下。（1）UE在传输上行传输突发之前立即执行9μs的信道忙闲检测且检测信道为空闲；（2）UE在FFP的起始位置开始发送上行传输突发且上行传输突发在该FFP的空闲周期之前结束。之所以说是UE发起信道占用的必要条件，主要是上行数据是否能关联到UE发起的信道占用还要根据3.3.2节中的内容确定，若不满足上行数据关联到UE发起的信道占用的假设，则即使UE具备发起信道占用的条件也不允许UE根据上行数据发起信道占用。此外，配置UE发起信道占用的前提条件是同时配置了基站发起信道占用的相关参数，即不允许仅支持UE发起信道占用，因为这会导致其他终端不允许共享当前UE发起的信道占用时间且基站又不支持发起信道占用，从而使其他终端一直无法获取信道占用时间，无法传输数据。

6.3.2　终端FFP参数配置

终端（UE）发起信道占用的FFP参数配置，也与基站的FFP参数配置一样需要遵守至少在200ms内不允许改变的规则。UE的FFP取值集合与基站的FFP取值集合相同，UE的FFP通过独立的RRC信令明确进行通知。相较于基站的FFP与偶数无线帧对齐，UE在偶数无线帧内的首个FFP起始位置可以与偶数无线帧起始位置存在一个偏移值，具体的规则可以参考3.3节的内容。在上报可以独立配置UE的FFP能力的情况下，UE的FFP取值可以区别于基站的FFP取值独立配置；否则，UE的FFP取值和基站的FFP取值应相等或者两者存在倍数关系，但没有限制一定是基站的FFP取值大于UE的FFP取值。

(( )) 6.4　低非授权频段宽带操作

6.4.1　BWP与LBT

4G LTE的所有UE均需要能够处理最大为20MHz的载波带宽。5G NR能够支持的载波带宽更大，譬如FR1频段的最大载波带宽为100MHz，FR2-1频段的最大载波带宽为400MHz。如果让所有的UE都能始终支持这么大的工作载波带宽是不现实的，不仅会导致功耗变大，还会导致UE成本的增加。因此，Rel-15 NR标准引入了BWP的概念。

BWP是小区总载波带宽的一个子集，它通过NR中的带宽自适应机制灵活调整UE接收和发送的带宽大小，使得UE接收和发送的带宽不需要与载波带宽一样大。例如当UE处于低活动期时，gNB可以通过高层信令或DCI指示缩小UE的BWP，此时可节省UE的功率；gNB指示BWP的位置可在频域中移动，因此增加了调度的灵活性；gNB可指示UE改变BWP的子载波间隔，因此可允许不同的服务。

BWP可以由起始位置（相对于公共RB0）、一组连续的RB数量来确定。每个BWP均可配置一种参数集，参数集包括子载波间隔和循环前缀等。在一个载波上，基站可以为UE配置一个或多个BWP，下行和上行最多分别配置4个BWP。但是，在任一时刻只有一个下行BWP和上行BWP能够被激活（补充上行链路除外）。激活的BWP定义了小区的整个载波带宽中该UE能够操作的带宽。对于初始接入，UE在接收到BWP配置之前，使用初始BWP来检测系统信息。

对于非授权频谱通信来说，如果基站或UE只能在唯一的激活BWP上执行LBT，由于LBT导致的发送不确定，PDSCH/PUSCH等信道/信号的发送机会将受到限制。例如在某一时刻，这个唯一的激活BWP对应的频域资源被其他设备占用，但是其他非激活的BWP很可能处于空闲状态。因此，在Rel-16 NR-U的标准化过程中曾讨论过增加激活BWP的数量的问题。此外，在单个BWP内很有可能一部分频域资源处于占用状态，另外一部分频域资源却处于空闲状态。对于这种情况，LBT是要求整个BWP空闲，还是只要求BWP中一部分频域资源空闲即可发送数据？Rel-16 NR-U对上述问题进行了讨论，并给出了一些候选方案。

对于下行发送，如果一个载波带宽大于20MHz，则Rel-16 NR-U下行操作可以有如下方案[12]。

方式1a，配置多个BWP，同时可以有多个激活的BWP，基站在LBT成功的一个或多个激活的BWP上发送下行信道和信号。

方式1b，配置多个BWP，同时可以有多个激活的BWP，尽管基站可能在多个激活的BWP上执行LBT成功，它也只能在其中一个BWP上发送下行信道和信号。

方式2，配置多个BWP，只能有一个激活的BWP。只有在整个激活的BWP上执行LBT成功，基站才可以在这个BWP上发送下行信道和信号。

方式3，配置多个BWP，只能有一个激活的BWP。如果在这个BWP上的部分频域资源或全部频域资源执行LBT成功，那么基站可以在这部分频域资源或全部频域资源上发送下行信道和信号。

类似上述下行发送方式，对于上行发送，如果一个载波带宽大于20 MHz，则Rel-16 NR-U上行操作可以有如下方案[12]。

方式1a，配置多个BWP，同时可以有多个激活的BWP，UE在LBT成功的一个或多个激活的BWP上发送上行信道和信号。

方式1b，配置多个BWP，同时可以有多个激活的BWP，尽管UE可能在多个激活的BWP上执行LBT成功，UE也只能在其中一个BWP上发送上行信道和信号。

方式2，配置多个BWP，只能有一个激活的BWP。只有在整个激活的BWP上执行LBT成功，UE才可以在这个BWP上发送上行信道和信号。

方式3，配置多个BWP，只能有一个激活的BWP。如果在这个BWP上的部分频域资源或全部频域资源执行LBT成功，那么UE可以在这部分频域资源或全部频域资源上发送上行信道和信号。

经过Rel-16 NR-U研究项目（SI）和工作项目（WI）的反复讨论，标准最终没有支持增加激活BWP的数量，原因是会带来复杂的标准化影响。针对上述下行发送和上行发送的BWP方案，标准最后选择的都是方式3。

需要注意的是，对于Rel-16 NR-U上行发送，当激活的BWP包含多个LBT带宽时，在基站调度UE进行上行发送的LBT带宽之间必须是连续的，并且只有当所有被调度的LBT带宽上执行LBT都成功时，UE才能进行上行信道和信号的发送。不过，对Rel-16 NR-U下行信道和信号的发送无上述要求。

6.4.2　RB集合与小区内保护带宽

如果一个宽带的载波带宽大于20MHz，Rel-16 NR-U允许存在如下情况。如果在激活的BWP上的部分频域资源或全部频域资源执行LBT成功，那么UE可以在部分频域资源或全部频域资源上发送信道和信号。为了达到上述目的，并且匹配ETSI EN 301 893所规定的20MHz的标称信道带宽（LBT带宽），Rel-16 NR-U引入了RB集合的概念，RB块集合又可被称为子带。换句话说，如果在激活的BWP上的一个或多个RB集合上执行LBT成功，那么UE可以在这个或这些RB集合上发送信道和信号。

需要注意的是，RB集合的概念和操作仅适用于工作在5GHz/6GHz低非授权频段的Rel-16 NR-U，不适用于工作在60GHz高非授权频段的Rel-17 NR-U。

在一个载波的两侧留有的保护带宽属于小区间保护带宽（或被称作载波间保护带宽）。对于工作在非授权频段的宽带操作来说，RAN4同意在两个相邻的RB集合之间引入小区内保护带宽（或被称作载波内保护带宽），小区内保护带宽的频域基本粒度为RB。如图6-7所示，一个80MHz的宽带载波被3个小区内保护带宽分隔成4个RB集合。如果高层没有半静态配置小区内保护带宽，那么UE默认使用的是3GPP RAN4定义的最小保护带宽。

另外，RAN4定义了两类小区内保护带宽，分别为类型1小区内保护带宽和类型2小区内保护带宽。类型1小区内保护带宽相邻的两个RB集合均执行LBT成功，类型2小区内保护带宽相邻的两个RB集合中最多只有一个RB集合执行LBT成功。类型1小区内保护带宽可以被调度用于发送数据，类型2小区内保护带宽则不能被调度用于发送数据。

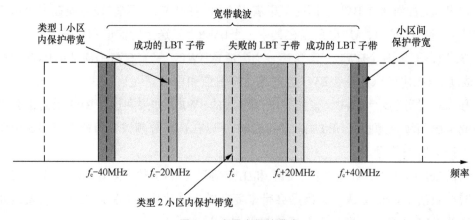

图6-7　小区内保护带宽

对于Rel-16 NR-U操作，基站通过高层参数IntraCellGuardBandsPerSCS为UE配置上行载波和/或下行载波的保护带宽[6]。在该载波上，基站可以为UE配置 $N_{\text{RB-set},x}-1$ 个小区内保护带宽。每一个小区内保护带宽均通过起始CRB序号 $GB_{s,x}^{\text{start},\mu}$ 和CRB数目 $GB_{s,x}^{\text{size},\mu}$ 来定义，这两个变量分别由高层参数startCRB和nrofCRBs来配置具体值。保护带宽所占的CRB数目最大为15，最小为0。基站为UE配置的nrofCRBs（如果是非零值）不会小于3GPP TS 38.101-1中给出的默认小区内保护带宽。μ为子载波间隔配置，下标x可以设置为DL或UL。

$N_{\text{RB-set},x}-1$ 个小区内保护带宽分隔开 $N_{\text{RB-set},x}$ 个RB集合，每个RB集合均通过起始CRB序号 $RB_{s,x}^{\text{start},\mu}$ 和结束CRB序号 $RB_{s,x}^{\text{end},\mu}$ 来定义。$N_{\text{RB-set},x}$ 个RB集合的起始CRB序号和结束CRB序号如式（6-1）和式（6-2）所示。

$$RB_{s,x}^{\text{start},\mu} = N_{\text{grid},x}^{\text{start},\mu} + \begin{cases} 0, & s = 0 \\ GB_{s-1,x}^{\text{start},\mu} + GB_{s-1,x}^{\text{size},\mu}, & \text{其他} \end{cases} \qquad （6\text{-}1）$$

$$RB_{s,x}^{\text{end},\mu} = N_{\text{grid},x}^{\text{start},\mu} + \begin{cases} N_{\text{grid},x}^{\text{size},\mu}-1, & s = N_{\text{RB-set},x}-1 \\ GB_{s,x}^{\text{start},\mu}-1, & \text{其他} \end{cases} \qquad （6\text{-}2）$$

s为RB集合的序号，$s \in \{0,1,\cdots,N_{\text{RB-set},x}-1\}$。RB集合$s$由 $RB_{s,x}^{\text{size},\mu}$ 个RB组成，即 $RB_{s,x}^{\text{size},\mu} = RB_{s,x}^{\text{end},\mu} - RB_{s,x}^{\text{start},\mu} + 1$。由上面两个公式可以看出，RB集合是不包括保护带宽在内的。所有RB集合和所有保护带宽加起来等于载波带宽。一个载波中的小区内保护带宽最大数目 $(N_{\text{RB-set},x}-1)$ 为4，因此RB集合数量 $(N_{\text{RB-set},x})$ 最大为5。

如果没有为UE配置高层参数IntraCellGuardBandsPerSCS，UE会认为小区内保护带宽及相应的RB集合根据3GPP TS 38.101-1规定的名义小区内保护带宽和RB集合图样来设置[13]。无论对于下行还是上行，如果3GPP TS 38.101-1中规定的名义小区内保护带宽和RB集合图样不包含小区内保护带宽，那么该载波上的RB集合数目为1，即 $N_{\text{RB-set},x}=1$。

BWP应该包括整数个RB集合，即BWP不会与RB集合的一部分带宽重叠。UE会认为BWPi的上下边界与RB集合的上下边界重合，即 $N_{\text{BWP},i}^{\text{start},\mu} = RB_{s0,x}^{\text{start},\mu}$、$N_{\text{BWP},i}^{\text{size},\mu} = RB_{s1,x}^{\text{start},\mu} - RB_{s0,x}^{\text{start},\mu} + 1$，其中 $0 \leqslant s0 \leqslant s1 \leqslant N_{\text{RB-set},x}-1$。在BWP i内，RB集合按照 $0 \sim N_{\text{RB-set},x}^{\text{BWP}}-1$ 的升序进行编号。其中，$N_{\text{RB-set},x}^{\text{BWP}}$ 是BWP i内的RB集合的数目。BWPi内的RB集合0对应载波内的RB集合$s0$，BWPi内的RB集合 $N_{\text{RB-set},x}^{\text{BWP}}-1$ 对应载波内的RB集合$s1$。

对于所有配置的小区内保护带宽，如果高层为UE配置的小区内保护带宽长度nrofCRBs都等于0，那么意味着UE被指示该载波没有配置小区内保护带宽，并且UE认为 $N_{\text{RB-set},x}>1$。如果子载波间隔配置$\mu=0$（子载波间隔为15kHz），每个RB集合包含的PRB数目在100~110之间。如果子载波间隔配置$\mu=1$（子载波间隔为30kHz），至多一个RB集合能够包含56个PRB，其他每个RB集合包含的PRB数目在50~55之间。

对于$\mu=1$，实际上Rel-16 NR-U最初的结论是所有RB集合包含的PRB数目都在50～55之间。这一方面是由于RB集合带宽大小需要小于或等于LBT带宽20MHz，另一方面是由于上行载波RB集合如果采用交织结构，交织数目为5，每个交织包含的PRB数目为10或11。但是，如果217个PRB的宽带载波（80MHz）要支持51个PRB或106个PRB大小的BWP（分别对应3GPP TS 38.101-1中的20MHz、40MHz带宽），且BWP要包含整数个RB集合，那么只要将217个PRB划分为4个RB集合（小区内保护间隔都为0），都会至少出现一个RB集合大于55个PRB，如图6-8所示。60MHz/162个PRB的宽带载波也有类似问题。因此，3GPP更改了之前的结论，允许至多一个RB集合能够包含56个PRB。

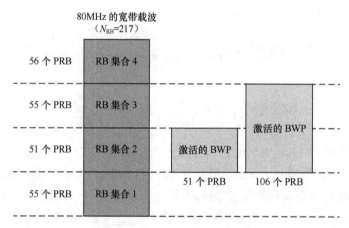

图6-8　BWP与RB块集合划分

6.4.3　控制资源集合与搜索空间配置

Rel-16 NR-U为了解决宽带操作中的控制资源集合（CORESET）及搜索空间检测问题，引入了两个新的高层参数[3]。

首先，在CORESET配置中引入参数rb-Offset，用来指示每6个PRB为一组的第一组中的第一个CRB到BWP第一个CRB之间的PRB级偏移。rb-Offset的取值范围为0～5个RB。如果没有配置rb-Offset，则按照默认值0处理。但这就意味着无论是否配置rb-Offset，总存在rb-Offset且被赋值，这显然是不合适的。因此在后续Rel-16 NR-U的标准维护阶段，3GPP决定不再设定rb-Offset的默认值。

另外，在搜索空间配置中引入参数freqMonitorLocations，该参数提供了一个比特位图，用来指示搜索空间与频域中多个检测位置之间的关联，并指示是否将相应CORESET中配置的图样复制到特定的RB集合中。比特位图中的每1比特对应1个RB集合，其中最左边比特（MSB）对应下行BWP中的RB集合0，第k比特（从MSB开始计数）

对应下行BWP中的RB集合k–1。对于比特位图中的比特为1对应的每一个RB集合，其检测位置的频域资源分配图样由搜索空间关联的CORESET配置中所提供的frequencyDomainResources的前$N_{\text{RBG,set 0}}^{\text{size}}$比特决定。

具体而言，对于服务小区下行BWP中的每一个CORESET，gNB会分别配置frequencyDomainResources来提供一个比特位图，UE会根据如下方法确定下行BWP内或每个RB集合内所要检测的频域资源图样。

（1）如果CORESET关联的所有搜索空间集合都没有配置freqMonitorLocations，那么以6个连续PRB为一组，上述比特位图中的比特与这些非重叠的PRB组一一映射。这些PRB组在带宽为$N_{\text{RB}}^{\text{BWP}}$个PRB、起始CRB位置为$N_{\text{BWP}}^{\text{start}}$的下行BWP内按升序编号。

① 如果高层没有配置参数rb-Offset，那么每6个PRB为一组的第一组PRB中的第一个CRB的序号为$6 \cdot \left\lceil N_{\text{BWP}}^{\text{start}}/6 \right\rceil$。

② 如果高层配置了参数rb-Offset，那么每6个PRB为一组的第一组PRB中的第一个CRB的序号为$N_{\text{BWP}}^{\text{start}} + N_{\text{RB}}^{\text{offset}}$。$N_{\text{RB}}^{\text{offset}}$即为rb-Offset配置的值。

（2）如果CORESET关联的搜索空间集合中至少有一个搜索空间集合配置了freqMonitorLocations，那么以6个连续PRB为一组，上述比特位图中的前$N_{\text{RBG,set 0}}^{\text{size}}$比特与这些非重叠的PRB组一一映射。这些PRB组在带宽为$N_{\text{RB}}^{\text{BWP}}$个PRB的下行BWP带宽内的每一个RB集合$k$中按升序编号。RB集合$k$的起始CRB位置为$RB_{s0+k,\text{DL}}^{\text{start},\mu}$。RB集合$k$中每6个PRB为一组的第一组PRB中的第一个CRB的序号为$RB_{s0+k,\text{DL}}^{\text{start},\mu} + N_{\text{RB}}^{\text{offset}}$，其中，$k$由搜索空间的高层参数freqMonitorLocations提供；否则k=0。$N_{\text{RBG},set\,0}^{\text{size}} = \left\lfloor \left(N_{\text{RB,set 0}}^{\text{size}} - N_{\text{RB}}^{\text{offset}} \right)/6 \right\rfloor$，$N_{\text{RB,set 0}}^{\text{size}}$是下行BWP中RB集合0可用的PRB数目。

① 如果配置了rb-Offset，则$N_{\text{RB}}^{\text{offset}}$即为rb-Offset配置的值。

② 如果没有配置rb-Offset，则$N_{\text{RB}}^{\text{offset}} = 0$。

另外需要注意的是，如果在下行BWP内为UE配置了RB集合，那么CORESET的RB应位于相应的RB集合内。标准进行上述限制的原因是，frequencyDomainResources的前$N_{\text{RBG,set 0}}^{\text{size}}$比特是通过RB集合0来计算的，而有些RB集合的带宽可能会小于RB集合0，导致CORESET带宽大于这些较小带宽的RB集合。

6.5　高非授权频段波束管理和准共站址（QCL）

Rel-16 NR-U主要针对的是5GHz非授权频段（例如5150～5350MHz和5470～5725MHz）和6GHz非授权频段（例如美国的5925～7125MHz、欧洲的5925～6425MHz）。这两个频段都隶属于FR1（410～7125MHz），通常不需要模拟波束管理。此外，Rel-16

NR-U非授权频段上的QCL可以完全遵从FR1授权频段的设计。因此，除了SSB外（可参考第4章），Rel-16 NR-U并没有进行波束管理和QCL这两方面的讨论和增强。

Rel-17 NR-U操作的非授权频段位于FR2-2（52.6～71GHz）。Rel-17 NR-U实际上属于Rel-17 FR2-2工作项目（工作项目名称为NR_ext_to_71GHz）中的一个技术特性。2021年，Rel-17 FR2-2工作项目讨论波束管理伊始，面临的首要问题是以Rel-15 NR、Rel-16 NR波束管理为基线，还是以Rel-17 NR FeMIMO波束管理为基线。支持前者的公司认为Rel-15 NR、Rel-16 NR已经冻结，协议版本相对稳定。相反，Rel-17 NR FeMIMO是与Rel-17 FR2-2并行研究的工作项目，标准化工作也启动不久，很多问题还没有结论。如果以Rel-17 NR FeMIMO波束管理为基线，势必会延缓Rel-17 FR2-2的标准化进程。支持后者的公司认为，Rel-17 NR FeMIMO主要针对FR2-1（24.25～52.6GHz），将其机制应用到FR2-2频段顺理成章。并且如果Rel-17 FR2-2不支持Rel-17 NR FeMIMO特性，后续也不会单独针对FR2-2进行波束管理增强。经过讨论，RAN1决定Rel-17 FR2-2需要同时考虑Rel-15 NR、Rel-16 NR和Rel-17 NR FeMIMO波束管理，并且避免两个Rel-17工作项目出现重复性的工作。

为了减少标准化工作并最大限度地重用FR2-1频段已有机制，对于FR2-2内的授权频谱和非授权频谱操作，Rel-17最多支持64个SSB波束，支持的数量与Rel-15 FR2-1相同。

此外，在Rel-17 FR2-2研究项目的讨论阶段，大部分公司认为波束失败恢复增强（例如使用非周期CSI-RS、增加检测的参考信号数目）、更窄波束、非授权频谱LBT失败相关增强等均属于优化问题，在之后的Rel-17 FR2-2工作项目的研究阶段均没有实质性的讨论，最终在Rel-17 FR2-2中也没有被标准化。

由于Rel-17 FR2-2除了支持已有的120kHz的子载波间隔，还引入了新的子载波间隔，即480kHz和960kHz，相应的时隙长度和符号长度变短，循环前缀长度也相应变短，因此，与波束切换相关的定时参数或UE能力参数需要重新定义。另外，由于Rel-17 FR2-2还支持单个DCI调度多个PDSCH/PUSCH（Rel-17仅支持由DCI格式1_1/0_1来调度），在这种情况下如何为单个DCI调度的每一个PDSCH/PUSCH确定QCL关系也是Rel-17 FR2-2工作项目的主要研究内容。

如上所述，对于波束管理和QCL，由于与非授权频谱特性相关的一些技术方案在Rel-17 FR2-2工作项目中都没有被标准化，因此，FR2-2频段的授权频谱和非授权频谱在波束管理与QCL方面是相同的。

需要说明的是，高频非授权频谱信道接入所引入的基于定向波束LBT机制仅适用于非授权频谱，本节不进行此方面的相关介绍，具体可参考第3章中的内容。本节主要介绍Rel-17 FR2-2频段波束管理和QCL方面的内容，并且所介绍的Rel-17 FR2-2波束管理与QCL关系获取机制同时适用于FR2-2频段的授权频谱和非授权频谱。

6.5.1 定时参数及UE能力

1. 调度时间间隔阈值（timeDurationForQCL）

与模拟波束相关的一个问题是在PDCCH与PDSCH之间需要存在一定的调度时间间隔，该间隔使得UE有足够的时间来解码PDCCH，并应用其所指示的波束信息。由于PDCCH中包含了对PDSCH发送波束的指示信息，因此，我们将这个时间间隔用于对PDCCH的译码、从PDCCH的模拟波束切换到PDSCH的模拟波束。其中，模拟波束切换的时间较短（最大为100ns），一般情况下小于循环前缀长度（480kHz、960kHz的子载波间隔需要重新考虑），可以忽略。而UE对PDCCH的译码需要一定的时间，从符号数量级到时隙数量级，具体取决于UE能力。因此，如果PDSCH与PDCCH之间的间隔较小，则UE无法获得用于接收PDSCH发送波束的指示信息。

对于上述调度时间间隔，Rel-15 NR定义了参数timeDurationForQCL，来表征UE从接收PDCCH到应用其为PDSCH所指示的空间QCL信息之间需要的最少OFDM符号数目。UE用参数timeDurationForQCL来分析在不同情况下如何获取PDSCH的QCL参考。参数timeDurationForQCL基于上报的UE能力，在FR2-1频段对于60kHz和120kHz的子载波间隔，最大的时长都是28个OFDM符号。

在FR2-2频段，RAN1决定将120kHz的子载波间隔对应的timeDurationForQCL取值设计为与FR2-1频段的120kHz的子载波间隔对应的取值相同，仍然为14个或28个OFDM符号。对于新引入的480kHz和960kHz的子载波间隔，timeDurationForQCL的取值是120kHz的子载波间隔的timeDurationForQCL取值的4倍和8倍，具体如表6-4所示。

表6-4　FR2-2的timeDurationForQCL备选值

子载波间隔	timeDurationForQCL（OFDM符号数）
120kHz	14, 28
480kHz	56, 112
960kHz	112, 224

2. 波束报告定时（beamReportTiming）与波束切换定时（beamSwitchTiming）

beamReportTiming用来指示SSB/CSI-RS最后一个OFDM符号与包含波束报告的发送信道第一个OFDM符号之间的OFDM符号数。beamSwitchTiming用来指示触发非周期CSI-RS的DCI与非周期CSI-RS的发送之间的最小OFDM符号数。OFDM符号数从包含触发信息的最后一个OFDM符号开始算起，直到CSI-RS的第一个OFDM符号结束。

与参数timeDurationForQCL类似，在FR2-2频段，RAN1决定将120kHz子载波间隔

对应的beamReportTiming和beamSwitchTiming取值设计为与FR2-1频段的120kHz子载波间隔的取值相同。对于新引入的480kHz和960kHz的子载波间隔，beamReportTiming和beamSwitchTiming取值是120kHz的子载波间隔的取值的4倍和8倍，具体如表6-5和表6-6所示。对于beamSwitchTiming，当CSI-RS资源集高层参数repetition设置为"on"时，120kHz对应的取值为224和336个OFDM符号，480kHz/960kHz相应的取值为上述120kHz取值的4倍和8倍，用于接收波束优化，与Rel-16行为保持一致。

表6-5　FR2-2频段的beamReportTiming备选值

子载波间隔	beamReportTiming（OFDM符号数）
120kHz	14, 28, 56
480kHz	56, 112, 224
960kHz	112, 224, 448

表6-6　FR2-2频段的beamSwitchTiming备选值

子载波间隔	beamSwitchTiming（OFDM符号数）
120kHz	14, 28, 48, 224, 336
480kHz	56, 112, 192, 896, 1344
960kHz	112, 224, 384, 1792, 2688

对于参数timeDurationForQCL、beamReportTiming和beamSwitchTiming，480kHz和960kHz子载波间隔支持的最小取值都为56个和112个OFDM符号。部分公司认为这些最小取值仍然过大，一些新UE可以具备更强的UE能力，支持更快的波束切换定时和波束报告定时，建议最小取值可以进一步减小，例如分别为28个和56个OFDM符号，但最终没有被标准接受。

3. 最大波束切换次数（maxNumberRxTxBeamSwitchDL）

3GPP TS 38.306协议将参数maxNumberRxTxBeamSwitchDL定义为在一个时隙内，该频带上的UE发送波束和接收波束数目可以变化的次数。对于每一种支持的子载波间隔，UE均会上报一个数值。15kHz、30kHz、60kHz、120kHz及240kHz这5种子载波间隔对应的maxNumberRxTxBeamSwitchDL候选值集合是相同的，上报的数值都可以设置为集合{4, 7, 14}中之一。

在FR2-2频段，120kHz子载波间隔对应的maxNumberRxTxBeamSwitchDL取值与FR2-1频段的120kHz子载波间隔的取值相同，仍然为{4, 7, 14}。对于新引入的480kHz和960kHz的子载波间隔，它们相应的时隙长度、OFDM符号长度和循环前缀长度都较短，一个时隙内可以变化的发送波束和接收波束数目还与波束切换时间相关。以960kHz子载波间隔为例，循环前缀长度（73ns）有可能不足以同时支持波束切换和其他功能（如时延扩展、定时错误等），此时则需要额外预留一个OFDM符号用于波束切换。因此，在一个时隙内UE几乎不可能将发送波束和接收波束数目切换14次。此外，考虑到时隙长度变短，一些低能力UE被允许在一个时隙中只改变1次或2次发送波束和接收波束数目。具体如表6-7所示。

表6-7 FR2-2频段的maxNumberRxTxBeamSwitchDL备选值

子载波间隔	maxNumberRxTxBeamSwitchDL（OFDM符号数）
120kHz	4, 7, 14
480kHz	2, 4, 7
960kHz	1, 2, 4, 7

4. 附加波束切换时延d

如果 PDCCH 的子载波间隔小于被其触发的 AP-CSI-RS 的子载波间隔，即 $\mu_{PDCCH} < \mu_{CSIRS}$，则计算波束切换所需的时长还需要考虑附加波束切换时延d的影响。在这种情况下，整个波束切换阈值= beamSwitchTiming $+ d \cdot 2^{\mu_{CSIRS}} / 2^{\mu_{PDCCH}}$ 。Rel-15 NR、Rel-16 NR定义的d的取值如表6-8所示。

表6-8 附加波束切换时延d

μ_{PDCCH}	d（PDCCH符号数）
0	8
1	8
2	14

在FR2-2频段，由于最大子载波间隔为960kHz，因此需要考虑PDCCH子载波间隔为120kHz（μ_{PDCCH}=3）和480kHz（μ_{PDCCH}=5）相应的附加波束切换时延d。当子载波间隔为120kHz时，对应的附加波束切换时延d为28个PDCCH符号。但是对于480kHz的子载波间隔，附加波束切换时延d为56个PDCCH符号还是112个PDCCH符号，各个公司一直相争不下。最终标准同意引入一个新的UE能力参数来指示UE能力是56个PDCCH符号还是112个PDCCH符号。

5. SRS天线切换间隔

对于SRS天线切换，如果一个集合中的两个SRS资源在相同时隙内发送，则UE会被配置一个Y符号长度的保护间隔，这个保护间隔位于这两个SRS资源之间。在保护间隔内，UE不会发送任何其他信号。15～120kHz（对应μ=0～3）的子载波间隔对应的最小保护间隔Y如表6-9所示。

在FR2-2频段，对于新引入的480kHz和960kHz的子载波间隔，SRS天线切换同样需要在一个资源集合中的两个SRS资源之间设置最小保护间隔Y。Y取值与RAN4对切换时延的要求相关。2022年10月，RAN4在回复RAN1的LS中，明确480kHz、960kHz的子载波间隔的绝对切换时长与Rel-16评估的能力相同，都为15μs，相应的符号数目分别为7和14。

表6-9　用于SRS天线切换的SRS资源集合中的两个SRS资源之间的最小保护间隔Y

μ	$\Delta f=2^{\mu}\cdot15$（kHz）	Y（符号数）
0	15	1
1	30	1
2	60	1
3	120	2
5	480	7
6	960	14

6. 波束切换间隔与调度限制

在Rel-15中，RAN4对波束切换影响进行了分析研究[14]，认为为了保证下行性能不降低，波束切换时间至少要小于循环前缀长度。在最坏的情况下，预测基于模拟实现的波束切换时间小于100ns，即可以将波束切换的最大时延假设为100ns。

表6-10总结了FR2-2所支持的3种子载波间隔120kHz、480kHz及960kHz对应的循环前缀长度。至少对于120kHz的子载波间隔，它的普通CP（NCP）长度（586ns）足以处理时延扩展、定时错误及进行波束切换等。然而，对于480kHz的子载波间隔及960kHz的子载波间隔来说，它们对应的循环前缀长度相对较小，很难保证循环前缀除了处理时延扩展和定时错误外，还有余量来进行波束切换。

表6-10　FR2-2频段的子载波间隔与循环前缀长度

μ	子载波间隔（kHz）	时隙长度（μs）	符号长度（ns）	NCP长度（$l\neq0$和$l\neq7\cdot2^{\mu}$）（ns）	NCP长度（$l=0$或$l\neq7\cdot2^{\mu}$）（ns）
3	120	125	8333	586	1107
5	480	31.25	2083	146	667
6	960	15.625	1042	73	594

RAN1就FR2-2的波束切换时间问题咨询RAN4，希望RAN4能够提供具体的波束切换时间数值，以便RAN1能够对涉及波束切换时间的信道信号设计、调度限制等技术问题进行决策。然而，RAN4经过多次会议讨论始终没有定论。为了避免延误FR2-2的标准化进程，RAN1倾向引入新的UE能力来指示它所支持的相邻下行信号、信道与相邻上行信号、信道之间接收和发送波束切换时间，但尚没有得出最终结论。

6.5.2 单DCI调度多PDSCH的QCL参考

两个天线端口的QCL是指一个天线端口上的符号所经历的信道的大尺度参数可以从另外一个天线端口上的符号所经历的信道的大尺度参数中推断出来。上述大尺度参数包括时延扩展、多普勒扩展、多普勒偏移、平均增益、平均时延及空间接收参数等。如果说两个天线端口在上述一个或多个大尺度参数意义上是QCL的，就是指这两个天线端口的这些大尺度参数是相同的，无论它们的天线面板朝向或实际物理位置是否存在差异，UE都可以认为这两个天线端口是QCL的。

Rel-15 NR根据上述几种信道的大尺度参数的不同组合将QCL分为以下4种类型。

（1）QCL类型A：{多普勒偏移、多普勒扩展、平均时延、时延扩展}。

（2）QCL类型B：{多普勒偏移、多普勒扩展}。

（3）QCL类型C：{多普勒偏移、平均时延}。

（4）QCL类型D：{空间接收参数}。

其中，QCL类型D主要针对NR FR1以上频段设计，也是LTE系统QCL没有考虑的一种信道大尺度参数类型。如果两个天线端口具备相同的QCL类型D假设，那么接收设备可以使用相同的波束来接收这两个天线端口。

对于某个目标参考信号的接收，接收端需要由一个或多个QCL源参考信号得到所需要的大尺度参数。例如，接收端从一个QCL源参考信号得到QCL类型A大尺度参数，从另一个QCL源参考信号得到QCL类型D大尺度参数。接收端在接收目标参考信号之前，基站需要通过信令为其配置QCL源参考信号和QCL类型。为配置参考信号之间的QCL关系，NR引入了传输配置指示（TCI）。

在5G NR中定义的TCI状态的结构为{参考信号1| QCL类型1}或者{参考信号1| QCL类型1，参考信号2| QCL类型2}。

其中，参考信号1和参考信号2是下行参考信号的标识信息，下行参考信号可以是SSB或者CSI-RS。QCL类型1和 QCL类型2是上述QCL类型A ~ QCL类型D中的某一个QCL类型。每个TCI状态可以包括1个或2个下行参考信号，以及与之对应的QCL类型。如果为一个目标参考信号配置了TCI状态，那么该目标参考信号的QCL源参考信号及QCL类型都可以从上述TCI状态的配置中确定。

1. Rel-17 FR2-2 multi-PDSCH QCL获取方式

根据参考信号的不同类型，Rel-15 NR、Rel-16 NR QCL参考的获取存在以下几种方式。

（1）基于RRC配置的方式：通过RRC直接配置，例如周期性的CSI-RS/TRS。

（2）基于MAC-CE激活的方式：通过RRC配置后，由MAC-CE激活，例如半持续CSI-RS/TRS、PDCCH的DMRS。

（3）基于DCI指示的方式：通过RRC配置后，由MAC-CE激活，再通过DCI来指示，如非周期性的CSI-RS/TRS、PDSCH的DMRS。

如上所述，对于基于DCI指示的方式，QCL参考的获取需要经历RRC配置、MAC-CE激活及DCI指示这3个步骤。以PDSCH的DMRS为例，基于DCI指示方式的QCL参考获取的具体过程如下。

步骤1：RRC配置M个TCI状态。M最大为128，具体取值还取决于UE能力。在RRC初始配置之后、MAC-CE尚未激活之前，将在初始接入过程中选择的SSB作为空间接收参数的参考。

步骤2：在RRC配置的M个TCI状态中，通过MAC-CE来激活其中N个TCI状态或N个TCI状态组（Rel-16新增强），N最大为8。每个TCI状态组包含一个或两个TCI状态。在Rel-15中，DCI中TCI信息域的一个码点对应一个TCI状态。在Rel-16中，对MAC-CE信令进行了增强，DCI中TCI信息域的一个码点可以对应一个TCI状态组，一个TCI状态组最多可以映射两个TCI状态，主要用于多TRP场景。

步骤3：通过DCI中3比特TCI信息域来指示MAC-CE所激活的TCI状态或TCI状态组。在DCI格式（例如DCI格式1_1和DCI格式1_2）中是否包含TCI信息域由高层信令指示配置。对于不存在TCI信息域的DCI格式1_0、高层信令指示未配置TCI信息域的DCI格式，PDSCH的DMRS根据其他默认QCL获取规则，而不是通过DCI来指示。

对于Rel-17 FR2-2中通过单个DCI调度多个PDSCH的机制（Rel-17仅支持使用DCI格式1_1来调度），重用了上述Rel-16、Rel-15 RRC配置与MAC-CE激活/去激活方法。而对于通过DCI指示TCI状态，虽然少数公司提出了在一个DCI中增加更多个TCI信息域或者使单个TCI信息域中的一个码点映射更多个TCI状态（大于2）来指示多个PDSCH的DMRS TCI状态，但是均没有被标准接受。

Rel-17 FR2-2最终还是沿用了Rel-16、Rel-15的做法。（1）对于单TRP，通过DCI中的单个TCI信息域来指示一个TCI状态；（2）对于Rel-16多TRP协作传输非相干联合传输（NC-JT）引入的S-DCI（Single-DCI）方案，通过DCI中的单个TCI信息域来指示一个或两个TCI状态；（3）对于Rel-16多TRP协作传输NC-JT引入的M-DCI（Multiple-DCI）方案，通过每个DCI中的单个TCI信息域来指示一个TCI状态。

需要说明的是，PDSCH DMRS的QCL参考不一定总是按照上述3个步骤来获取，也可能通过RRC配置后再由MAC-CE激活来获取，例如与调度PDSCH的PDCCH DMRS的QCL参考相同，这取决于具体的配置及调度的时序关系。

2. Rel-17 FR2-2 multi-PDSCH调度间隔与QCL获取

在Rel-15 NR、Rel-16 NR中，如果收到DCI到对应的PDSCH传输的间隔时间（以下简称为调度间隔）大于或等于timeDurationForQCL，那么PDSCH的DMRS根据如下规则获取QCL参考。

（1）如果在调度PDSCH的DCI格式中不存在TCI信息域（例如DCI格式1_1和DCI格式1_2，高层参数没有指示其中配置的TCI信息域；始终不存在TCI信息域的DCI格式1_0），则根据调度该PDSCH的PDCCH的TCI状态获取QCL参考。

（2）如果在调度PDSCH的DCI格式中存在TCI信息域（例如DCI格式1_1和DCI格式1_2，高层参数指示其中配置了TCI信息域），则根据DCI中指示的TCI状态获取QCL参考。

timeDurationForQCL主要用于DCI的译码及接收波束的调整，该阈值取决于UE上报的UE能力。

对于Rel-17 FR2-2通过单个DCI调度多个PDSCH的机制，如果PDSCH的调度间隔大于或等于timeDurationForQCL，如图6-9中的PDSCH1～PDSCH4和图6-10中的PDSCH3～PDSCH4所示，那么这些PDSCH的DMRS需要遵循同一个QCL参考。从标准化的角度来看，这些PDSCH中的每一个PDSCH的DMRS都通过DCI所指示的TCI状态（如果DCI格式存在TCI信息域）、调度该PDSCH的PDCCH（如果DCI格式不存在信息域）来获得QCL参考，因此，与上述Rel-16、Rel-15机制是一致的，并不存在标准化影响。

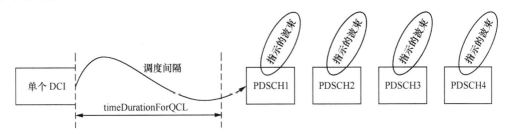

图6-9　单个DCI调度的所有PDSCH的调度间隔都大于或等于timeDurationForQCL

然而，由于这些PDSCH有可能对应不同的MAC-CE激活的TCI状态，对于上述DCI中TCI信息域的码点映射哪一个PDSCH对应的MAC-CE所激活的TCI状态，标准需要对gNB与UE一致性假设进行规范。经过讨论，3GPP决定重用Rel-16 multi-slot PDSCH的机制，DCI中TCI信息域的码点指示的TCI状态需要基于被调度的PDSCH第一个时隙上的激活TCI状态，并且UE会假设在PDSCH所有时隙上激活的TCI状态都相同。这个假设限制了基站侧的行为。

另外一个问题是在multi-PDSCH内，Rel-17 FeMIMO引入的unified TCI机制是否能改变TCI状态。例如，假设unified TCI在图6-9中的PDSCH3前生效，PDSCH1和PDSCH2应用的是S-DCI所指示的TCI状态，而PDSCH3和PDSCH4应用的是unified TCI所指示的TCI状态。如果unified TCI在multi-PDSCH内能改变TCI状态，那么与上述Rel-17 FR2-2达成的大于门限的PDSCH遵循同一个QCL参考的结论是矛盾的；如果unified TCI在multi-PDSCH内不能改变TCI状态，显然限制了unified TCI的应用场景。Multi-slot PDSCH有同样的问题。Rel-17 FR2-2工作项目经过讨论，绝大部分公司支持unified TCI在multi-PDSCH内可以改变TCI状态，并且认为对现有已包含了unified TCI特性的Rel-17协议无额外影响。

在Rel-15 NR、Rel-16 NR中，如果收到DCI到对应的PDSCH传输间隔的时间小于阈值timeDurationForQCL，并且在被调度的PDSCH所在服务小区中至少有一个配置的TCI状态包含QCL类型D，那么无论高层参数是否指示配置TCI信息域（适用于DCI格式1_0、存在/不存在TCI信息域的DCI格式1_1和DCI格式1_2），PDSCH的DMRS根据如下规则获取QCL参考。

（1）与最近的包含CORESET的时隙中ID最小的CORESET保持相同的QCL（以最近时隙中ID最小的CORESET为默认的QCL参考）。

（2）对于基于S-DCI方案的多TRP场景，如果高层指示使能两个默认TCI状态，并且至少一个TCI码点指示两个TCI状态，则在MAC-CE激活的TCI状态组中寻找包含两个TCI状态且排序最靠前的TCI状态组，以该组中的两个TCI状态为默认的QCL参考。

（3）对于基于M-DCI方案的多TRP场景，如果高层指示按照CORESET池子编号来维护默认TCI状态，并且通过参数PDCCH-Config在不同ControlResourceSets中配置两个不同的coresetPoolIndex，则UE基于coresetPoolIndex=0和coresetPoolIndex=1的CORESET分别确认一个对应的默认QCL参考，每个默认的QCL参考均对应于一个TRP。确定默认QCL参考规则与Rel-15类似，以最近时隙中ID最小的CORESET为默认的QCL参考，但需要注意这些CORESET要与调度PDSCH的PDCCH配置相同的coresetPoolIndex。

如果PDSCH所有配置的TCI状态都不包含QCL类型D，则无论从收到DCI到对应的PDSCH传输的间隔时间有多大，UE都会根据DCI指示的TCI状态来获取其他类型的QCL参考。在这种情况下，UE可以先将PDSCH的采样缓存下来，等到DCI译码完成，便可根据DCI指示的TCI状态中的其他类型QCL参考进行信道估计器调整，并对缓存的PDSCH样点进行信道估计和译码。

对于Rel-17 FR2-2中通过单个DCI调度多个PDSCH的机制，如果这些PDSCH的调度间隔小于timeDurationForQCL，如图6-10中的PDSCH1 ~ PDSCH2和图6-11中的PDSCH1 ~ PDSCH4所示，确定这些PDSCH的默认QCL参考存在以下两个方案。

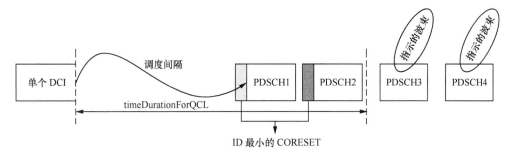

图6-10　单个DCI调度的部分PDSCH的调度间隔大于或等于timeDurationForQCL，
其他PDSCH的调度间隔小于timeDurationForQCL

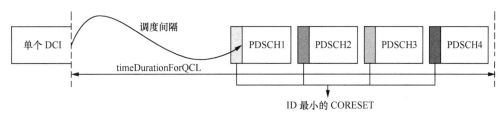

图6-11　单个DCI调度的所有PDSCH的调度间隔都小于timeDurationForQCL

　　方案1：这些PDSCH的DMRS需要遵循同一个默认QCL参考，例如都与距离第一个PDSCH最近的包含CORESET的时隙中ID最小的CORESET保持相同的QCL。然而，由于这些PDSCH的调度间隔都小于timeDurationForQCL，在接收这些PDSCH时，UE对PDCCH的译码还没有完毕，因此，UE并不知道哪一个PDSCH是第一个，也就无法都按照第一个PDSCH默认的QCL参考来调整接收波束并缓存数据。

　　方案2：这些PDSCH的DMRS可以有不同的默认QCL参考。对于单TRP，每个PDSCH都与距离自己最近的包含CORESET的时隙中ID最小的CORESET保持相同的QCL。在图6-10和图6-11中，调度间隔小于阈值内的每个PDSCH都有不同的默认QCL参考源CORESET，也会存在在一个PDSCH与之前的PDSCH之间的时隙上没有CORESET的情况，那么该PDSCH和之前的PDSCH使用相同的默认QCL参考。从多个PDSCH中的单个PDSCH的角度来看，QCL获取机制与上述Rel-15是一致的，并不存在新的标准化影响。对于基于S-DCI和M-DCI方案的多TRP，同样可以重用上述Rel-16机制，只需要将现有Rel-16协议中的PDSCH看作单个DCI所调度的多个PDSCH中的一个。最终标准接受了方案2，没有引入新的标准化内容。

3. Rel-17 FR2-2 multi-PDSCH与重复发送

　　针对不同类型的URLLC业务需求，Rel-16 NR还为PDSCH引入了不同复用方式的NC-JT增强传输方案，通过重复发送来提高传输的可靠性和鲁棒性，如下。

　　（1）空分多路复用（SDM）。

　　（2）频分多路复用（FDM）。

（3）时隙内时分复用（intra-slot TDM）。

（4）时隙间时分复用（inter-slot TDM）。

由于同时配置单个DCI调度多个PDSCH与时隙间重复发送，标准化及实现比较复杂，因此，如果配置了单个DCI调度多个PDSCH的机制，Rel-17 FR2-2就不再支持配置时隙间重复发送，即不为UE配置高层参数repetitionNumber。除此之外，Rel-17 FR2-2支持同时配置单个DCI调度多个PDSCH与其他重复发送的复用方式（'fdmSchemeA'、'fdmSchemeB'、'tdmSchemeA'和SDM），QCL的获取可以重用Rel-16的规则，并且对Rel-16协议均无标准化影响。

📶 参考文献

[1] 3GPP TS 38.306.User Equipment (UE) Radio Access Capabilities.

[2] 3GPP R1-1905649. Feature Lead Summary of HARQ Enhancements for NR-U, Huawei.

[3] 3GPP TS 38.213. Physical Layer Procedures for Control.

[4] 3GPP R1-1905002. Enhancement to Configured Grants in NR Unlicensed, Qualcomm.

[5] 3GPP TS 38.331.NR; Radio Resource Control (RRC) Protocol Specification.

[6] 3GPP TS 38.214.NR; Physical Layer Procedures for Data.

[7] 3GPP TS 38.212.NR; Multiplexing and Channel Coding.

[8] 3GPP TS 37.213.Physical Layer Procedures for Shared Spectrum Channel Access.

[9] ETSI EN 301 893 V2.1.1. Harmonized European Standard, 5GHz High Performance RLAN. 2017-05.

[10] 3GPP RP-200802.Summary of Discussion on URLLC in Unlicensed, RAN #88e.

[11] 3GPP RP-200826.View on WID Objective for IIOTURLLC Operation Over Shared spectrum, Ericsson, RAN #88e.

[12] 3GPP TR 38.889 V16.0.0. Study on NR-based Access to Unlicensed Spectrum. 2018-12.

[13] 3GPP TS 38.101-1 V16.6.0. User Equipment (UE) Radio Transmission and Reception. 2020-12.

[14] 3GPP TR 38.817-02 V15.9.0.General Aspects for Base Station (BS) Radio Frequency (RF) for NR. 2020-09.

第7章

5G NR-U高层关键
技术

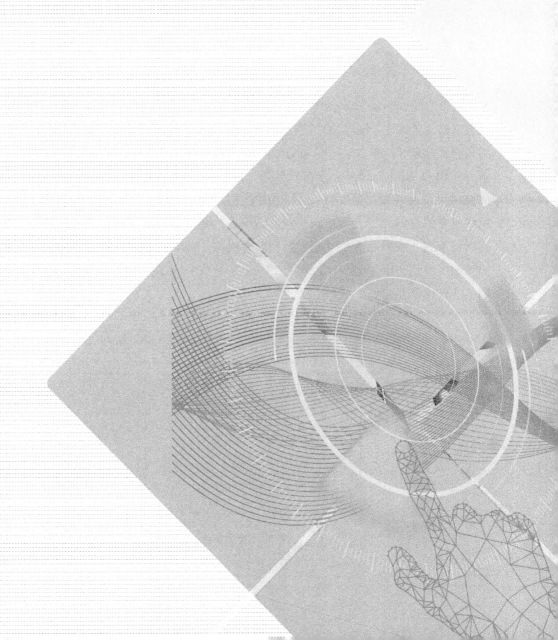

下一代RAN（NG-RAN），即5G NR RAN，有两种连接到5GC（5G核心网）的节点类型：（1）gNB通过使用NR用户面和控制面协议为UE服务；（2）ng-eNB通过使用E-UTRA用户面和控制面协议为UE服务，如图7-1所示。

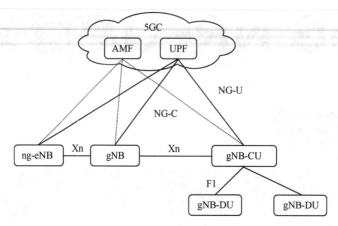

图7-1　5G无线接入网

gNB之间、gNB与ng-eNB之间通过Xn接口相互连接。gNB或ng-eNB通过NG接口连接到5GC，具体地，通过NG-C连接到接入和移动性管理功能（AMF），通过NG-U连接到用户面功能（UPF）。另外，gNB通过F1接口标准化的方式可以分为两部分，即中心单元（CU）和一个或多个分布式单元（DU）。其中，CU包含RRC、SDAP和PDCP，其余的协议层（RLC层、MAC层和PHY）包含在DU中。从功能的角度来说，5GC是NAS信令的终结点，具体功能包括NAS信令的建立和维护、PDU会话的建立和维护、移动性管理、注册和注销过程、授权和鉴权等。gNB是AS信令的终结点，包括控制面协议RRC、用户面协议SDAP、PDCP、RLC、MAC功能。图7-2和图7-3分别给出了控制面协议栈和用户面协议栈。

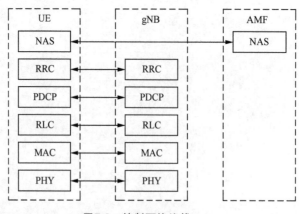

图7-2　控制面协议栈

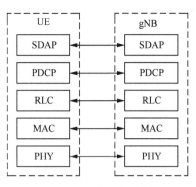

图7-3 用户面协议栈

控制面协议RRC负责系统消息的广播、来自MME的寻呼的发送、移动性管理、测量配置和测量结果报告等。用户面协议SDAP层负责根据QoS要求将QoS flow映射到无线承载。PDCP层负责头压缩、加解密、完整性保护和重排序等。RLC层主要负责数据分段重组和重传。MAC层负责逻辑信道复用、HARQ重传和调度等。

如前面所述,非授权频谱的引入将会带来通信链路的不确定性,从而对业务的QoS保证带来挑战。本章主要探讨基于非授权频谱使用约束下的控制面和用户面的相关问题及相应的解决方案,也会针对Rel-17 FR2-2非授权载波的相关讨论和标准化内容进行介绍。

7.1 用户面

Rel-16 NR-U设计沿用了Rel-15 NR授权载波的用户面的设计方案和思路,同时为了满足非授权频谱的通信需求,引入了新的设计,进行了增强。标准讨论涉及的增强主要是针对MAC层,对于SDAP层、PDCP层和RLC层,虽然提出了一些优化方案,但是标准最终没有进行相应的讨论。另外,Rel-17 NR-U引入了新的SCS、LBT模式及定向LBT,对高层也有一定的影响。所以,本章除了对Rel-16 NR-U进行详细介绍外,还对Rel-17 NR-U新引入的特性对用户面的影响进行了详细的介绍。

7.1.1 随机接入过程

随机接入过程支持基于竞争的随机接入过程(CBRA)和基于非竞争的随机接入过程(CFRA),如图7-4所示。基于竞争的随机接入过程允许用户之间发生冲突,用户在预配置的资源池里随机选择发起随机接入过程,不需要特定的信令支撑,适用于初始接入、失步重连、获取上行资源等场景。基于非竞争的随机接入过程仅适用于处于无线资源控制连接态下的用户，主要的应用场景有小区切换、波束失败恢复等。

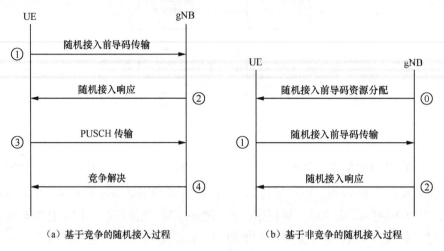

（a）基于竞争的随机接入过程　　　　　（b）基于非竞争的随机接入过程

图7-4　随机接入过程

在非授权频谱中，由于随机接入过程的消息传输可能会受到LBT影响，因此需要进行一定程度的增强。在LAA阶段，随机接入过程增强曾经被讨论过，并且形成了一定的结论，但由于LAA仅支持载波聚合，并且将非授权载波作为辅小区，没有特别强烈的增强需求，所以最终没有标准化。而Rel-16 NR-U可以支持SA和DC等场景，即NR-U小区会作为独立小区接入，所以对随机接入过程的增强是非常有必要的。

在SI阶段，从减少LBT执行次数的角度来看，考虑另外一种随机接入类型，即两步随机接入过程。两步随机接入过程是将四步（4-step）随机接入过程中的消息1和消息3合并为一条消息发送给基站，将消息2和消息4合并为一条消息发送给终端。在标准讨论过程中，考虑到两步随机接入过程的优势，建议对其进行进一步的研究，且立项成功后，其作为Rel-16的一个独立课题进行详细的研究。另外，由于两步接入过程中的消息也受LBT影响，因此，在标准讨论过程中，除了讨论对四步随机接入过程的增强，也讨论了对两步随机接入过程的增强。

1. 四步随机接入过程

由于四步随机接入过程的每条消息都可能会受到LBT影响，因此，标准考虑了从时频域来增加前导码传输机会和扩展随机接入响应窗的角度进行增强，还考虑了在LBT失败的情况下的前导码计数器的处理。下面将详细介绍各种增强方案和标准化的过程。

（1）前导码计数器

在NR授权频谱，对于前导码的传输引入两个计数器，即前导码传输计数器和前导码功率爬坡计数器。前导码传输计数器初始化为1，当随机接入响应接收失败或者竞争决议失败，并且前导码传输计数器没有达到前导码最大传输次数时，UE将执行下一次随机接入过程，且前导码传输计数器加1。前导码功率爬坡计数器初始化也为1，当发起下次传输，没有收到来自物理层的暂停前导码功率爬坡计数器，且选择的SSB或CSI-RS与上次前导码传输的选择相同时，前导码功率爬坡计数器不增加；否则前导码功率爬坡计数器将不增加。

在非授权频谱，当前导码由于LBT失败而没有传输时，前导码传输次数不应该增加。但在信道一直繁忙的情况下，若前导码传输次数不增加，则可能导致随机接入过程长时间无法结束。考虑到上行传输都可能由于LBT失败而无法执行传输，因此，针对所有上行传输引入LBT失败统计。当LBT失败次数达到一定的阈值时，将触发恢复过程。对于上面提到的随机接入过程由于多次LBT失败而无法结束的情况，可以通过统计LBT失败次数来进行恢复。而当不对LBT失败次数进行统计时，由于上述问题依然存在，在该情况下，前导码传输计数器依然增加。最终标准通过仅当LBT失败监测/恢复被配置时，在LBT失败的情况下，前导码传输计数器不增加。

对于前导码功率爬坡计数器，当前导码由于LBT失败而无法传输时，该计数器不增加。此外，由于前导码没有传输，因此，在判断前导码传输次数没有达到最大值时，为了降低接入时延，不开启随机接入响应（RAR）窗，而是直接发起下一次随机接入资源选择过程。

（2）前导码传输机会

前导码作为随机接入过程中的第一条消息，其传输是否成功非常重要，所以在标准讨论过程中从时频域角度提出多种不同的增强方案，具体内容如下。

方案1：在多个BWP/载波/子带（LBT band）上发送前导码，增加前导码的频域发送机会。

方案2：在不同时域的随机接入传输机会多次发送前导码。

方案1主要从频域角度来进行传输增强[1]。当在多个BWP上发送前导码时，需要多个BWP处于激活状态；否则需要进行BWP切换。在标准讨论过程中，考虑到激活多个BWP较复杂，所以标准不支持该操作。对于多载波的前导码传输，由于目前辅小区不支持基于竞争的随机接入过程，因此，该方案需要进行一定程度的增强，即需要在辅小区支持基于竞争的随机接入过程。由于BWP可以被划分为多个子带（如图7-5所示），因此，从子带的角度来进行增强是比较容易被人们接受的一种方式。而其涉及过程也比较复杂，比如多个子带的频域资源配置、多个子带的相互协作等，最终标准建议该方案不在Rel-16 NR-U中引入。

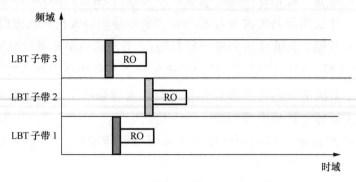

图7-5　多LBT band的前导码传输

方案2主要从时域的角度来进行前导码传输增强。在进行资源选择时，可以选择多个RACH传输机会指示给物理层，UE可以在LBT成功的位置来传输前导码。该方案与方案1相比，可能会有一定的时延。最终该方案也没有在用户面进行相应的讨论。

此外，考虑到前导码消息的重要性，标准对前导码传输的LBT类型进行了相应的规定。当使用type1信道接入类型时，其使用的信道接入等级（CAPC）为1，提高了前导码的接入成功概率。

（3）扩展随机接入响应窗

在授权频谱中，在发送前导码后，UE将在前导码传输结束后的第一个PDCCH时刻启动随机接入响应窗。随机接入响应窗的最大取值为10ms，若在随机接入响应窗内没有接收到随机接入响应，则认为随机接入响应接收不成功，如图7-6所示。

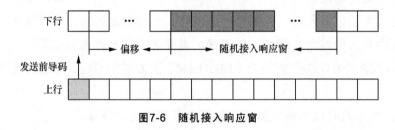

图7-6　随机接入响应窗

在非授权频谱中，由于LBT的影响，随机接入响应消息可能无法在随机接入响应窗内发给UE，因此，可以通过扩展随机接入响应窗来增加下行LBT失败的鲁棒性。考虑到最大信道占用时间为10ms和两步随机接入过程的处理时间等，统一将随机接入响应窗的最大值扩展到40ms。

当扩展到随机接入响应窗的最大值时，由于RA-RNTI基于一个无线帧来计算，因此，当大于10ms的随机接入响应窗被配置时，可能会导致在不同无线帧内出现相同的RA-RNTI，若前导码相同，则会引起进一步的冲突，如图7-7所示。

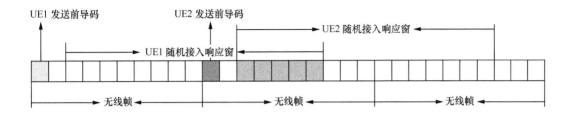

图7-7 不同终端之间的随机接入响应窗之间的重叠

为了解决随机接入响应窗扩展导致的冲突问题,在标准讨论过程中,下面的4种方案被提出[2]。

方案1:修改RA-RNTI公式,新增无线帧索引。

$$RA\text{-}RNTI = 1 + s\_id + 14 \times t\_id + 14 \times 80 \times f\_id + 14 \times 80 \times 8 \times$$
$$ul\_carrier\_id + 14 \times 80 \times 8 \times 2 \times frame\_id \qquad (7\text{-}1)$$

其中,$frame\_id$为无线帧模CEIL(RAR窗大小)。

方案2:使用未被使用的空间

由于Rel-16 NR-U仅支持5GHz和6GHz频段,因此,所使用的最大子载波间隔为60kHz。对于60kHz的子载波间隔,公式(7-1)中的t_id取值范围为0~39,存在40~79的取值没有使用。因此扩展的随机接入响应窗可以采用未被使用的值。

方案3:通过MAC RAR来指示发送前导码的SFN LSB。在MAC RAR中新增2比特指示。

方案4:通过DCI来指示发送前导码的SFN LSB。在DCI消息中新增2比特指示。

方案1以60kHz的子载波间隔为例,计算随机接入响应窗大小分别为20ms、30ms、40ms时RA-RNTI的最大值,具体参考表7-1。

表7-1 不同随机接入响应窗大小下的RA-RNTI最大值

$frame\_id$	RA-RNTI最大值
1(随机接入响应窗大小为20ms)	36400
2(随机接入响应窗大小为30ms)	54320
3(随机接入响应窗大小为40ms)	72240

根据表7-1可知,当随机接入响应窗大小为40ms时,超过了当前的RA-RNTI最大值65535。另外,方案1还需要修改当前的RA-RNTI公式,对协议影响较大。

方案2对于60kHz的子载波间隔仅支持20ms的随机接入响应窗扩展，无法支持120kHz及更大的子载波间隔的随机接入响应窗扩展。因此，该方案被排除。方案3需要使用MAC随机接入响应来指示，而当前MAC随机接入响应仅有1比特的预留，若要支持2比特的SFN LSB，则需要修改MAC随机接入响应的格式，对MAC层协议影响较大。方案4，仅需要在DCI中新增2比特来指示SFN LSB。通过对上述4种方案进行对比，最终标准通过了方案4，即通过在DCI中新增2比特来指示SFN LSB。

（4）Msg3增强

在授权频谱中，基站通过Msg2中的MAC随机接入响应来指示Msg3传输所使用的资源。若基站接收不到Msg3，则会在竞争决议窗内调度重传资源给UE，以便UE进行Msg3的重传。不管是新传还是重传，在非授权频谱中，Msg3都会受到LBT的影响。因此，在标准讨论过程中，也讨论了Msg3的增强，其中主流方案如下。

方案1：基站在随机接入响应窗内多次发送Msg2。

方案2：MAC随机接入响应指示多个上行资源。

方案3：使用时隙间的重复发送。

方案4：使用基站发起的信道占用时间发送Msg3。

方案1，基站在随机接入响应窗内多次发送MAC随机接入响应直至接收到Msg3，而UE在接收到MAC随机接入响应后，使用指示的资源来发送Msg3，一旦发送成功，随机接入响应窗停止。该方案需要UE在随机响应接入窗内一直接收MAC随机接入响应，增加UE处理的复杂度。方案2，通过MAC随机接入响应指示多个上行资源，比如通过在时域表中增加一列来指示多个时隙等。方案3可以通过系统消息或MAC随机接入响应指示UE进行多次重复发送，方案3和方案2类似，都会对协议有一定的影响。方案4，UE共享基站发起的信道占用时间来发送Msg3，降低信道竞争导致的失败概率。最终，标准确定使用方案4，即基站在MAC随机接入响应或DCI中通知UE所用的LBT相关信息。

2. 两步随机接入过程

两步随机接入过程与四步随机接入过程类似，包括基于竞争的随机接入过程和基于非竞争的随机接入过程，如图7-8（a）和图7-8（b）所示。此外，由于MSGA包含前导码的传输和PUSCH的传输，所以存在前导码接收成功而PUSCH接收失败的可能，对于该情况引入了两步随机接入过程的回退，如图7-8（c）所示。

由于两步随机接入过程与四步随机接入过程有相似之处，因此，四步随机接入过程中的增强也可以应用于两步随机接入过程。此外，对两步随机接入过程的独特之处也进行了相应的讨论。下面对两步随机接入过程的增强进行详细的介绍。

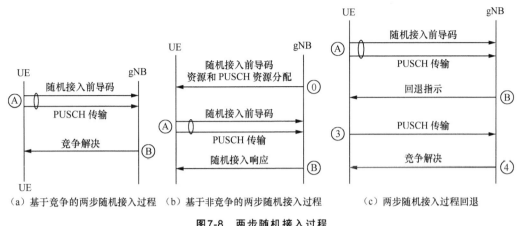

（a）基于竞争的两步随机接入过程　（b）基于非竞争的两步随机接入过程　（c）两步随机接入过程回退

图7-8　两步随机接入过程

（1）前导码传输

对于两步随机接入过程，PUSCH传输在前导码传输之后进行，并且对于15kHz的子载波间隔而言两者至少间隔2个符号。如果用于传输前导码的LBT失败，由于前导码和PUSCH之间的映射关系，因此，没有必要进行PUSCH传输。在这种情况下，UE应该取消PUSCH传输[3]。

与四步随机接入过程类似，当用于前导码传输的LBT失败，前导码功率爬坡计数器不增加。对于前导码传输计数器，在LBT失败且LBT失败监测/恢复不配置的情况下，前导码计数器不增加。在其他情况下，与授权频谱类似，前导码计数器加1。

（2）C-RNTI监听

在授权频谱中，在传输MsgA后，UE会在MsgB响应窗内侦听MsgB-RNTI或C-RNTI加扰的PDCCH。在非授权频谱中，当用于传输前导码的LBT成功，而用于传输PUSCH的LBT失败时，基站会发送随机接入响应回退消息。此时，随机接入响应回退消息通过MsgB-RNTI加扰，那么是否还需要监听C-RNTI加扰的PDCCH呢？在讨论过程中，考虑到在随机接入过程中可能有上下行调度，因此，与授权频谱类似，在该情况下依然监听C-RNTI加扰的PDCCH。

（3）MsgB响应窗

由于MsgA传输包含PUSCH传输，当基站收到PUSCH后，需要考虑高层的处理及接口时延，所以当前协议规定的10ms的最大值无法满足MsgB的接收。当然，在非授权频谱中，还需要考虑LBT的影响，基于这些影响因素，以及四步随机接入过程已经支持将随机接入响应窗的最大值扩展到40ms，最终标准通过对于两步随机接入过程，不管是授权频谱还是非授权频谱，MsgB响应窗的最大值都是40ms。

与四步随机接入过程中的RA-RNTI计算类似，MsgB-RNTI的计算依然基于一个无线帧。在一个无线帧内，MsgB-RNTI可以区分不同的随机接入时刻，见式（7-2）。

$$MsgB\text{-}RNTI = 1 + s\_id + 14 \times t\_id + 14 \times 80 \times f\_id + 14 \times 80 \times 8 \times$$

$$ul\_carrier\_id + 14 \times 80 \times 8 \times 2 \qquad\qquad (7\text{-}2)$$

当将MsgB响应窗的最大值扩展到40ms时,与四步随机接入过程中的随机接入响应窗扩展类似,不同无线帧内发送的前导码可能会发生冲突。解决方案与四步随机接入过程类似,由DCI格式1_0指示发送前导码的SFN LSB,一旦接收到的SFN LSB与UE发送PRACH的SFN LSB匹配成功,且接收到传输块,就由MAC层解析传输块来确认是否是发送给本UE的随机接入响应消息。由于在配置的随机接入响应窗小于或等于10ms时不存在该问题,因此,基站不需要指示SFN LSB。

7.1.2 免调度传输

授权频谱中定义了两种免调度授权类型,一种类型是通过RRC消息直接配置相应的周期和时频域资源等,它们一旦被配置,即处于激活状态;另外一种类型是通过RRC消息配置相应的周期等参数,再通过DCI进行激活、重新激活或去激活。此外,为了不使用免调度资源进行PUSCH的传输,免调度定时器被引入,当定时器正在运行时,不使用免调度传输。当使用免调度传输资源且基站接收不成功时,基站可以通过CS-RNTI加扰的PDCCH来发送重传资源进行重传。

在非授权频谱中,对于免调度传输,当LBT失败时,由于未进行传输,应该允许UE执行新传或重传,所以免调度定时器不启动。对于使用免调度的HARQ进程的C-RNTI和CS-RNTI加扰的PDCCH指示的动态调度,一旦LBT失败,免调度定时器也不启动。

1. 免调度重传定时器

当使用免调度传输资源,且LBT失败时,由于UE没有进行传输,因此会导致基站无法接收到PUSCH,无法调度重传资源给UE。另外,UE在LBT执行成功的情况下发送PUSCH,基站接收PUSCH后也有可能由于LBT执行失败无法将重传调度的资源发送给UE。因此,与AUL类似,Rel-16 NR-U也引入了UE自主重传。一旦LBT执行失败,UE就可以在下一个可用的PUSCH传输机会执行重传。为了进行UE自主重传,需要通过一种机制来控制重传。于是,类似AUL,免调度重传定时器被引入。当该定时器超时或未运行时,UE将执行自主重传。

与AUL不同的是,NR非授权频谱中同时存在两个定时器,包括免调度重传定时器和授权频谱引入的免调度定时器。当免调度重传定时器超时时,认为PUSCH失败,而当免调度定时器超时时,则认为PUSCH成功,因此,两者的作用不同。标准在讨论两个定时器之间的关系时,考虑到免调度定时器超时被认为是PUSCH成功,于是规定免调度重传定时器的取值小于或等于免调度定时器的取值[4]，如图7-9所示。

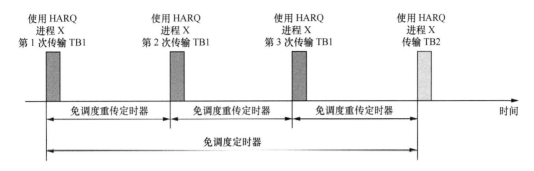

图7-9 在LBT失败的情况下UE进行自主重传

由于LBT执行失败而无法进行免调度传输时，为了降低传输时延，不启动免调度重传定时器，而是在下一个可用的免调度传输机会进行重传。对于动态调度，由于LBT执行失败而无法进行免调度传输时，不会重启免调度定时器，而是等待基站的下一次重传调度。

2. FR2-2引入的LBT模式影响

FR2-2的非授权频段引入了两种LBT模式，即执行LBT和不执行LBT。基站可以通过系统消息和RRC消息来指示使用的LBT模式。当基站不指示LBT模式时，UE不需要在每次传输前执行LBT，即没有LBT失败的影响。因此，Rel-16 NR-U由于LBT失败引入的UE自主重传在该LBT模式下是不需要的。基于此，控制UE自主重传是否执行的免调度重传定时器被定义为一种可选配置[5]。

3. HARQ进程选择和RV版本

在授权频谱中，HARQ进程与免调度时域资源相关联，因此，对于同一个HARQ进程，UE经过多个周期才能再次使用。在非授权频谱中，一旦LBT失败，UE需要等待较长时间才能使用该进程进行自主重传，并且针对该次传输的LBT还有可能再次失败，这样数据的传输时延会受到影响。为了解决这个问题，采用了类似AUL的UE自主选择HARQ进程。

此外，在授权频谱中，当配置了重复次数，UE就按照基站配置的RV版本来进行传输。而在非授权频谱中，由于传输会受LBT影响，不确定首次传输会发生在哪一次传输机会中。因此，无法按照基站配置的RV来进行传输。最终，标准决定RV的选择取决于UE实现[6]。

4. PDU覆盖

当免调度初始传输由于LBT失败而未传输时，不启动免调度定时器，此时，下一个可用的免调度资源传输机会到来，由于免调度定时器没有处于运行状态，所以UE可以使用该进程进行新传，从而使HARQ缓存里的数据被新生成的MAC PDU覆盖，如图7-10所示。

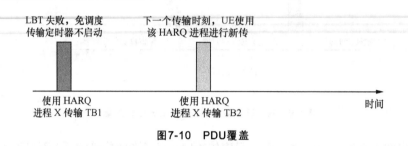

图7-10　PDU覆盖

解决上述问题的主要方案有如下3种[7]。

方案1：一旦因LBT执行失败而导致待传MAC PDU出现，UE将不会进行新传。

方案2：类似AUL，设置HARQ反馈状态。若LBT执行失败导致无法传输PUSCH，则将HARQ进程状态设置为NACK。

方案3：在LBT执行失败的情况下，依然启动免调度定时器。

方案1，若初始传输由于LBT执行失败而未能进行，则将HARQ进程设置为挂起状态（pending）。当下一次传输机会到来时，若UE判断HARQ进程处于挂起状态，则执行重传。方案2与方案1类似。方案3相对比较简单。最终，标准通过方案1，即通过设置HARQ进程为挂起状态来禁止UE进行新传。

由于标准通过了方案1，因此需要考虑在什么情况下设置HARQ进程状态为非挂起（not pending）。首先，在重传MAC PDU，且LBT执行成功时，将相应的HARQ进程状态由挂起状态转变为非挂起状态。其次，初始化HARQ，由于进程还没有使用，因此，设置HARQ进程为非挂起状态。此外，由于标准支持多个激活的免调度资源配置，并且多个免调度资源配置的HARQ进程之间可以共享，因此，在HARQ进程初始化时需要考虑该进程是否与其他的免调度资源相关联。仅在不关联的情况下，初始化的免调度资源的HARQ进程才被设置为非挂起状态。

5. 多PUSCH调度

为了减少LBT影响，类似于LAA，在Rel-16 NR-U引入单个DCI指示多个授权。每个授权指示其相应的时域资源（起始位置和符号长度）、HARQ进程、RV和NDI。对于多个授权，仅第一个授权指示定时关系K2。多个授权在时域上是连续的，但每个授权的大小可以不同，如图7-11所示。

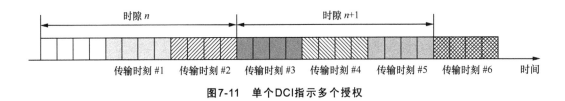

图7-11 单个DCI指示多个授权

当UE使用多授权传输PUSCH时，可能由于LBT失败而无法传输，为了降低时延，UE可以使用后面的授权传输PUSCH，后面的授权需要满足一些条件，即具有与前面授权相同的TB大小和RV，并且NDI是新传[8]。以图7-12为例，基站指示4个上行授权，PUSCH1、PUSCH2和PUSCH3被指示了相同的TB大小和RV，且PUSCH2和PUSCH3的NDI为新传。当UE在PUSCH1传输之前执行LBT失败时，可以尝试在传输PUSCH2之前执行LBT，若LBT依然失败，则UE可以继续尝试在传输PUSCH3之前执行LBT。若此次执行LBT成功，则UE可以在PUSCH3上传输PUSCH1上的TB。

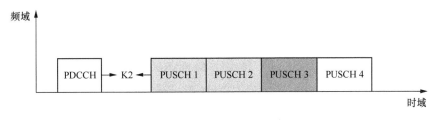

图7-12 多个PUSCH传输

6. URLLC和非授权融合

在Rel-16 NR-U中，为了进行UE自主重传，由于LBT的影响，免调度重传定时器总是被配置。此时，HARQ进程由UE自主选择，并且重传的优先级高于初传的优先级。在Rel-16 URLLC中，为了支持多种URLLC业务，以及满足URLLC业务严苛的时延要求，在为UE预配置的CG资源之间，或在CG和DG资源之间存在资源重叠的情况下。对这些资源冲突场景中的用户内优先级处理进行了增强，即在MAC层引入了采用基于逻辑信道优先级的优先处理方式。对于两种不同的方式，在Rel-17 URLLC增强课题中，讨论并标准化了在非授权可控环境下的URLLC的上行增强，即进行了两种方式的融合。

当基于逻辑信道优先级和免调度重传定时器同时配置时，参数intraCG-Prioritization被配置用于在执行HARQ进程选择时提高优先级高的数据的优先级，即基于逻辑信道优先级来选择HARQ进程；否则，将提高重传数据的优先级[9, 10]。具体地，HARQ进程的优先级是基于复用在一起的逻辑信道优先级中的最高优先级来确定的，这里可以是已经保存在HARQ缓存中的MAC PDU，或者有可用的数据会被复用在MAC

PDU中。而空的MAC PDU或者没有数据复用的HARQ进程的优先级低于有数据的逻辑信道复用的HARQ进程的优先级。若初始传输的HARQ进程的优先级与重传的HARQ进程的优先级相同，则认为重传的HARQ进程的优先级高于初传的HARQ进程的优先级。

7.1.3 非连续接收

非连续接收（DRX）的基本机制是为处于RRC连接态的UE配置一个DRX周期。DRX周期由激活期和静默期组成：在激活期内，UE监听并接收PDCCH；在静默期内，UE不接收PDCCH以减少功耗。

为了降低数据传输时延，每当UE被调度新传时，启动（或重启）一个定时器drx-InactivityTimer，UE将一直处于激活期直到该定时器超时。另外，为了允许UE在HARQ RTT期间休眠以节省电池消耗，为每个HARQ进程定义了一个HARQ RTT定时器。针对一个下行HARQ进程，当HARQ RTT定时器超时，且对应的HARQ进程接收到的数据没有被成功解码时，MAC实体会为该HARQ进程启动一个DRX重传定时器drx-RetransmissionTimerDL。针对一个上行HARQ进程，当HARQ RTT定时器超时时，MAC实体会为该HARQ进程启动一个DRX重传定时器drx-RetransmissionTimerUL。在DRX重传定时器运行时，MAC实体会监听用于HARQ重传的PDCCH。

在授权频谱中，当UE使用动态调度资源执行PUSCH传输时，将在第一个PUSCH传输结束后启动drx-HARQ-RTT-TimerUL。当该定时器超时后，会启动drx-RetransmissionTimerUL来接收重传调度。对于非授权频谱，当UE LBT失败而无法执行PUSCH传输时，由于基站进行了动态调度，基站可以在重传定时器内进行动态调度重传。因此，为了接收重传调度资源，drx-HARQ-RTT-TimerUL依然需要启动或重启。

在授权频谱中，与动态调度类似，为了接收免调度授权传输的重传调度，需要启动drx-HARQ-RTT-TimerUL。但对于非授权频谱，当UE由于LBT失败而无法执行免调度传输时，基站无法进行重传资源的调度，因此，UE无须启动或重启drx-HARQ-RTT-TimerUL。

对于HARQ反馈，如果UE可以共享基站获取的信道占用时间，那么可以使用type 2A信道接入、type 2B信道接入或type 2C信道接入等高优先级的信道接入方式，从而获得较高的信道接入概率。但使用type 2A信道接入、type 2B信道接入或type 2C信道接入需要满足一定的要求，比如在16μs或25μs的信道监听后开始传输PUCCH。由于该时间太短，UE来不及处理和反馈基站在信道占用时间结束位置处调度PDSCH的HARQ反馈，如图7-13所示。

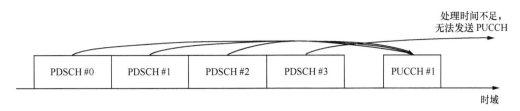

图7-13 处理时间不足导致的反馈无法发送

为了解决上述问题，基站可以在DCI内不指示下行数据的反馈定时，即指示不可用的K_1值给UE。此时，当UE接收到不指示定时反馈的DCI时，将不进行反馈，而是根据下一个DCI消息的反馈定时来进行上一个PDSCH的反馈。当UE接收到不指示定时反馈的DCI时，为了接收下一个调度消息，其需要处于激活期。对于该问题，在标准讨论过程中有两种主流解决方案[11, 12]。

方案1：引入新的定时器。

方案2：重用drx-RetransmissionTimerDL。

当UE接收到不指示反馈的DCI时，在PDSCH传输结束的第一个符号上启动新的定时器或者drx-RetransmissionTimerDL来接收第二个调度消息。为了减少对协议的影响，使用已有的定时器drx-RetransmissionTimerDL，即方案2，如图7-14所示。

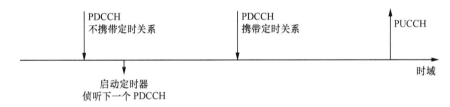

图7-14 启动定时器接收第二个PDSCH

另外，当UE进行免调度传输时，为了执行UE自主重传，引入了上行数据的反馈，即下行反馈指示（DFI）。当UE接收到确认反馈时，意味着上次传输成功，基站将不会进行重传调度，因此，需要停止drx-RetransmissionTimerUL。

7.1.4 调度请求

在NR系统中，由于UE支持各种不同的业务类型，同时NR系统支持的物理资源属性也不一样，为了通知网络终端需要传输的业务类型，使得网络在调度时更有针对性，进行了SR的增强。基站可以配置一个或多个SR资源，将这些SR资源对应到一个或多个逻辑信道，基站在收到SR后，就可以判断UE需要传输的业务类型了。当SR被触发时，被认为处于挂起状态。当有有效的PUCCH资源，且SR处于挂起状态时，UE指示物理层在有效的PUCCH资源上发送SR，并且启动SR禁止定时器，SR计数器加1。

在非授权频谱中，SR可能由于执行LBT失败而无法传输，此时，不启动SR禁止定时器，而是在下一个SR传输机会有有效的PUCCH资源时传输SR。

对于SR计数器，由于没有传输SR，所以SR计数器不应该增加。但当LBT失败不进行统计时，若信道一直处于繁忙状态，会导致SR过程长时间无法结束，为了避免发生这种情况，SR计数器仅在进行LBT失败监测/恢复配置的情况下不启动，在其他情况下，与授权频谱类似，SR计数器增加。

在进行LBT失败监测/恢复配置，并且在SCell触发了持续的LBT失败，且没有可用的PUSCH资源传输LBT失败MAC CE（MAC控制单元）时，为了获取资源，与BSR类似，引入了用于传输LBT失败MAC CE资源的调度请求。

对于某一个处于挂起状态的SR，并且这个SR是由SCell的持续的LBT失败触发的，若包含了这个小区触发的LBT失败MAC CE的MAC PDU被传输或者这个小区触发的持续的LBT失败被取消，则取消处于挂起状态的SR，并且停止相应的SR禁止定时器。

另外，当SR计数器达到SR最大传输次数或者没有配置有效的PUCCH资源时，则触发随机接入过程。当由于持续的LBT失败恢复的SR触发随机接入过程时，若包含LBT失败MAC CE的MAC PDU使用非随机接入资源提供的上行资源传输或者触发持续的LBT失败恢复的所有小区去激活，则停止正在进行的随机接入过程。

7.1.5　缓存状态报告

在NR授权频谱，UE可以通过动态调度资源或免调度资源来发送缓存状态报告（BSR），以向基站提供当前需要传输的数据量，基站可以根据BSR来进行调度。若MAC实体收到的上行授权能够容纳上行缓存里所有待传数据，却不足以容纳额外的BSR MAC CE和其对应的子头（此时所有上行数据都能发完），则所有已经触发的BSR可以被取消。当一个包含长或短BSR MAC CE的MAC PDU被传输，且该BSR MAC CE包含了MAC PDU组装之前的直至最后一个触发了BSR的事件的缓存状态时（此时所有逻辑信道组的状态信息都上报了），所有在该MAC PDU组装之前触发的BSR都会被取消。

对于非授权频谱，当使用动态调度来传输BSR时，可能由于LBT失败而无法传输BSR，对于这种情况，由于基站可以通过动态调度时间获取BSR生成的时间，因此，没有必要改变BSR的内容，即保持当前协议不变。而在通过免调度资源来传输BSR时，情况有所不同。若免调度初始由于LBT失败而无法传输，而当后面基站接收到重传包时，无法确定BSR的生成时间，也就无法正确地调度资源。为了解决这个问题，与FeLAA类似，可以通过UE实现来处理BSR内容。若UE有足够的处理时间，则可以重新生成新的BSR给基站。

另外，在NR授权频谱中，当包含BSR的MAC CE的MAC PDU被传输，则所有在

MAC PDU生成之前触发的BSR均被取消。对于非授权频谱，包含BSR的MAC PDU可能由于LBT失败而无法传输，标准对在该情况下是否取消触发的BSR进行了讨论。若不取消触发的BSR，则当有上行资源时，会生成新的BSR传输给基站。此时，基站可能会收到多个BSR，导致基站调度过多的资源给UE，造成资源浪费。因此，标准讨论，与授权频谱类似，取消所有触发的BSR，即协议无须有任何改变。

7.1.6 功率余量报告

对于上行功率，UE通过功率余量报告（PHR）来向基站上报当前可用功率，以便基站对调制方式和分配的资源大小进行相应的调制。在触发PHR以后，当分配的上行资源可以容纳PHR MAC CE和其对应的子头时，则取消所有触发的PHR。

在非授权频谱中，与BSR类似，标准也对是否需要改变PHR内容进行了讨论。当PHR通过动态调度的资源进行传输，但由于执行LBT失败而无法传输时，由于基站知道PHR的生成时间，因此，UE不需要修改PHR内容。当在免调度资源上传输PHR时，其也有可能由于执行LBT失败而无法传输，由于基站无法获得PHR的生成时间，因此这种情况可能会影响PHR内容，解决方式与BSR类似。因此，是否修改PHR的内容，取决于UE实现。

此外，对于配置了两个上行载波的小区，并且支持同时在两个上行载波传输PHR时，3GPP 38.213协议对PHR类型的上报进行了相应的规定。当UE在一个载波上基于参考的PUSCH确定type 1的PHR，在另一个载波上基于参考的SRS确定type 1的PHR时，UE上报type 1的PHR。当UE基于其中的一个实际传输确定PHR时，比如UE执行了一个PUSCH传输，此时它也上报type 1的PHR，在该情况下，UE需要基于实际的传输来确定PHR类型。对于支持两种上行载波同时传输的情况，若UE在免调度资源上传输PHR，由于LBT执行失败会导致初传PHR失败，而当基站成功接收UE重传的PHR时，则无法确定PHR的生成时间，也就无法判断PHR的类型。标准针对上述问题进行了讨论，主要有如下两种方案[13]。

方案1：UE通过UCI来提供时间偏移值。

方案2：UE总是上报一个预定义的PHR类型，比如type1。

对于方案2，由于免调度资源传输预定义了PHR的类型，因此基站不需要获得PHR的生成时间。相对于方案1，没有额外的信令通知。

7.1.7 LBT操作

所有的上行传输都会受到LBT影响，比如前导码传输、调度请求传输和免调度授权传输等。若信道一直处于繁忙状态，会导致一些过程无法结束，因此，标准针对LBT失败情况进行了讨论和标准化。

1. LBT失败统计传输

对于随机接入过程，由于LBT执行失败，没有执行前导码传输，因此，前导码传输计数器不增加。当信道繁忙时，由于前导码传输计数器不增加，因此，随机接入过程一直无法结束。对于调度请求过程，在LBT失败的情况下，调度请求计数器也不增加，当信道繁忙时，调度请求过程也存在同样的问题。对于免调度传输过程，在信道繁忙时，会一直执行重传，没有相应的机制来解决这个问题。因此，在标准讨论过程中，对于高层涉及的上行消息采用统一的机制来计算LBT执行失败的次数。除了高层涉及的上行传输外，还有一些上行传输同样受LBT影响，比如SRS、HARQ反馈和CSI。若不考虑这些上行传输的LBT执行结果，则会延迟LBT失败监测过程，进而影响时延要求高一些的业务。另外，上报的这些上行传输也不会引入额外的复杂度。因此，标准最终讨论通过LBT执行失败的次数基于所有的上行传输进行统计。

2. LBT失败监测机制

当收到LBT失败指示时，关于如何计算持续的LBT失败次数，标准进行了讨论。主流方案主要有以下3种[14]。

方案1：引入类似于BFR机制的机制，由定时器和计数器共同作用来判断是否触发持续的LBT失败。

方案2：引入类似RLM机制的机制，同样需要定时器和计数器。

方案3：使用计数器计算LBT失败次数。

方案1类似于BFR机制，一旦收到LBT失败指示，启动或重启定时器，计数器加1。若定时器超时，则计数器清零。若计数器达到一个阈值，则认为触发了持续的LBT失败。方案2类似于RLM，通过计数器计算LBT失败次数，一旦LBT失败次数达到阈值，就启动定时器。若在定时器内收到LBT成功指示，则停止该定时器。若定时器超时，则认为触发了持续的LBT失败。方案3仅使用计数器计算LBT失败次数，若LBT失败次数达到阈值，则认为触发了持续的LBT失败。若在统计过程中收到LBT成功指示，则计数器清零。方案2和方案3均没有考虑时间问题，若多次LBT失败指示之间的间隔时间较长，则统计没有太大意义。而方案1考虑了这个问题，若在一段时间内没有收到LBT失败指示，定时器会超时，此时计数器清零。基于此，最终标准采用类似于BFR机制的方案1。

3. LBT失败恢复机制

当持续的LBT失败在当前激活的BWP上触发时，标准也对其相应的恢复机制进行了讨论[15]，包括SpCell上不同的过程，比如随机接入过程，SR过程和PUSCH传输是否需要进行不同的恢复机制。对于SR过程和PUSCH传输，一旦在当前激活的BWP上触发了持续的LBT失败，则发起随机接入过程。而对于在随机接入过程中触发的持续的LBT失败，则触发RLF。考虑到UE实现的简单化，最终标准讨论通过对于所有上行传输，均使用相同的LBT失败恢复机制。另外，在触发持续的LBT失败后，标准对于是直接触发RLF还是进行其他BWP尝试进行了讨论。下面分两种不同的方案来进行分析。

方案1：直接触发RLF。

方案2：切换到其他BWP上执行RACH。

若使用方案1，即在当前激活的BWP上触发了持续的LBT的失败，直接触发RLF，进而发起RRC重建过程。在RRC重建过程中，在初始BWP上发起随机接入过程还有可能因为信道繁忙而重建失败，进入空闲状态。若使用方案2，由于每个BWP的信道状态是不同的，UE可以尝试切换到其他BWP上，若随机接入成功，则UE可以在该BWP上进行上下行业务传输，这样避免了RRC重建过程。因此，最终标准通过方案2。UE在所有配置RACH资源的BWP上尝试随机接入过程，都触发持续的LBT的失败后，才触发RLF。

对于SCell，标准讨论了在当前激活的BWP上触发了持续的LBT失败后，UE是否应进行上报。一种观点是基站应根据是否接收到上行传输来判断当前是否发生了持续的LBT失败；另外一种观点是为了让基站获得准确的消息，UE应该上报。最终标准确定UE应进行上报，并通过MAC CE来上报持续的LBT失败。由于SCell不进行BWP切换，因此，无须指示BWP信息。

4. 取消触发的持续的LBT失败

若接收到LBT失败监测/恢复的重配或收到高层MAC重置，则取消触发的持续的LBT失败。对于SpCell，若在当前激活的BWP上触发持续的LBT失败，切换到其他BWP上执行随机接入过程成功后，则取消触发的持续的LBT失败。对于SCell，若小区收到SCell去激活命令，或者收到BWP切换的下行控制消息，或者有上行授权可承载LBT failure MAC CE，且没有接收到来自物理层的LBT失败指示，则取消触发的持续的LBT失败。

5. LBT MAC CE格式

当在SCell上触发持续的LBT失败时，需要通过MAC CE来通知基站。对于SpCell，由于持续的LBT失败在某个BWP上触发，UE会切换到配置有RACH资源的BWP上发起随机接入过程，所以终端无须携带BWP信息。因此，在设计MAC CE格式时，仅需要针对配置的小区设置0或1来指示是否触发持续的LBT失败。为了节省开销，类似于SCell激活/去激活，考虑采用单字节和4字节两种MAC CE格式。当触发持续的LBT失败的最大服务小区的索引值小于8时，使用单字节MAC CE（如图7-15所示）格式；否则，使用4字节MAC CE格式（如图7-16所示）。

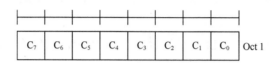

图7-15　单字节LBT失败MAC CE格式

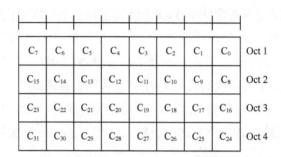

图7-16　4字节LBT失败MAC CE格式

6. LBT失败监测/恢复能力

LBT失败监测/恢复能力被定义为终端能力，UE上报该能力后，基站可以通过RRC消息配置UE执行LBT失败监测/恢复的过程，空闲和非激活态的随机接入过程不支持UE执行该过程。另外，RRC重建过程由于没有默认配置，也不支持UE执行该过程。

Rel-16授权频谱在移动性增强中新引入了CHO（Conditional Handover）、DAPS（Dual Active Protocal Stack）和CPC（Conditional PSCell Change），对于新引入的机制，标准讨论了它们是否支持持续的LBT失败监测/恢复过程。

当CHO被配置时，UE将选择满足条件的小区发起同步过程。若配置了LBT失败监测/恢复过程，则UE在与目标小区的同步过程中会进行LBT失败监测。监测过程可以基于原有的机制。若在当前的BWP上持续执行LBT失败，并且配置有随机接入资源的其他BWP，则UE可以切换到其他BWP上执行随机接入过程。当尝试了在所有配置了随机接入资源的BWP上都触发了持续的LBT失败时，UE会将这种情况上报给高层，触发无线链路失败。CPC过程也沿用了这种处理方式，通过SCG失败上报无线链路失败。

为了降低切换中断时延，DAPS被引入，即同时连接原小区和目标小区。在授权频谱中，当DAPS被配置时，原小区触发无线链路失败将会暂停原小区的所有DRB，释放与原小区之间的连接。在非授权频谱中，若原小区配置了LBT失败监测/恢复过程，则在信道繁忙的情况下，可能在当前激活的BWP上触发持续的LBT失败，切换到其他的配置随机接入资源的BWP上执行随机接入过程。若原小区也执行随机接入过程，则目标小区由于需要同步也会执行随机接入过程。此时，若两个随机接入过程同时发送前导码，则目标小区前导码的传输功率会受到影响。针对这种情况，标准提出以下3种不同的解决方案[16]。

方案1，当DAPS被配置时，暂停原小区的LBT失败监测/恢复过程。

方案2，当在当前激活的BWP上触发持续的LBT失败时，不执行BWP的切换过程。

方案3，沿用原有的过程。

一旦出现两个随机接入过程同时传输前导码的情况，就可以通过UE实现来避免前导码传输功率受影响的情况出现，因此，标准最终还是采用现有的方案，即方案3，不进行任何优化。如果在所有配置RACH资源的BWP上都触发了持续的LBT失败，则在RRC层暂停所有的DRB，并且释放原小区的连接。

7. 定向LBT影响

在Rel-16 NR-U中，UE使用全向感知来判断信道处于繁忙状态还是空闲状态，且LBT失败次数统计基于一个上行传输进行。在FR2-2非授权频段，标准引入了定向的信道感知方式，即UE可以基于一个波束方向来进行感知，相应地，标准对LBT失败次数的统计方式进行了讨论，主要基于下面两种方案[17]。

方案1：基于波束来计算LBT失败次数。

方案2：沿用Rel-16方式，基于上行传输来计算LBT失败次数。

方案1需要物理层指示波束级别的LBT失败给MAC层，MAC层基于波束来计算LBT失败次数。考虑到窄波束的使用降低了干扰概率，LBT失败次数相对较少。另外，考虑到有限的标准化时间，所以未进行LBT失败监测/恢复过程的增强，即采用方案2。

7.1.8　信道接入优先级

由于LTE LAA仅支持CA场景，因此，没有考虑信令无线承载（SRB）的信道接入优先级等级（CAPC）。由于NR非授权频谱支持独立组网场景，因此，控制信令消息会通过非授权频谱发送，进而需要考虑SRB的CAPC。由于各种RRC信令的优先级比较高，因此，标准通过承载RRC信令的SRB0、SRB1和SRB3使用CAPC1。对于SRB2，标准考虑到承载的是NAS信息，对时延要求不高，其CAPC通过基站配置。

此外，还需要考虑MAC CE的CAPC。由于padding BSR MAC CE和recommended bit rate MAC CE对时延要求不高，因此，它们使用CAPC4，其他的MAC CE均使用CAPC1。

对于业务数据，与LTE LAA类似，在NR非授权频谱中，每种不同的5QI业务定义了相应的CAPC，如表7-2所示。对于没有标准化的5QI，基站使用能够较好地匹配非标准化5QI业务的标准化的5QI的CAPC。

表7-2 CAPC与5QI映射表

CAPC	5QI
1	1, 3, 5, 65, 66, 67, 69, 70, 79,80, 82, 83, 84, 85
2	2, 7, 71
3	4, 6, 8, 9, 72, 73, 74, 76
4	—

在进行复用原则讨论时，考虑到SRB的信令优先级比较高，需要进行特殊处理。最终标准决定上行资源基于以下复用原则。

（1）仅当MAC CE包含在一个TB中时，使用MAC CE（s）中最高优先级的CAPC。

（2）仅当CCCH包含在一个TB中时，使用CAPC 1。

（3）当DCCH SDU包含在一个TB中时，使用DCCH（s）中最高优先级的CAPC。

（4）当上行传输不包含DCCH时，遵循复用的逻辑信道中最低优先级的CAPC。

对于动态授权，若基站指示LBT类型1，且没有指示CAPC，则UE将根据上面的复用原则来确定CAPC。对于免调度授权，若四步随机接入过程中的PUSCH和两步随机接入过程中的MSA PUSCH使用类型1的LBT类型，则也基于上述复用原则。

7.1.9　L2缓存

根据3GPP 38.306协议，总的L2缓存基于式（7-3）和式（7-4）来计算[18]。

$$\text{MaxULDataRate\_MN} \times \text{RLCRTT\_MN} + \text{MaxULDataRate\_SN} \times$$
$$\text{RLCRTT\_SN} + \text{MaxDLDataRate\_SN} \times \text{RLCRTT\_SN} + \text{MaxDLDataRate\_MN} \times \qquad (7\text{-}3)$$
$$(\text{RLCRTT\_SN} + \text{X2/Xn delay} + \text{Queuing in SN})$$

$$\text{MaxULDataRate\_MN} \times \text{RLCRTT\_MN} + \text{MaxULDataRate\_SN} \times$$
$$\text{RLCRTT\_SN} + \text{MaxDLDataRate\_MN} \times \text{RLCRTT\_MN} + \text{MaxDLDataRate\_SN} \times \qquad (7\text{-}4)$$
$$(\text{RLCRTT\_MN} + \text{X2/Xn delay} + \text{Queuing in MN})$$

其中，公式中小区组的RLC RTT是频带的组合和可用特性集组合中最小的子载波间隔所对应的RLC RTT。

在FR2-2频段，标准引入了480kHz和960kHz的子载波间隔，相应地，对应这两个子载波间隔的RLC RTT也需要被定义。RLC RTT主要与UE的处理时间有关。标准讨论UE处理时间$N1$、$N2$和$N3$时，首先对基于120kHz的子载波间隔的处理时间进行了缩放，取值如第5章中的表5-2，以及表7-3所示。对于是否引入较短的处理时间，标准没有达成一致，因此，Rel-17仅使用基于120kHz的子载波间隔引入的缩放值。

表7-3 PUSCH定时能力1下的PUSCH准备时间

μ	PUSCH准备时间N_2（符号）
0	10
1	12
2	23
3	36
5	144
6	288

由于UE处理时间基于120kHz的子载波间隔进行了缩放，即对于480kHz和960kHz的子载波间隔，其绝对处理时间与120kHz的子载波间隔相同，因此，480kHz和960kHz的子载波间隔的RLC RTT取值与120kHz的子载波间隔的RLC RTT取值相同，如表7-4所示。

表7-4 每个子载波间隔对应的RLC RTT

子载波间隔（kHz）	RLC RTT(ms)
15	50
30	40
60	30
120	20
480	20
960	20

在FR2-2频段，最大可以支持2GHz的带宽，而更大的带宽会带来更大的峰值速率。当前的L2缓存计算方式和新引入的RLC RTT将会有更大的缓存需求。为了减少缓存需求，在标准讨论过程中提出了以下两种方案[19]。

方案1：沿用当前速率计算公式中的缩放因子来降低速率。

方案2：引入新的UE能力来减少缓存需求。

载波聚合情况下的大概的速率计算如下。

$$速率(\text{Mbit/s}) = 10^{-6} \cdot \sum_{j=1}^{J} \left(v_{Layers}^{(j)} \cdot Q_m^{(j)} \cdot f^{(j)} \cdot R_{\max} \cdot \frac{N_{\text{PRB}}^{\text{BW}(j),\mu} \cdot 12}{T_s^{\mu}} \cdot \left(1 - OH^{(j)}\right) \right) \quad （7\text{-}5）$$

在射频和基带处理不匹配等情况下，在公式（7-5）中引入缩放因子 $f^{(j)}$ 对速率进行缩放。UE可以通过终端能力来上报所支持的缩放因子，基站根据UE上报的缩放因子来限制调度资源满足UE需求。方案1就是基于该缩放因子来减少对L2缓存的需求的。

方案2通过引入新的终端能力来对L2缓存大小进行缩放，以放松缓存。引入新的终端能力可以进行很好的功能分割，比如新的UE能力是为了放松缓存需求，而之前定义的缩放因子是为了限制基带的处理能力。考虑到方案1对协议没有任何影响和标准化的时间限制，最终标准确定使用方案1，即UE通过上报缩放因子来放松缓存需求。

7.2 控制面

7.2.1 RSRP/RSRQ

在连接态，基站需要判断UE的移动性，例如，基站需要在UE接收的信号质量变差的时候判断UE是否需要切换状态，以及借助UE上报的测量结果来选择目标小区。其中，最常用的测量结果为参考信号的接收强度（RSRP）和参考信号的接收质量（RSRQ）。邻区的小区级RSRP和RSRQ测量结果可以用于判断UE是否达到切换的条件及发现潜在的目标小区。同时，在NR支持的切换过程中，还需要根据RSRP来选择SSB/CSI-RS，进而根据选择SSB/CSI-RS确定对应的PRACH资源和前导码，所以，NR还支持波束级的RSRP和RSRQ测量。

在NR中，测量模型如图7-17所示。UE对可接收到波束级的SSB或者CSI-RS信号进行测量，并上报几个信号最好的波束的测量结果。首先，物理层对可检测到的某个SSB或者CSI-RS信号进行测量，测量样本经过L1滤波上报给RRC。然后RRC对接收到的某个测量样本再经过L3滤波处理（如公式（7-6））得到某个SSB或者CSI-RS信号的测量结果。最后，根据基站的配置，RRC上报几个结果最好的SSB或者CSI-RS信号对应的测量结果。

$$F_n = (1-a) \times F_{n-1} + a \times M_n \quad （7\text{-}6）$$

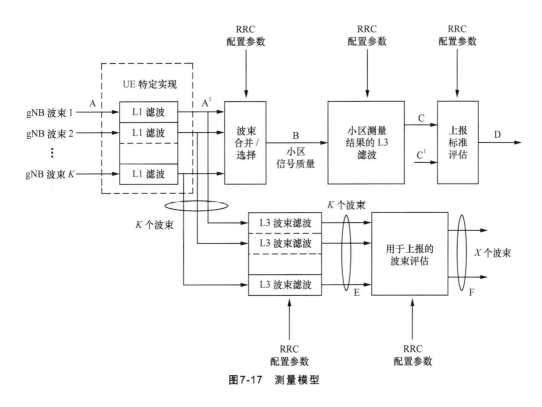

图7-17 测量模型

其中，F_n为滤波后的测量结果，M_n为物理层上报的测量样本值，F_{n-1}为上一个滤波处理后的测量结果，a为滤波因子。

此时，一个小区的信号质量是由多个SSB或者CSI-RS信号的测量结果分别合并得到的。物理层对可接收到的某个SSB或者CSI-RS信号进行测量，测量样本经过L1滤波，上报给RRC。RRC对接收到的多个SSB或者CSI-RS信号的测量样本进行选择、合并。如果最大的测量样本值等于或者低于RRC配置的阈值，那么，小区的信号质量等于大高的测量样本值；反之，小区的信号质量等于高于阈值的几个测量样本值的线性平均值[20]。小区的信号质量经过L3滤波处理得到最后的测量结果。满足RRC配置的上报条件，UE就通过测量报告将最后的测量结果上报给基站。

NR-U继续沿用了NR的测量模型。但是，SSB或CSI-RS信号可能会因为基站抢占信道不成功而不能被发送，这就导致UE在对SSB或CSI-RS信号进行RSRP/RSRQ测量时，检测不到SSB或CSI-RS信号，因此，UE的物理层不会向RRC上报测量样本，而RRC接收到的测量样本会出现丢失的现象，如图7-18所示。

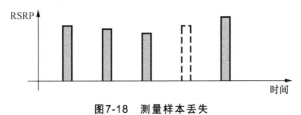

图7-18 测量样本丢失

在标准讨论过程初期阶段，有公司认为UE可以对丢失的测量样本进行估计补偿。最终各个公司达成共识，UE的物理层只会上报有效的RSRP/RSRQ测量样本给RRC[21]。对于丢失的测量样本，RRC可以根据测量样本的输入速率调整滤波因子，进而降低丢失测量样本对测量结果的影响。上述过程属于UE实现，不需要在标准协议中体现。

7.2.2　系统信息

当处于空闲态和非激活态时，UE通过读取小区的系统信息获得小区的基本配置。UE要获取小区的系统信息，会先读取MIB，获取到调度SIB1的PDCCH时频位置后监听PDCCH，继而读取SIB1，再根据SIB1携带的其他SIB的调度信息获取其他SIB。SIB1携带的其他SIB的调度信息包括SI-window（SI窗）的长度、SI-window的周期及SI与SIB的映射信息。除了SIB1，具有相同周期的SIB会被映射到同一个SI中。每个SI都关联了一个SI-window，而且不同的SI-window之间不能重叠，即在一个SI-window内只能发送映射的SI。为了保证每个UE都能接收到系统信息，在一个SI-window内，基站会在所有发送的波束方向上依次发送SI，并多次重传SI。在一个SI-window内，按照SSB发送的顺序，每个SSB都对应一个或多个PDCCH监听时刻。具体而言，第K次发送的SSB对应$[x \times N+K]$次PDCCH监听时刻，其中，$x = 0, 1, \cdots, X–1$；$K = 1, 2, \cdots, N$；N为实际发送的SSB个数；X为SI的重传次数，X=CEIL（SI-window内所有的PDCCH监听时刻/N）[20]，而且每个PDCCH时刻都可调度一次SI。

在非授权频谱中，如果基站没有抢占到信道，系统信息会发送失败，那么，在SI-window内，UE获取系统信息的机会就会减少。为了降低UE获取SI的时延，标准讨论了以下3种增加系统信息的发送机会的方案。

方案1，配置较长的SI-window，但是不允许SI-window之间重叠[22]。该方案通过配置更长的SI-window使发送机会更多，对标准没有影响。

方案2，允许SI-window之间重叠[23]。如果将多个SIB映射到一个SI中，一些公司认为在初始BWP 的20MHz带宽内，其有效资源可能不足以发送该SI，那么需要多个SI。为了不增加UE获取SI的时延，一些公司认为不能增加SI-window的周期，因此，SI-window之间就会出现重叠。如果允许SI-window之间重叠，那么在重叠区域内会有多个SI被发送，为了不增加UE的内存，UE需要识别是哪种SI，其只读取需要的SI。为了识别SI，又必然引起物理层的变动，例如，在DCI指示中增加SI类型会引入加扰不同SI的新RNTI。可见，采用方案2必然会增加复杂度。

方案3，允许将多个SI映射到一个SI-window中[24]。通过配置较长的SI-window长度，SI可以有更多的发送机会。但是该方案与方案2具有相同的问题，即必然要引入物理层的变动。

　　在标准讨论过程中，考虑到UE对SI的接收时延的要求不是很高，最终，标准通过配置较长的SI-window周期来获取更多的SI发送机会，即方案1。

7.2.3　寻呼

　　当处于空闲态和非激活态时，UE只会在寻呼时刻监听寻呼消息。寻呼时刻是一组连续的PDCCH监听时刻，由多个时刻（例如，子帧或者OFDM符号）组成。在一个DRX周期内，小区会配置多个寻呼时刻，UE根据用户标识（例如S-TMSI）选择监听其中一个寻呼时刻。在多波束的场景下，为了确保小区的每个UE都能接收到寻呼信息，基站会在每个实际发送的波束上发送寻呼消息。具体的，寻呼时刻内的每个PDCCH监听时刻都对应一个实际发送的SSB的发送时刻，每个PDCCH监听时刻都会调度寻呼消息。而UE可以选择其中一个SSB对应的PDCCH监听时刻监听寻呼消息[25]。

　　在非授权频谱中，基站在寻呼时刻可能会抢占不到信道，导致寻呼消息不能发送出去，那么，只能等到下一个寻呼时刻再次尝试发送。这样增加了寻呼消息的发送时延。为了减少竞争机制对传输寻呼消息的影响，基站需要增加寻呼消息的发送机会。即在一个DRX周期内允许基站有更多的发送寻呼消息的时刻。

　　对于增加寻呼消息的发送机会，在标准讨论初期主要有以下两种方案。

　　方案1，扩展寻呼时刻的时长，在寻呼时刻内增加寻呼消息的发送机会[26]。在寻呼时刻内，一个SSB的发送时刻对应多个PDCCH的发送时刻。在某个时刻，如果基站由于竞争失败，没有成功将寻呼消息发送出去，那么基站会在寻呼时刻内的下一个对应同一个SSB发送时刻的PDCCH发送时刻再次尝试竞争，将寻呼消息发送出去。

　　方案2，增加多个寻呼时刻，在DRX周期内增加寻呼消息的发送机会[27]。在一个DRX周期内，增加基站发送寻呼消息的寻呼时刻可以增加寻呼消息的发送机会。在某个寻呼时刻，如果基站由于竞争失败，没有成功将寻呼消息发送出去，那么基站会在接下来的一个或多个寻呼时刻再次尝试竞争，将寻呼消息发送出去。

　　尽管方案1是方案2的一个特例，但是方案1可以实现UE的连续监听，且对标准影响较小。所以，标准最终采纳了方案1，并且，SSB的发送时刻和PDCCH的发送时刻的映射方法采用了类似于系统消息中SSB的发送时刻和PDCCH的发送时刻的映射方法。

　　通常，基站收到5GC发送的寻呼消息才会寻呼UE，所以，基站不一定在每个寻呼时刻都会发送寻呼消息。如果基站在某个寻呼时刻没有发送寻呼消息，UE就不会监听到寻呼消息，且认为该时刻没有该终端的寻呼消息。但是，非授权频谱采纳了寻呼时刻有多个发送机会的方案，虽然增加了寻呼消息的发送机会，但是也增加了UE监听寻呼消息的功耗。在某个寻呼时刻，虽然基站没有发送寻呼消息，但是，UE无法判断出是没有寻呼消息，还是基站因为没有抢占到信道而没有发送寻呼消息，那么UE会继续在多个发送机会监听寻呼消息，这样必然会增加UE的功耗。所以，为了节省UE的功耗，在基站没有发送寻呼消息时，需要一个机制让UE停止监听多个发送机会。在标准讨论中，主要有以下两种方案。

方案1，UE只要检测到某个可靠信号（例如PDCCH、DMRS等），判断gNB LBT成功，随即停止监听[28]。

方案2，UE接收到gNB的指示，随即停止监听[29]。

在标准讨论过程中，RAN1对可靠信号没有得出一致的结论[30]。考虑到基站调度的灵活性，最终，标准采纳了方案2。在某个寻呼时刻，当没有寻呼消息需要发送时，基站可以通过短消息来通知UE停止侦听寻呼。如果UE监测到短消息，便停止监测寻呼消息。

7.2.4　小区选择和重选

当UE处于空闲态和非激活态时，会执行邻区测量和小区重选的操作。对于授权频谱，UE会对邻区的信号质量进行测量，得到RSRP和RSRQ测量结果，并按照测量结果对邻区进行排序，选择驻留排序最高的小区。而对于非授权频谱，UE受到的干扰和授权频谱有所不同，可能会受到相邻节点（例如Wi-Fi节点、其他蜂窝网络节点等）的干扰，使抢占信道困难，影响数据发送，接收信号也会受到干扰。如果UE在某个频点受到相邻节点的干扰，UE在接收系统信息、寻呼消息及在RACH过程中都有可能会受到影响，即使UE进入连接态，业务传输也可能会因为受到干扰而使其QoS不能得到保障。由此可见，UE应该尽量选择干扰较少的频点和小区。于是，多个公司提出了在小区重选过程中引入RSSI和channel occupancy测量量，根据RSSI和channel occupancy的测量值，选择受干扰小的小区进行驻留[31]。但是，考虑到在空闲态和非激活态增加新的测量量可能增加终端的功耗，所以该方案没有被采纳。

通常，对于授权频谱，在一定区域内，运营商会独享频点资源，在某个频点，只会部署一个运营商的小区。因此，在小区重选的过程中，若排序最高的小区不属于注册的PLMN或选择的PLMN，则该频点就不属于UE所属的运营商，该频点就会被禁止300s[25]，即UE在这300s内不会在这个频点上选择小区。不同于授权频谱，在非授权频谱中，存在多个运营商共享同一个频点的情况，此时，如果次好的小区属于注册的PLMN或选择的PLMN，按照Rel-15 NR的处理方式，UE将没有机会选择到该频点上属于注册的PLMN或选择的PLMN的小区，可见，Rel-15 NR的做法并不可取。但是，如果UE依次读取该频点上的小区的SIB1，并判断这些小区是否属于注册的PLMN或选择的PLMN，那么，最坏的情况就是UE读取了该频点上的所有小区的SIB1，才发现这些小区都不属于注册的PLMN或选择的PLMN，然后才选择到下一个频点，这样，读取SIB1对于UE来说非常耗时，为UE带来很大的负担和时延。所以，需要优化NR-U的小区重选过程。

在标准讨论过程中，主要的优化方案如下。

方案1，UE在某个频点只读取N个小区的SIB1，如果这些小区都不属于注册的PLMN或选择的PLMN，那么UE会禁止在该频点选择小区[32]。

方案2，如果最好小区（best cell）不属于注册的PLMN或选择的PLMN，UE降低该频点的优先级[33]。

方案3，UE实现决定UE选择的其他频点[34]。

最终，标准采纳了一个融合方案，UE在某个频点只读取前两个小区的SIB1，如果这些小区都不属于注册的PLMN或选择的PLMN，那么UE会将该频点的优先级降到最低。

另外，为了加速小区的重选过程，服务小区会在系统信息中提供邻区的辅助信息，如白名单。在小区重选过程中，UE只考虑将白名单中的邻区作为候选小区。

既然在小区的重选过程中，UE会在一个频点上考虑次优的小区，有公司就提出了在PLMN选择的过程中考虑次优的小区。在授权频谱中，在PLMN选择时，UE只会在每个支持的频点上选择信号质量最强的小区，读取其SIB1，并将该小区的PLMN标识上报给NAS。在非授权频谱中，PLMN选择与小区的重选过程类似，UE会在一个频点上读取多个小区的系统信息，并将这些小区的PLMN标识上报给NAS。

进一步，在授权频谱中，由于某些频点会用于载波聚合架构的辅小区，或者双链接架构的主辅小区，而这些小区不具有初始接入的功能，因此，为了避免UE在这些小区上尝试接入，往往会将这些小区设置为禁止接入和禁止同频小区重选。如果将小区的禁止位（如cellBarred）置为禁止且将同频重选标识位（如IntraFreqReselection）置为不容许，或者UE在该小区不能获取到SIB1且将同频重选标识位（如IntraFreq Reselection）置为不容许，则UE会禁止在该频点选择小区。但是，在非授权频谱中，一个频点有多个运营商，一个运营商可能用一个频点作为辅小区，而其他运营商可能用该频点作为主小区，如果某个非注册的PLMN或选择的PLMN的小区禁止在该频点上进行同频小区重选，对于UE，该指示就不能起作用。所以，UE需要先判断小区是否属于注册的PLMN或选择的PLMN，才能决定是否禁止在该频点进行同频小区重选。当小区属于注册的PLMN或选择的PLMN时，只有将小区的禁止位（如cellBarred）置为禁止且将同频重选标识位（如IntraFreqReselection）置为不容许，UE才会禁止在该频点进行同频小区重选。如果终端不能获取小区的PLMN标识，就不能禁止在该频点进行同频小区重选。

参考文献

[1] 3GPP R2-1813741. Considerations on 4-Step RACH Procedure for NR-U. ZTE.

[2] 3GPP R2-1903099. Random Access Response Reception in NR-U. Samsung.

[3] 3GPP R2-1914769. NR-U Specific Aspects for 2-step RACH, Qualcomm. ZTE.

[4] 3GPP R2-1906414, Remaining Aspects of Configured Grant Transmission for NR-U. Qualcomm.

[5] 3GPP R2-2201032. Consideration on LBT impact. ZTE.

[6] 3GPP R2-2005333. Report on [Post109bis-e][935]][NR-U] MAC Open Issues. Ericsson.

[7] 3GPP R2-1911007. Report on Email Discussion [106#51] [NR-U] Configured Grant.

[8] 3GPP R2-1915103. LBT Impact to Multi-PUSCH Scheduling. Lenovo.

[9] 3GPP R2-2111508. Report of [AT116-e][501][IIoT] Open issues for UCE. OPPO.

[10] 3GPP R2-2201922. UCE Open Issues - Outcome of Email Discussion 504. vivo.

[11] 3GPP R2-1913031. Discussion on DRX for NR-U. Huawei.

[12] 3GPP R2-1913556. Impact of ACK/NACK Transmission to NR-U DRX. Qualcomm.

[13] 3GPP R2-1912663. Impact of LBT on Power Headroom Reporting Functionality. Lenovo,Motorola.

[14] 3GPP R2-1910889. Report of Email Discussion [106#49][NR-U] Consistent LBT Failures. Qualcomm.

[15] 3GPP R2-1914054. Summary of Discussion on UL LBT. InterDigital.

[16] 3GPP R2-2006084. Summary of NR-U User Plane. Lenovo.

[17] 3GPP R2-2201709. Summary of [AT116bis-e][211][71GHz] LBT Aspects for 71 GHz.

[18] 3GPP TS 38.306. User Equipment Radio Access Capabilities.

[19] 3GPP R2-2202921. Discussion on L2 Buffer Size. Samsung.

[20] 3GPP TS 38.331. NR; Radio Resource Control (RRC) - Protocol Specification.

[21] 3GPP Chairman Notes. RAN2#105b.

[22] 3GPP R2-1906317. Extending SI-window for NR-U. ZTE.

[23] 3GPP R2-1905628. Enhancements of System Information in NR-U. vivo.

[24] 3GPP R2-1905716. SI Message Transmission in NR-U. Samsung.

[25] 3GPP TS 38.304. New Generation Radio Access Network; User Equipment (UE) Procedures in Idle Mode and RRC Inactive State.

[26] 3GPP R2-1905713. Additional Opportunities for Paging in NR-U. Samsung.

[27] 3GPP R2-1906318. Increasing Time-Domain Paging Occasions for NR-U. ZTE.

[28] 3GPP R2-1913559. Paging Monitoring in NR-U. Qualcomm.

[29] 3GPP R1-1909980. Considerations on Additional PDCCH Monitoring Occasions for Paging for NR-U. ZTE.

[30] 3GPP R1-1911705. Reply LS on Additional PDCCH Monitoring Occasions for Paging for NR-U.

[31] 3GPP R2-1817904. Use of Channel Occupancy Metric for Cell Reselection in NR-U. InterDigital, Inc, Charter Communications, Inc, ASUSTeK, Ericsson, ZTE Corporation, OPPO.

[32] 3GPP R2-1901818.Criteria for Camping on Non-Best Cell. LG.

[33] 3GPP R2-1906315. Considerations on Cell Selection Reselection for NR-U. ZTE.

[34] 3GPP R2-1913560. Remaining FFS on Cell Reselection for NR-U. Qualcomm.

缩略语

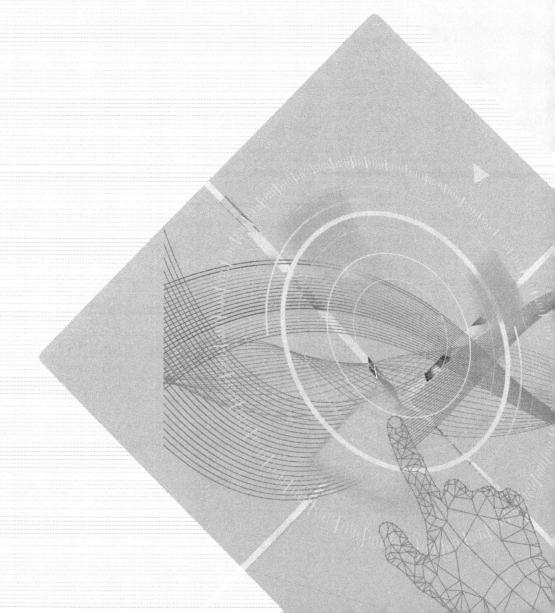

英文缩写	英文全称	中文全称
1/2/3/4/5/6G	1st/2nd/3rd/4th5th/6th Generation Mobile Communication Technology	第一/二/三/四/五/六代移动通信技术
3GPP	3rd Generation Partnership Project	第三代合作伙伴计划
AFH	Adaptive Frequency Hopping	适配跳频
AMF	Access and Mobility Management Function	接入和移动性管理功能
AMPS	Advanced Mobile Phone System	高级移动电话系统
ANR	Automatic Neighbour Relation	自动邻区关系
AP	Access Point	接入点
AUL	Autonomous Uplink	自主上行链路
BFR	Beam Failure Recovery	波束失败恢复
BM	Beam Management	波束管理
BSR	Buffer Status Reporting	缓存状态报告
BT	Bluetooth	蓝牙
BWP	Bandwidth Part	部分带宽
CA	Carrier Aggregation	载波聚合
CAPC	Channel Access Priority Class	信道接入优先级等级
CBG	Code Block Group	编码块组
CCA	Clear Channel Assessment	空闲信道评估
CCSA	China Communications Standards Association	中国通信标准化协会
CDMA	Code Division Multiple Access	码分多址
CHO	Conditional Handover	有条件的切换
CORESET	Control Resource Set	控制资源集合
COT	Channel Occupancy Time	信道占用时间
CP	Cyclic Prefix	循环前缀
CPC	Conditional PSCell Change	有条件的PSCell改变
CPE	Cyclic Prefix Extension	循环前缀扩展
CPE	Common Phase Error	公共相位误差
CRB	Common Resource Block	公共资源块
CSI	Channel State Information	信道状态信息
CSI-RS	CSI-Reference Signal	信道状态信息-参考信号
CU	Central Unit	中心单元
DAPS	Dual Active Protocol Stack	双激活协议栈
DB	Discovery Burst	发现突发
DBTW	Discovery Burst Transmission Window	发现突发发送窗
DC	Dual Connectivity	双连接

英文缩写	英文全称	中文全称
DCI	Downlink Control Information	下行控制信息
DFS	Dynamic Frequency Selection	动态频率选择
DMRS	Demodulation Reference Signal	解调参考信号
DRS	Discovery Reference Signal	发现参考信号
DS	Distribution System	分布式系统
DSSS	Direct Sequence Spread Spectrum	直接序列扩频
DU	Distributed Unit	分布式单元
ECC	Electronic Communications Committee	（欧洲）电子通信委员会
ED	Energy Detection	能量检测
eMBB	enhanced Mobile Broadband	增强型移动宽带
EIRP	Equivalent Isotropically Radiated Power	等效全向辐射功率
ETSI	European Telecommunications Standards Institute	欧洲电信标准化协会
FBE	Frame Based Equipment	基于帧的设备
FCC	Federal Communications Commission	（美国）联邦通信委员会
FDD	Frequency Division Duplexing	频分双工
FDMA	Frequency Division Multiple Access	频分多址
FFP	Fixed Frame Period	固定帧周期
FHSS	Frequency Hopping Spread Spectrum	跳频扩频
FR	Frequency Range	频率范围
gNB	next-generation Node B	下一代基站
GPRS	General Packet Radio Service	通用分组无线服务
GSM	Global System for Mobile Communication	全球移动通信系统
HARQ	Hybrid Automatic Repeat reQuest	混合自动重传请求
ICI	Inter-Carrier Interference	子载波间干扰
IMT	International Mobile Telecommunications	国际移动通信
IP	Idle Period	空闲周期
ISM	Industrial Scientific Medical	工业、科学和医疗
ITU	International Telecommunication Union	国际电信联盟
JTACS	Japanese Total Access Communication System	日本全接入通信系统
LAA	Licensed Assisted Access	授权辅助接入
LBE	Load Based Equipment	基于负载的设备
LBT	Listen Before Talk	先听后说
LoRa	Long Range Radio	远距离无线电
LPWAN	LowPower WideArea Network	低功耗广域网

英文缩写	英文全称	中文全称
LSB	Least Significant Bit	最低比特位
LTE	Long Term Evolution	长期演进
LTE-U	LTE-Unlicensed	LTE使用非授权频谱
MAC	Media Access Control	媒体接入控制
MCOT	Maximum Channel Occupancy Time	最大信道占用时间
MIB	Master Information Block	主信息块
MIMO	Multiple-Input Multiple-Output	多输入多输出
MME	Mobility Management Entity	移动管理实体
mMTC	massive Machine Type Communication	海量机器类通信
NAS	Non-Access Stratum	非接入层
NCB	Nominal Channel Bandwidth	标称（名义）信道带宽
NDI	New Data Indication	新数据指示
NMT	Nordic Mobile Telephony	北欧移动电话系统
NPN	Non-Public Network	非公共网络
NR	New Radio	新空口
NR-U	NR-based access to Unlicensed spectrum	基于NR的非授权频谱接入
NSA	Non Stand-Alone	非独立组网
OCB	Occupancy Channel Bandwidth	占用信道带宽
OFDM	Orthogonal Frequency Division Multiplexing	正交频分复用
PAPR	Peak-to-Average Power Ratio	峰均比
PBCH	Physical Broadcast Channel	物理广播信道
PCell	Primary Cell	主小区
PCI	Physical Cell ID	物理小区标识
PDC	Personal Digital Cellular	个人数字蜂窝技术
PDCCH	Physical Downlink Control Channel	物理下行控制信道
PDCP	Packet Data Convergence Protocol	分组数据汇聚协议
PDSCH	Physical Downlink Shared Channel	物理下行共享信道
PHR	Power Headroom Reporting	功率余量报告
PRACH	Physical Random Access Channel	物理随机接入信道
PRB	Physical Resource Block	物理资源块
PSCell	Primary SCG Cell	辅小区组中的主小区
PSS	Primary Synchronization Signal	主同步信号
PUCCH	Physical Uplink Control Channel	物理上行控制信道
PUSCH	Physical Uplink Shared Channel	物理上行共享信道

英文缩写	英文全称	中文全称
QCL	Quasi Co-Location	准共站址
QoS	Quality-of-Service	服务质量
RAR	Random Access Response	随机接入响应
RB	Resource Block	资源块
RE	Resource Element	资源单元
RLAN	Radio Local Access Network	无线局域网
RLC	Radio Link Control	无线链路控制
RLM	Radio Link Monitoring	无线链路监测
RRC	Radio Resource Control	无线资源控制
RRM	Radio Resource Monitoring	无线资源管理
RSRP	Reference Signal Received Power	参考信号接收功率
RSSI	Received Signal Strength Indicator	接收信号强度指示
RTT	Radio Transmission Technology	无线传输技术
RTT	Round Trip Time	往返路程时间
RV	Redundancy Version	冗余版本
SA	Stand-Alone	独立组网
SCell	Secondary Cell	辅小区
SCG	Secondary Cell Group	辅小区组
SCS	Subcarrier Spacing	子载波间隔
SCST	Short Control Signaling Transmissions	短控制信令发送
SDAP	Service Data Adaptation Protocol	业务数据适配协议
SFI	Slot Format Indicator	时隙格式指示
SFN	System Frame Number	系统帧号
SI	Study Item	研究项目
SIB	System Information Block	系统信息块
SLIV	Start and Length Indicator Value	起始和长度指示值
SpCell	Special Cell	特殊小区
SRS	Sounding Reference Signal	探测参考信号
SSB	Synchronization Signal/PBCH Block	同步信号/物理广播信道块
SSS	Secondary Synchronization Signal	辅同步信号
SUL	Supplementary Uplink	补充上行链路
TA	Timing Alignment	定时对齐
TACS	Total Access Communication System	全球接入通信系统
TDD	Time Division Duplexing	时分双工

英文缩写	英文全称	中文全称
TDMA	Time Division Multiple Access	时分多址
TD-SCDMA	Time Division - Synchronous Code Division Multiple Access	时分同步码分多址
TL	Threshold	阈值
TPC	Transmit Power Control	发射功率控制
UE	User Equipment	用户设备
UPF	User Plane Function	用户面功能
URLLC	Ultra-Reliable Low-Latency Communication	超可靠低时延通信
WAP	Wireless Application Protocol	无线应用协议
WAS	Wireless Access System	无线接入系统
WCDMA	Wideband Code Division Multiple Access	宽带码分多址
WI	Work Item	工作项目
Wi-Fi	Wireless Fidelity	无线保真技术
WiMAX	Worldwide inter-operability for Microwave Access	全球微波互联接入
WLAN	Wireless Local Area Network	无线局域网